JN016329

Wixで はじめての ホームページ制作 2023年版

相澤裕介◉著

CUTT
カットシステム

はじめに

最近は、TwitterやInstagramといったSNSがネット・コミュニケーションの中心になっています。では、SNSがあればホームページは必要ないかというと、そうではありません。「キャンペーン情報」や「新たに入荷した商品の紹介」など、トレンド性のある情報発信にSNSは大きな威力を発揮してくれますが、その一方で「メニューの紹介」や「サービス内容の紹介」といった恒常的な情報発信には向いていません。こういった情報の発信は、やはりホームページ（Webサイト）に分があると考えられます。SNSは、Googleの検索結果にほとんどヒットしないことも弱点のひとつといえます。

このため、「SNSだけでなく、ホームページも用意しておきたい」と考える方は沢山います。しかし、そのためには克服しなければならない課題があります。ホームページの制作はSNSほど手軽でないため、自分でHTMLやCSSを勉強するか、もしくはWeb制作会社に依頼しないと、自分のホームページを所有することはできません。

このような問題を解決してくれるのがWixです。Wixは誰でも無料でホームページ（Webサイト）を作成できるサービスです。皆さんが普段から使用している「Google Chrome」や「Firefox」などのWebブラウザがそのまま編集ツールになるため、あらためて特別なアプリケーションを用意する必要はありません。パソコンとネット環境さえあれば、思い立ったその瞬間にホームページの作成を開始できます。

また、洗練されたデザインのホームページを作成できることもWixの特長のひとつです。Wixには800種類以上のテンプレートが用意されており、これをベースに各ページをカスタマイズしていくだけで、見た目に優れたホームページを作成できます。
そのほか、多くの写真をグリッド配置できる「ギャラリー」、アニメーションとともに次々とコンテンツを表示していく「スライドショー」、画面全体にポップアップ表示する「ライトボックス」、「地図や動画の埋め込み」など、Webサイトでよく見かける“仕掛け”も手軽に作成できます。

「ホームページを作成したい！」と考えている方は、この機会にぜひ、Wixを試してみてください。本書は、初めてWixを使用する方を対象に執筆されているため、ホームページの作成に不慣れな方でも安心して挑戦できる思います。「自分のホームページを持つ」を実現するための一助として、本書を活用していただければ幸いです。

相澤 裕介

目次

第1章　Wixの基本操作 …… 1

第2章　パーツの編集 …… 101

第3章　Wixアプリの活用 …… 177

第4章　モバイルサイトの編集 …… 219

第5章　Webサイトの管理 …… 239

第1章

Wixの基本操作

まずは、Wixを使ってWebサイトを作成するときの基本操作について解説します。テンプレートの中から好きなデザインを選択する、文字を編集する、画像を編集する、ページを追加／削除する、ヘッダー・フッターを編集する、などの基本的な操作方法を学んでおいてください。

01 Wixの概要

Wixは、誰でも無料で使える「Webサイトの作成ツール」です。まずは「Wixにどのような機能が用意されているか？」など、Wixの概要について説明します。

1 Webサイトの編集画面

Wixは、誰でも**無料で「自分のWebサイト」を作成できるサービス**です。皆さんが普段から使用している「Google Chrome」や「Firefox」などの**Webブラウザがそのまま編集ツールになる**ため、あらためて特別なアプリケーションを用意する必要はありません。思い立ったその瞬間に、Webサイトの作成を開始できます。

Webサイトの編集作業も特に難しいものではありません。現在のページ状況を画面で確認しながら、文書を作成するような感覚でWebサイトを作成できます。このため、HTMLやCSSをまったく知らない初心者の方でも安心してWixを使用できます。画面上に文字を入力して書式を指定する、画像を選択して配置する、といった基本的な操作の仕方はすぐに覚えられるでしょう。

Webサイトの編集画面の例

2 豊富なテンプレートとフリー素材

Wixには、**800種類以上のテンプレート**が用意されています。このため、好きなテンプレートを選択するだけでWebサイトのデザインを構築できます。また、**無料で使えるフリー素材**も豊富に提供されているため、イメージ写真などを自分で準備していなくても、すぐにWebサイトの作成を始められます。

「レストラン」のテンプレート

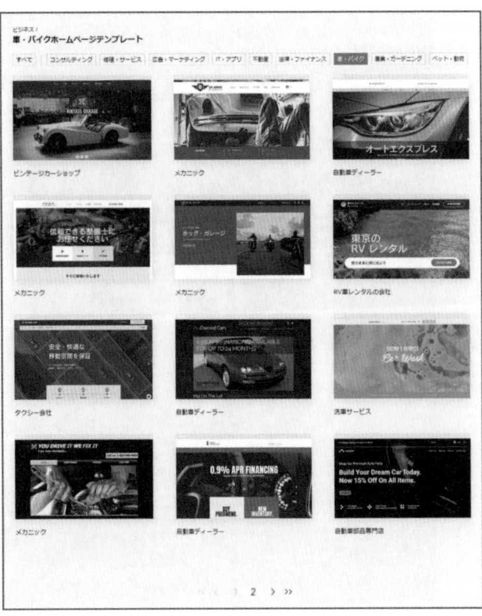

「車・バイク」のテンプレート

Wixに用意されているフリー素材

3 Webサイトを彩る豊富な機能

Webサイトを効率よくデザインするための機能も数多く用意されています。これらの機能を上手に活用すれば、見た目に優れたWebサイトを簡単に作成できます。

多くの写真をデザインして配置できる「ギャラリー」

画面を縦に分割してデザインする「ストリップ」

オフィスや店舗の位置を地図で示す**Googleマップ**をはじめ、YouTubeで配信されている**動画**、自分で用意した**音楽**などをWebサイトに埋め込むことも可能です。

「Googleマップ」の埋め込み

「動画・音楽」の追加機能

そのほか、TwitterやInstagramなどのSNSに誘導する**ソーシャルバー**、内容を次々とアニメーション表示する**スライドショー**、写真や告知をポップアップ表示する**ライトボックス**など、Webサイトでよく見かける"仕掛け"も手軽に作成できます。

SNSへのリンクを設置する「ソーシャルバー」の追加機能

アニメーションで表示内容を自動的に変更していく「スライドショー」

同じ形式のコンテンツを並べて配置する「リスト」

画面全体にポップアップ表示する「ライトボックス」

4 無料プランとプレミアムプラン

本書は、Wixを**無料プラン**で利用する場合を前提に執筆されています。無料プランのWixでも十分に優れたWebサイトを作成できますが、少しだけ欠点があります。それは、Webサイトの上部に**Wixの広告が表示される**ことです。面積の小さい広告とはいえ、これが気になる方もいるでしょう。

また、Webサイトの**URL**が「https://〇〇〇.wixsite.com/△△△/」という形になり、**独自ドメインを使えない**ことも欠点のひとつといえます。

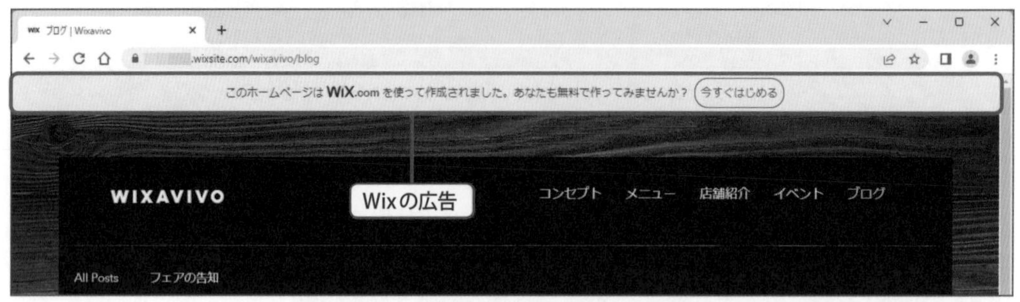

これらの欠点を改善するには、有料の**プレミアムプラン**にアップグレードする必要があります。アップグレードすると、サーバーのデータ容量が増える、帯域幅が増える、優先的にサポートを受けられる、などの特典も受けられるようになります。

ホームページプラン 豊富な特典でよりプロフェッショナルなサイトに ／ ビジネス&Eコマースプラン サイトに決済機能やネット予約機能などを追加

	VIP	アドバンス（一番人気！）	ベーシック	ドメイン接続
	最上級の特典とサポート	帯域幅無制限/大容量データ	趣味・個人サイトに最適	登録済みのドメインを接続 ⓘ このプランでは Wix の広告が表示されます
	¥2,700 / 月	¥1,500 / 月	¥900 / 月	¥500 / 月
独自ドメイン ⓘ	✓	✓	✓	✓
独自ドメイン初年度無料 ⓘ	✓	✓	✓	–
Wix の広告非表示 ⓘ	✓	✓	✓	–
常時 SSL セキュリティ ⓘ	✓	✓	✓	✓
帯域幅 ⓘ	無制限	無制限	2 GB	1 GB
データ容量 ⓘ	35 GB	10 GB	3 GB	500 MB
動画アップロード ⓘ	5 時間	1 時間	30 分	–
Site Booster アプリ（1年間無料） 1年間無料。 ⓘ	✓	✓	–	–
Visitor Analytics アプリ（1年間無料） 1年間無料。 ⓘ	✓	✓	–	–
ビジネス用ロゴ作成 ⓘ	✓	–	–	–
SNS 用ロゴファイル ⓘ	✓	–	–	–
カスタマーケア（日本語） ⓘ	24時間対応優先サポート	24時間対応	24時間対応	24時間対応

プレミアムプランの特典（ホームページプラン）

さらに、**決済機能**や**ネット予約機能**などを使える**ビジネス＆Eコマースプラン**も用意されています。ネットショップを運営したり、本格的なWebビジネスを行う場合は、こちらのプランを契約する必要があります。

ホームページプラン
豊富な特典でよりプロフェッショナルなサイトに

ビジネス＆Eコマースプラン
サイトに決済機能やネット予約機能などを追加

	ビジネス VIP 最上級の特典とサポート ¥3,800 / 月	一番人気！ ビジネスプラス ビジネスを育てる本格機能 ¥2,700 / 月	ビジネス ネットショップやサービスに最適 ¥1,800 / 月
便利なオンライン決済方法	✓	✓	✓
販売プラン・定期払い	✓	✓	✓
顧客アカウント機能	✓	✓	✓
独自ドメイン	✓	✓	✓
独自ドメイン初年度無料	✓	✓	✓
Wix の広告非表示	✓	✓	✓
帯域幅	無制限	無制限	無制限
データ容量	50 GB	35 GB	20 GB
動画アップロード	無制限	10 時間	5 時間
カスタムレポート	✓	–	–
カスタマーケア（日本語）	24時間対応優先サポート	24時間対応	24時間対応

Eコマース
Wix でネットショップを作成・管理し、ビジネスの規模を拡大、さらに成長させましょう。

	ビジネス VIP	ビジネスプラス	ビジネス
追加できる商品数の制限なし	✓	✓	✓
カゴ落ちメールを活用	✓	✓	✓
サブスクリプション機能を利用	✓	✓	–
複数の通貨に対応	✓	✓	–
消費税計算を自動化	月あたり 500 取引	毎月 100 件	–
SNS チャンネルで販売	✓	✓	✓
マーケットプレイスで販売	✓	✓	–
Modalyst ドロップシッピング	追加できる商品数は無制限	最大 250 点の商品	–
KudoBuzz 商品レビュー	3,000 件のレビュー	1,000 件のレビュー	–

プレミアムプランの特典（ビジネス＆Eコマースプラン）

とはいえ、最初から有料プランを契約しなければならない訳ではありません。本書を参考に、まずは「無料プラン」でWixの使い方を把握し、そのうえで上位プランへのアップグレードを検討する、という流れで作業を進めていくとよいでしょう。もちろん、情報を発信するだけの場合は、「無料プラン」のままでも十分なWeb作成機能が備えられています。

※ 各プランの料金は2022年12月現在の情報です。

ユーザー登録とWebサイトの準備

Wixを使ってWebサイトを作成するには、最初にユーザー登録を済ませておく必要があります。その後、Webサイトの種類やデザインを選択してWebサイトの作成を始めていきます。

1 Wixへのユーザー登録

まずは、Wixに**ユーザー登録**するときの操作手順を解説します。この際に必要となるのは**メールアドレス**だけ。もちろん、誰でも無料で登録できます。

（1）Webブラウザで「日本語版Wixの公式サイト」（**https://ja.wix.com/**）を開き、［**無料ではじめる**］**ボタン**をクリックします。

ポイント

Googleなどの検索サイトを開き、「wix」のキーワードでWeb検索して「日本語版Wixの公式サイト」へ移動しても構いません。

（2）新規登録の画面が表示されるので**メールアドレス**と**パスワード**を2回ずつ入力し、[**新規登録**] **ボタン**をクリックします。

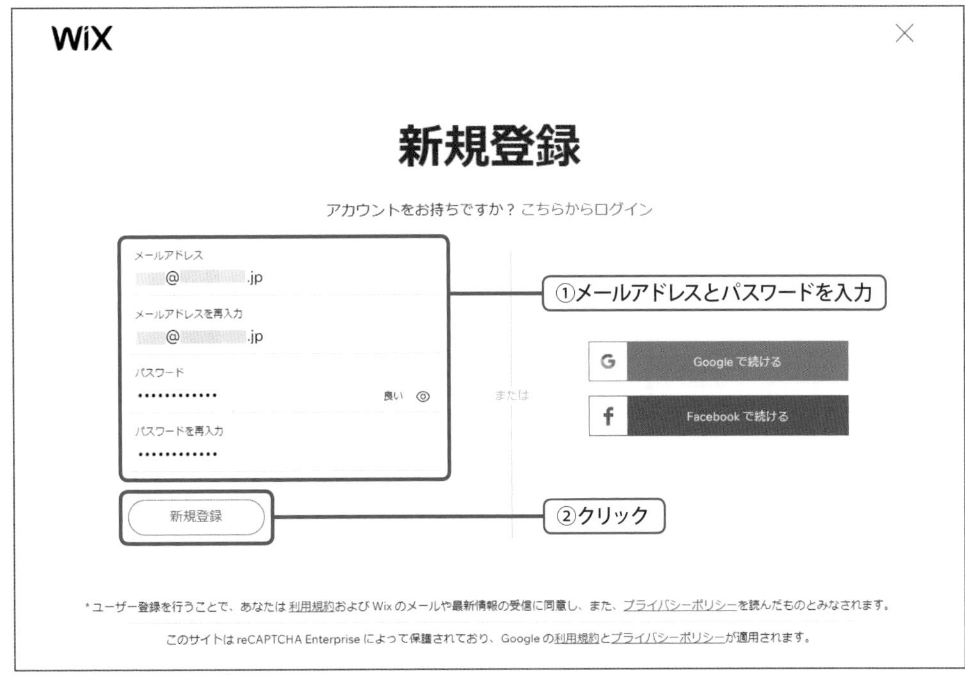

2 Webサイトの準備

以上でユーザー登録は完了です。続いて、以下のような画面が表示されるので、作成するWebサイトの準備を行います。

（1）[**サイト作成をはじめる**] **ボタン**をクリックします。

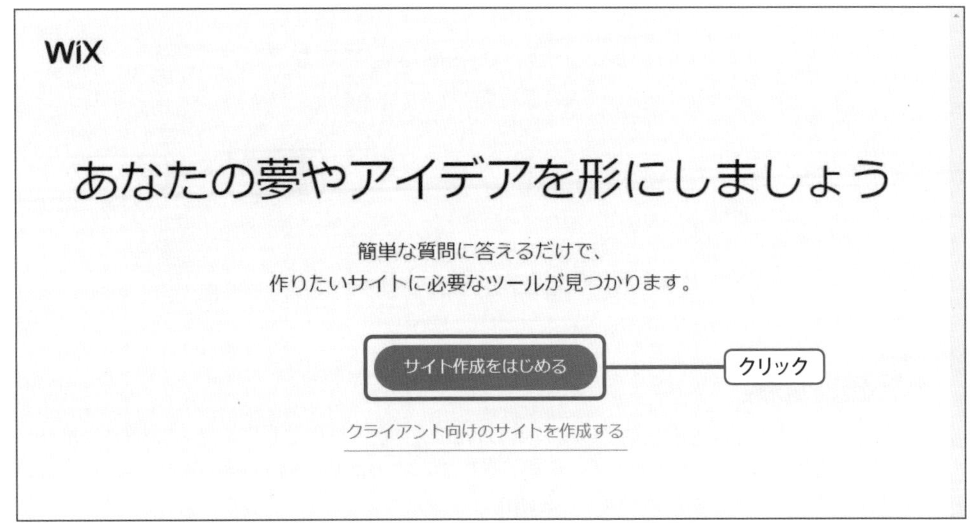

（2）一覧から**サイトの種類を選択**するか、もしくは適当な**キーワードを入力**して［**次へ**］**ボタン**をクリックします。

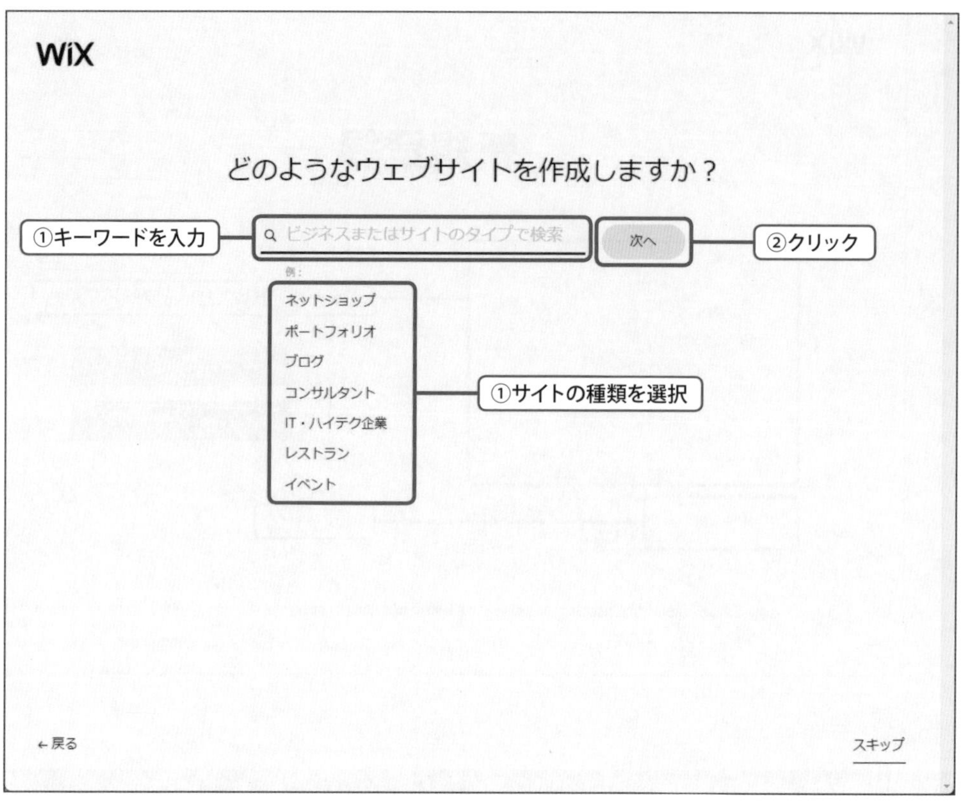

（3）作成するWebサイトの**名前**（**サイト名**）を入力し、［**次へ**］**ボタン**をクリックします。

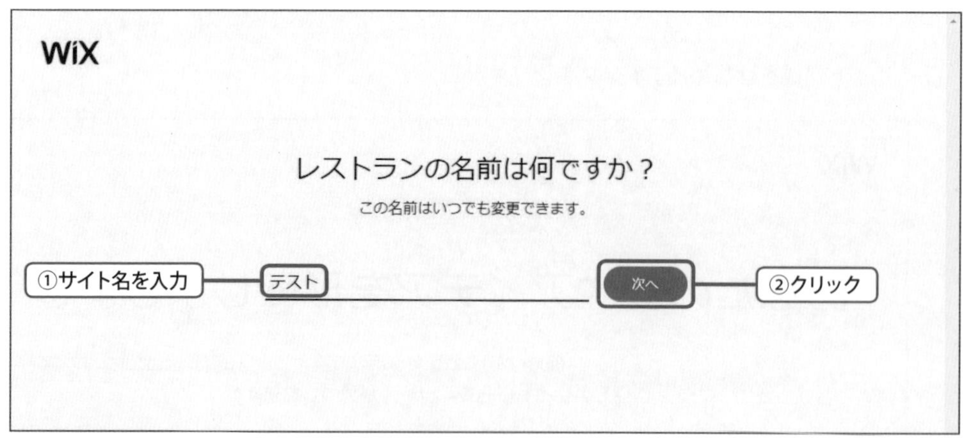

ポイント

最初は「テスト」などの名前で「練習用のWebサイト」を作成してみるとよいでしょう。Wixでは、複数のWebサイトを作成・管理できます。このため、「練習用のWebサイト」で操作に慣れてから、「正式なWebサイト」を新たに作成しなおすことも可能です。

（4）Webサイトに追加する機能を選択します。とりあえずは、初期設定のまま［**次へ**］**ボタン**をクリックします。

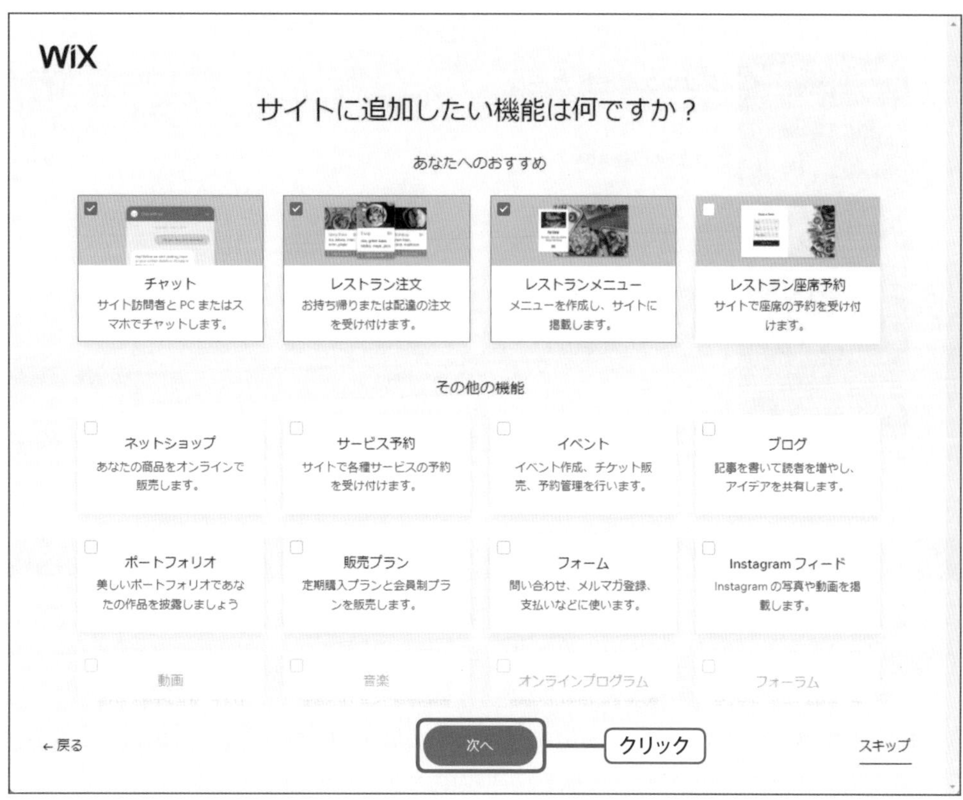

（5）このような画面が表示されるので、［**ダッシュボードを開く**］**ボタン**をクリックします。

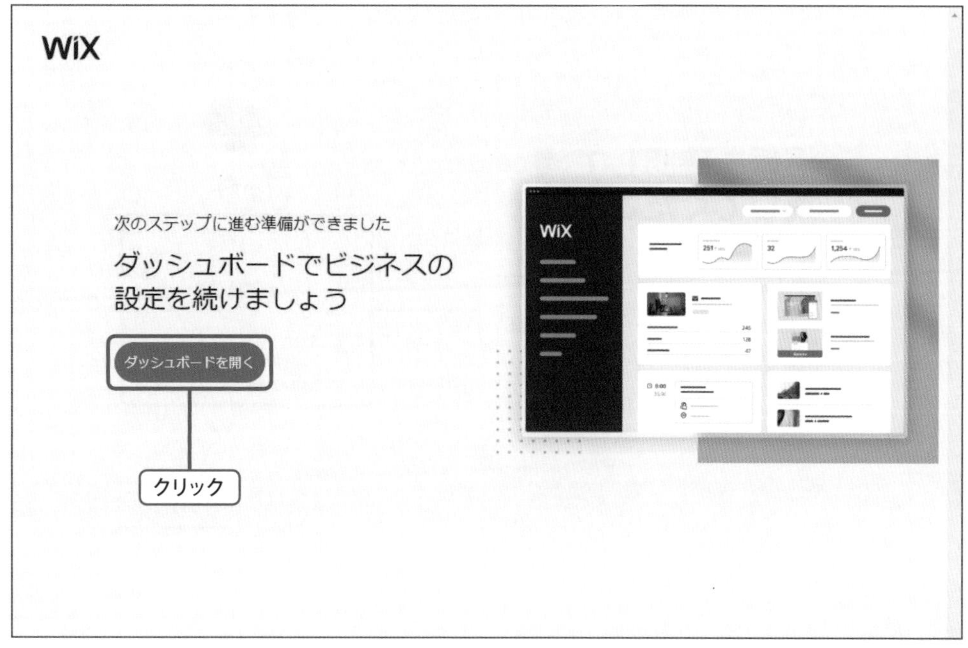

(6) **ダッシュボード**が表示されます。［**サイトを編集**］**ボタン**をクリックし、先ほど準備したWebサイトの編集を開始します。

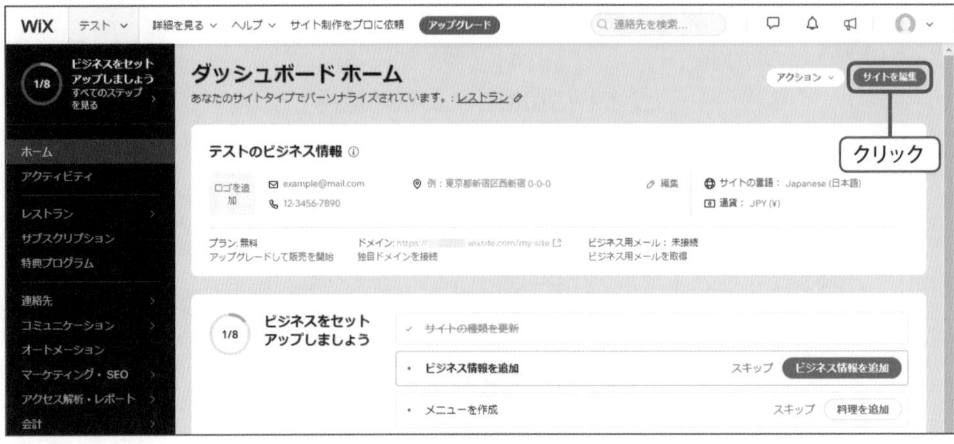

3 AIを使ったサイト・デザインの構築

初めてWebサイトを作成するときは、WixのAIを使ってWebサイトのデザインを構築します。AIを使ってサイト・デザインを構築するときは、以下のように操作を進めていきます。

(1) メールアドレスや住所、電話番号などの情報を入力します。個人用のWebサイトで住所や電話番号などを公開したくない場合は、空白のまま［**次へ**］**ボタン**をクリックします。

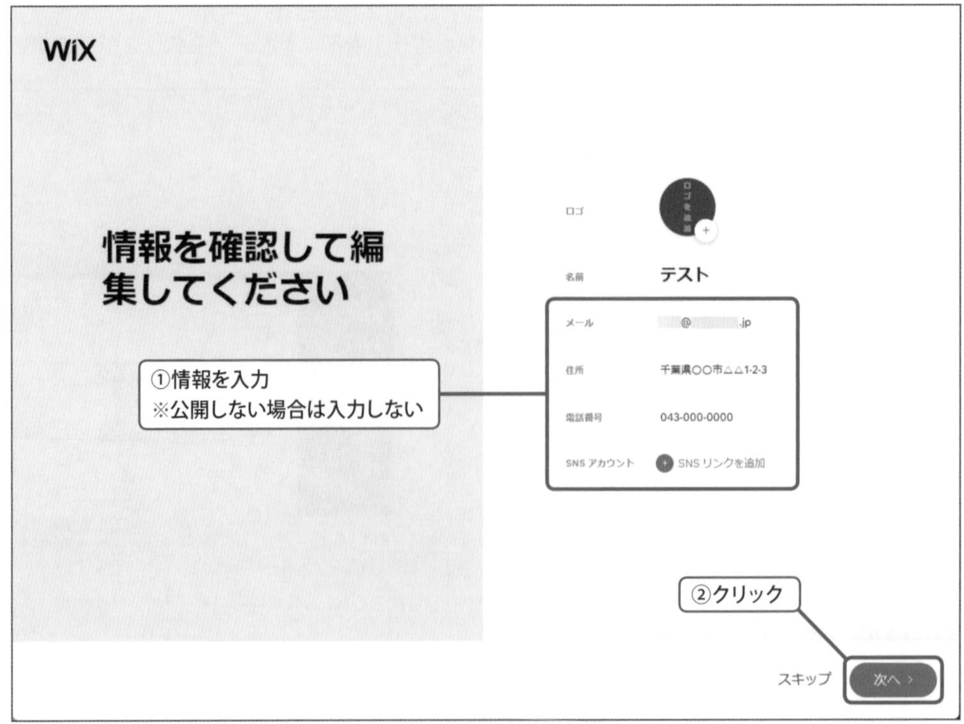

(2) フォントと色を組み合わせた**スタイル**が表示されるので、好きなスタイルを選択し、[**次へ**]**ボタン**をクリックします。

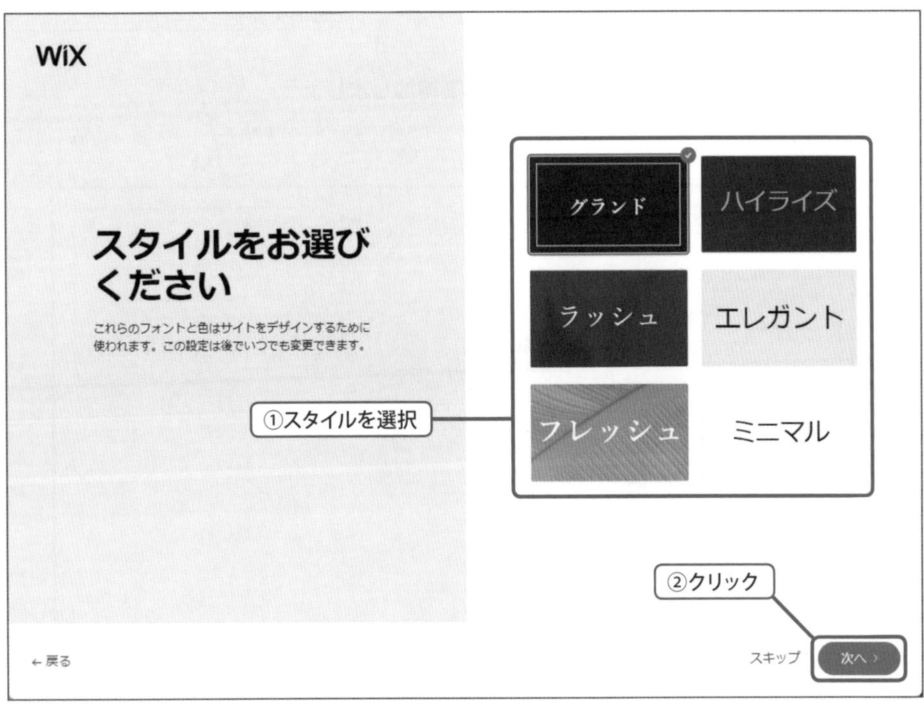

(3) **トップページ**のデザインが3つ表示されるので、この中から好きな**デザインを選択**し、[**次へ**]**ボタン**をクリックします。

(4) Webサイトに追加するページを選択します。追加するページに**チェック**を入れてから［**サイトを編集**］**ボタン**を**クリック**します。

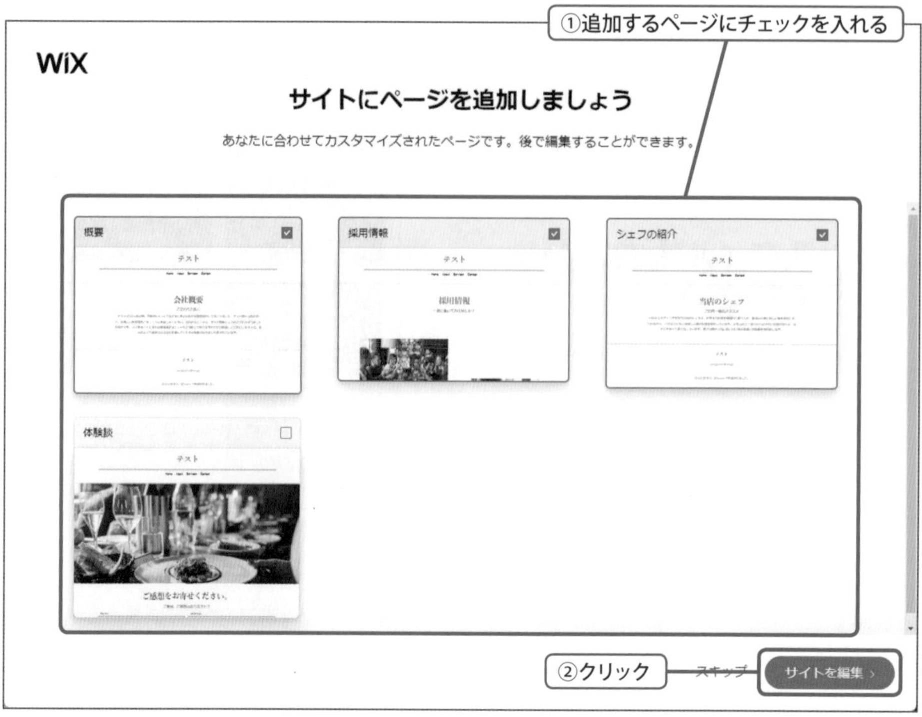

(5) 以上でデザインの構築は完了です。数秒ほど待つと、Webサイトの編集画面（**エディタ**）が表示されます。

4 準備したWebサイトの保存

Webサイトの編集画面（**エディタ**）が表示されたら、これまでの作業を保存しておきましょう。以下のように操作します。

（1）Webサイトの編集画面の右上にある「**保存**」をクリックします。

（2）Webサイトの**URLを指定**し、［**保存して続行**］**ボタン**をクリックします。

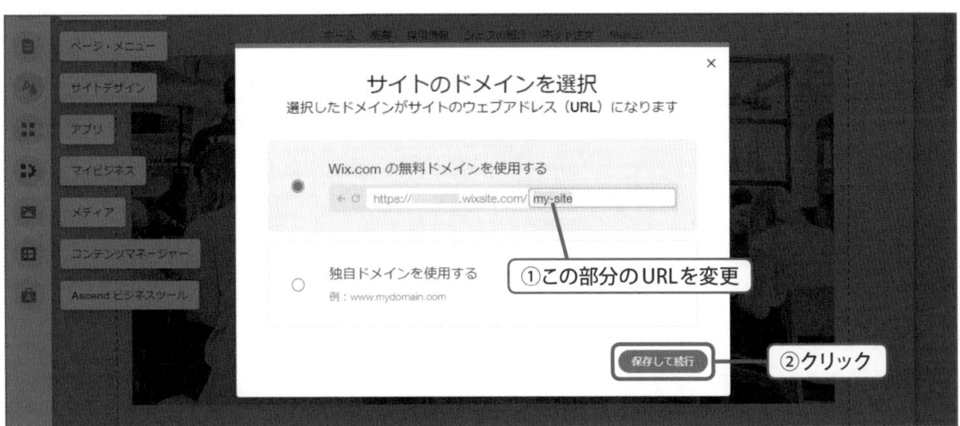

ポイント

Wixで作成したWebサイトのURLは、以下のような構成になります。

https://（アカウント名）**.wixsite.com/**（サイトアドレス）**/**

・アカウント名 ……………… 各ユーザーのアカウント名です。
※「アカウント設定」で変更できます（P261参照）。
・サイトアドレス …………… それぞれのWebサイトに指定するURLです。
※Webサイトの保存時に変更できます。

なお、有料プランにアップグレードすると、好きなURL（独自ドメイン）を指定できるようになります。

（3）このような確認画面が表示されます。現時点ではWebサイトを制作中なので、まだ公開しないで、そのまま［**閉じる**］**ボタン**をクリックします。

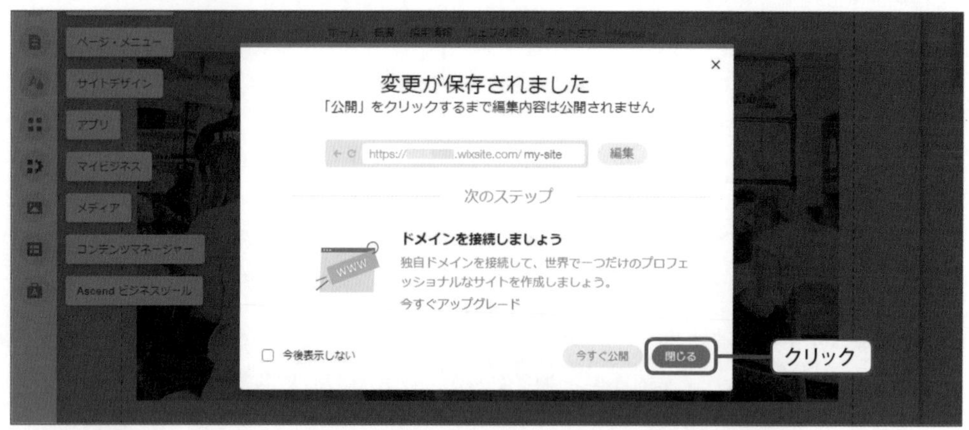

注意

作成したWebサイトを誰でも閲覧できる状態にするには、「公開」を指定する必要があります。ただし、作成途中のWebサイトは公開しないのが一般的です。Webサイトがひととおり完成した時点で「公開」を指定するようにしてください（詳しくはP240～242参照）。

5 テンプレートを使ったサイト・デザインの構築

Wixには、**テンプレート**の中からデザインを選択してWebサイトを作成する方法も用意されています。AIが自動構築したデザインではなく、好きなデザインを選択してWebサイトを作成したいときは、以下のように操作します。

（1）左上にある「Wixのロゴ」をクリックすると、**ダッシュボード**が表示されます。この画面にある［**アクション**］**ボタン**をクリックし、「**新しいサイトを作成**」を選択します。

（2）一覧から**サイトの種類を選択**するか、もしくは適当な**キーワードを入力**して［**次へ**］**ボタン**をクリックします。

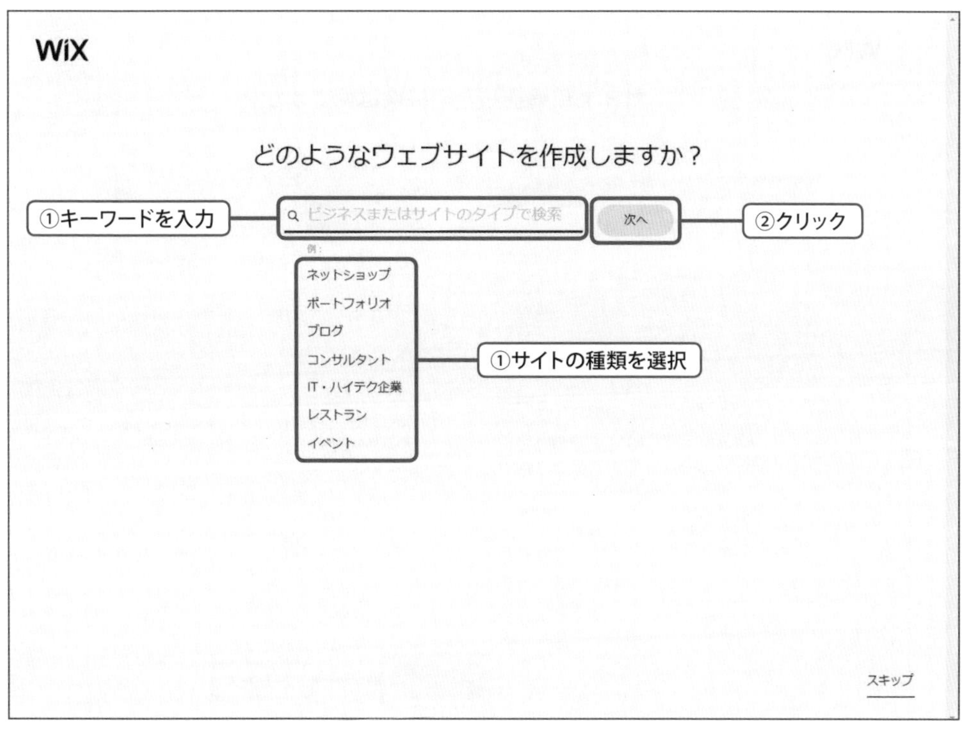

（3）作成するWebサイトの**名前（サイト名）**を入力し、［**次へ**］**ボタン**をクリックします。

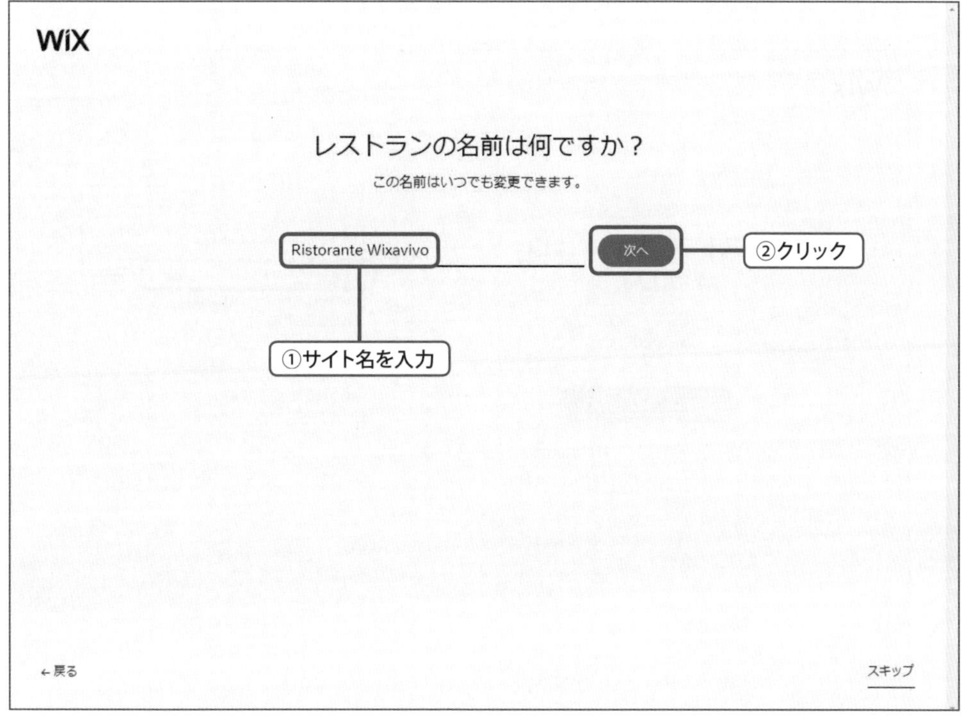

02 ユーザー登録とWebサイトの準備

（4）Webサイトに追加する機能を選択します。とりあえずは、初期設定のまま［**次へ**］**ボタン**をクリックします。

（5）デザインの構築方法を指定する画面が表示されます。テンプレートの中からデザインを選択する場合は、「**Wixホームページテンプレートを使う**」をクリックします。

(6) テンプレートの一覧が表示されます。この中から各自の好きなデザインを探していきます。

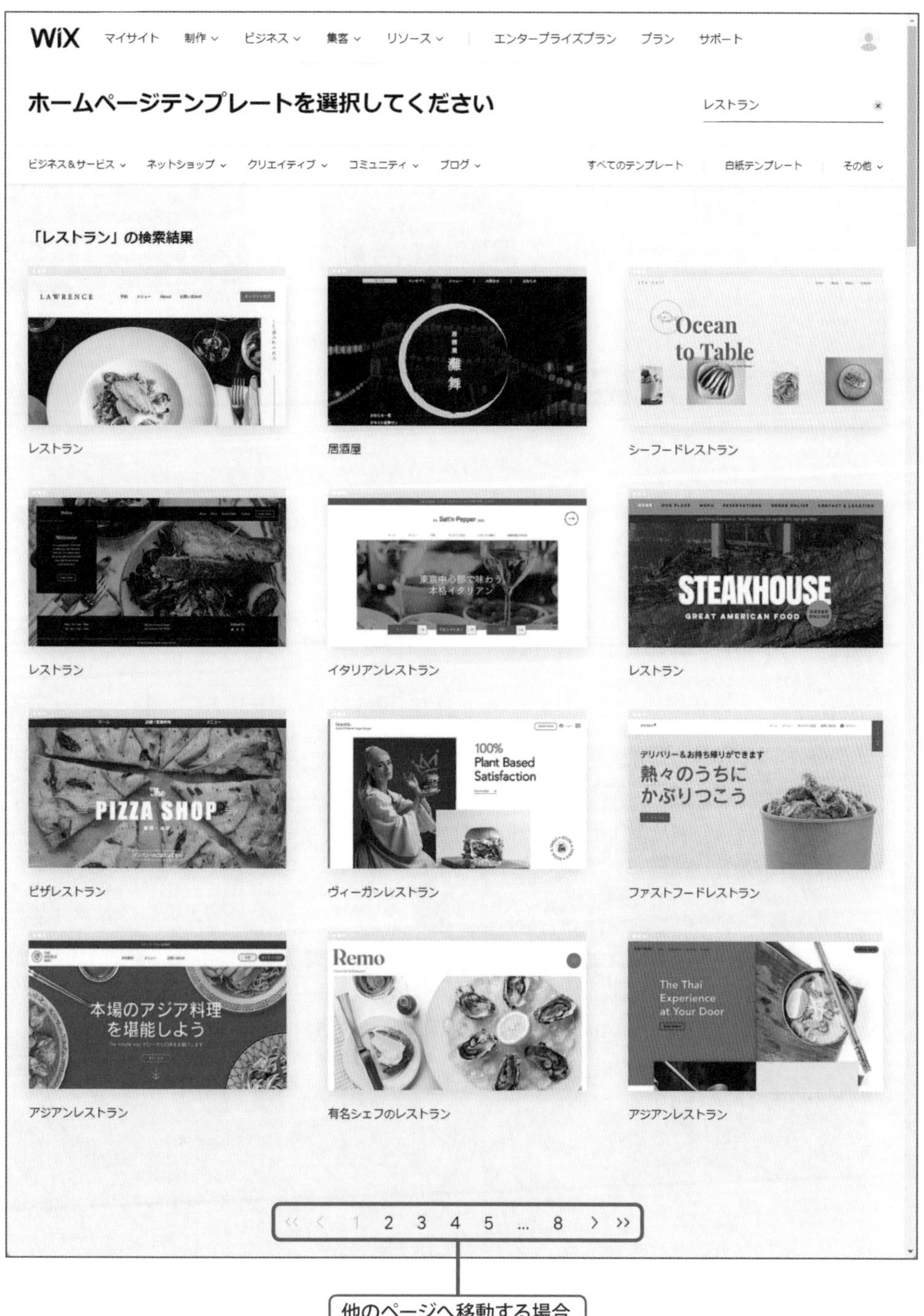

（7）各テンプレートの上にマウスを移動すると、[編集]と[表示]の2つのボタンが表示されます。まずは[表示]**ボタン**をクリックして、テンプレートの内容を確認します。

（8）テンプレートの内容が表示されるので、リンクをクリックして各ページのデザインを確認します。なお、他のテンプレートについても内容を確認したい場合は、**現在のタブを閉じて**手順（6）の画面に戻ってテンプレートを選択しなおします。気に入ったテンプレートが見つかったら、右上にある[編集]**ボタン**をクリックします。

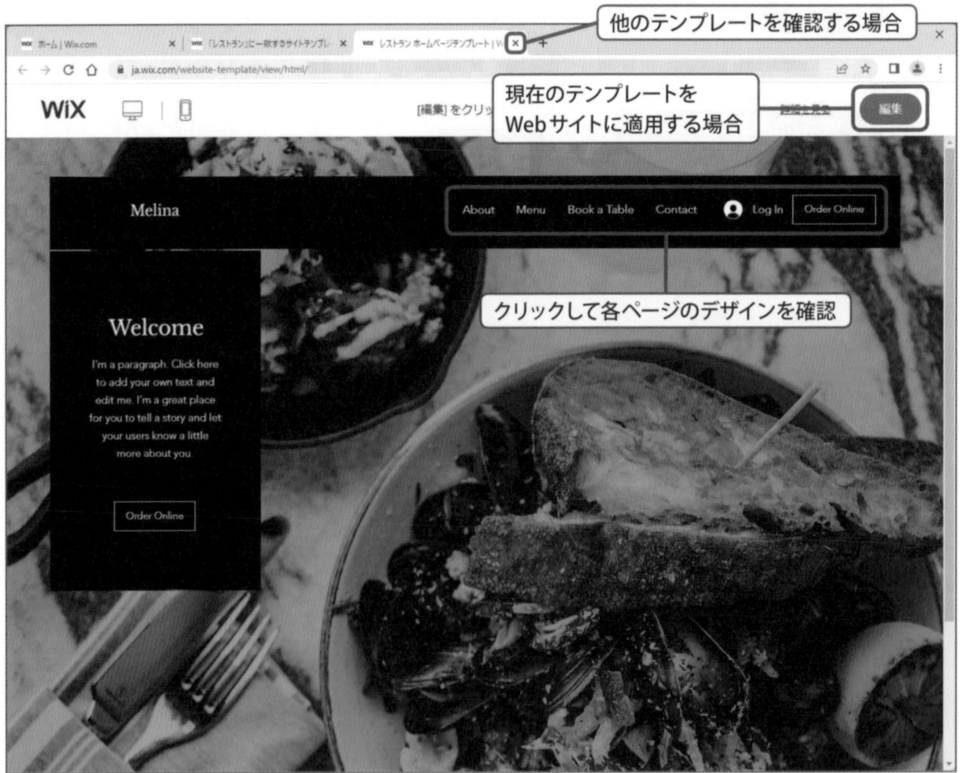

テンプレートを後から変更することはできません。テンプレートの選択は慎重に行うようにしてください。

(9) 数秒ほど待つと、Webサイトの編集画面（**エディタ**）が表示されます。この画面の右上にある「**保存**」をクリックします。

(10) Webサイトの**URLを指定**し、[**保存して続行**]**ボタン**をクリックします。

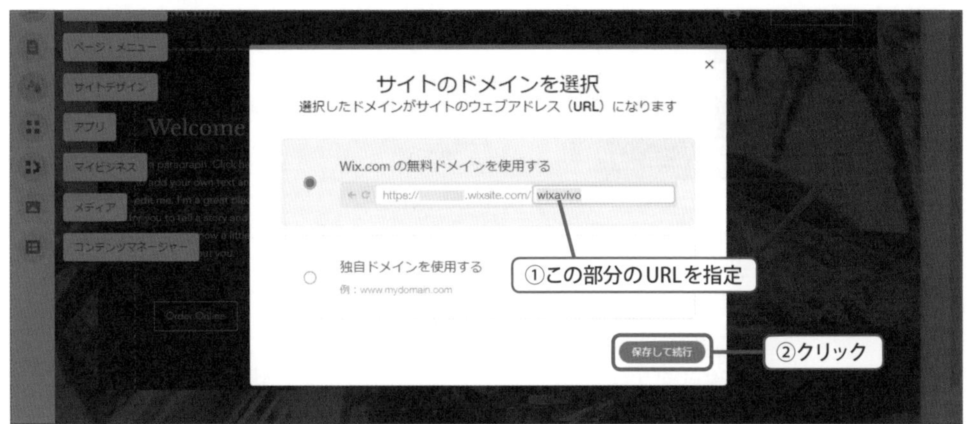

(11) このような確認画面が表示されます。現時点ではWebサイトを制作中なので、まだ公開しないで、そのまま[**閉じる**]**ボタン**をクリックします。

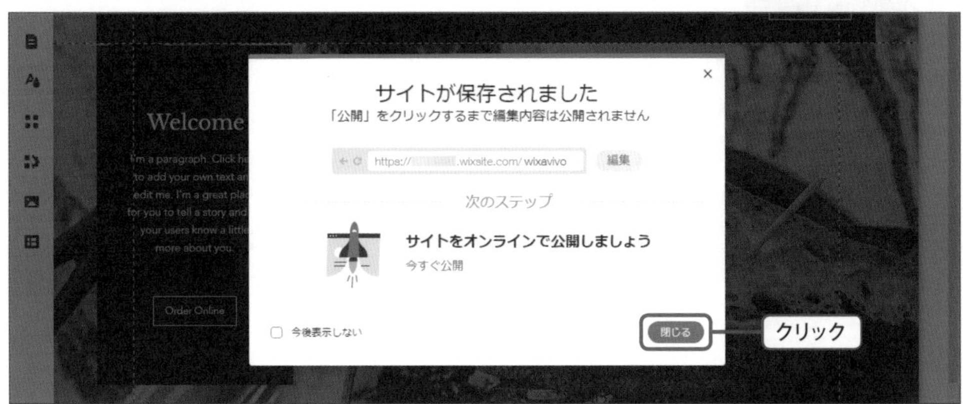

6 編集するWebサイトの選択

念のため、編集するWebサイトの選択方法を紹介しておきます。本書のように**複数のWebサイトを作成した場合**は、以下のように操作してWebサイトの編集画面を開きます。

(1) いちど**Webブラウザを終了**します。その後、Webブラウザを起動しなおして「日本語版Wixの公式サイト」(**https://ja.wix.com/**)を開くと、**「マイサイト」**というページが表示されます。ここで**編集するWebサイトを選択**します。

(2) そのWebサイトの**ダッシュボード**が表示されるので、**[サイト編集] ボタン**をクリックします。

（3）そのWebサイトの編集画面（**エディタ**）が表示されます。

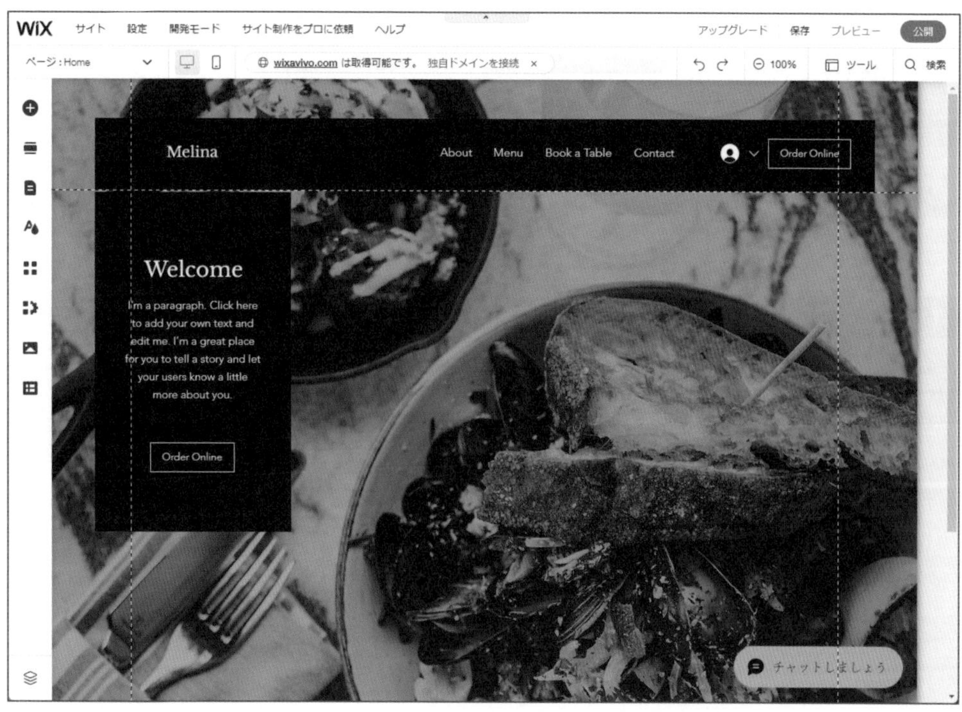

7 メールアドレスの確認

具体的な編集作業について解説する前に、ユーザー登録時に入力した**メールアドレス**に間違いがないことを確認しておきましょう。

メールの受信箱を開くと、Wixから以下のようなメールが届いているはずです。このメールにある［**メールアドレスを確認**］**ボタン**をクリックすると、メールアドレスの確認作業を完了できます。

テキストの編集

ここからは、Webサイトの編集方法を詳しく説明していきます。まずは、ページ内にある「テキスト」（文字）を編集する方法を解説します。

1 文字の変更

AIやテンプレートを使ってWebサイトのデザインを構築すると、**サンプル文字**が配置されたWebサイトが作成されます。これらのサンプル文字は、**自分のWebサイトに適した内容に書き換えて利用する**のが基本です。

まずは、各ページに配置されている「テキスト」の文字を変更するときの操作手順から解説していきます。

（1）Webサイトの編集画面（エディタ）を開き、**文字が記載されている部分をクリック**します。

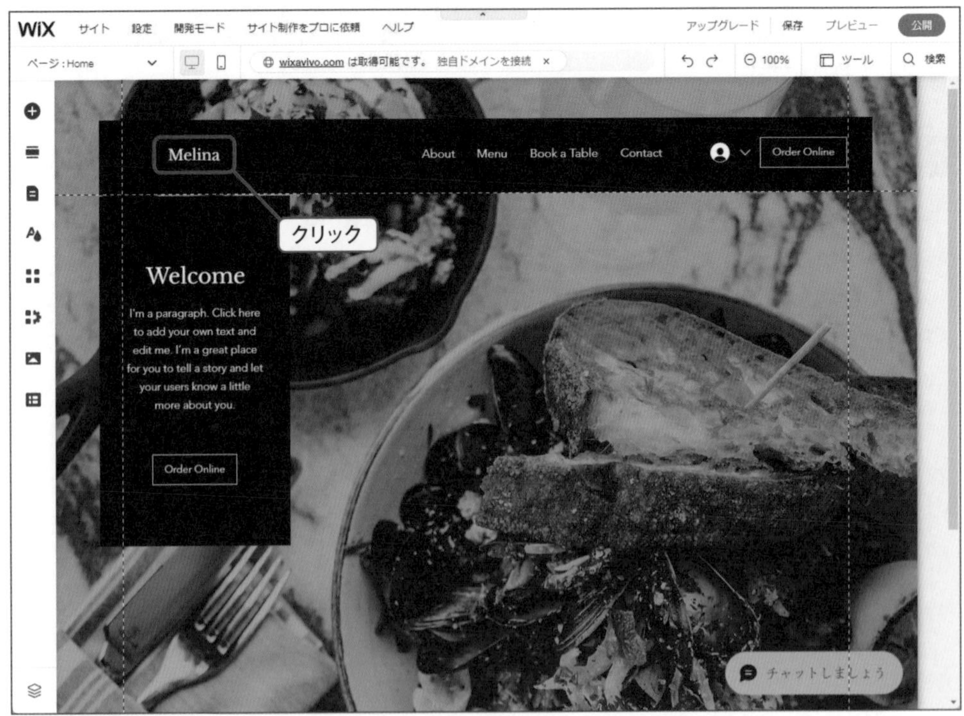

(2)「**テキスト**」と記された四角い枠線が表示され、以下の図のようなボタンが表示されます。この中にある[**テキストを編集**]**ボタン**をクリックします

チェック

上図のようなボタンが表示されない場合は、「文字が記載されている部分」をもういちどクリックしてみてください。

(3) テキストボックス内の文字が選択された状態になるので、そのままキーボードから「見出し」や「文章」の**文字を入力**していきます。

(4)「サンプル文字」が「入力した文字」に変更されるので、[×]をクリックして「**テキスト設定**」**ダイアログ**を閉じます。

同様の手順でページ内の各所にあるサンプル文字を書き換えて、自分用のWebサイトに仕上げていきます。もちろん、下図のように**日本語を入力することも可能**です。

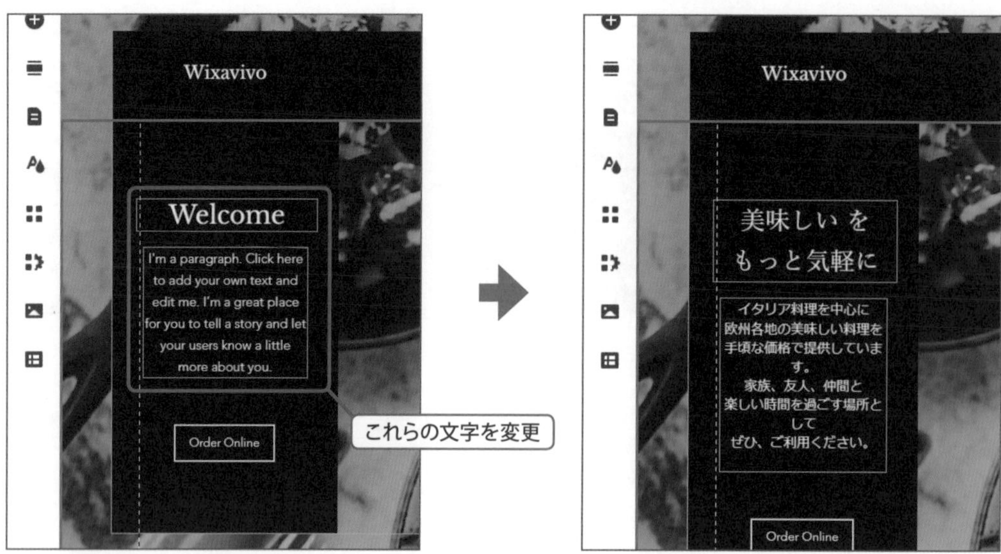

2 文字の書式変更

「テキスト」のボックス内に入力した文字は、それぞれの**文字の書式**を自由にカスタマイズできます。この書式指定は**「テキスト設定」ダイアログ**で行います。

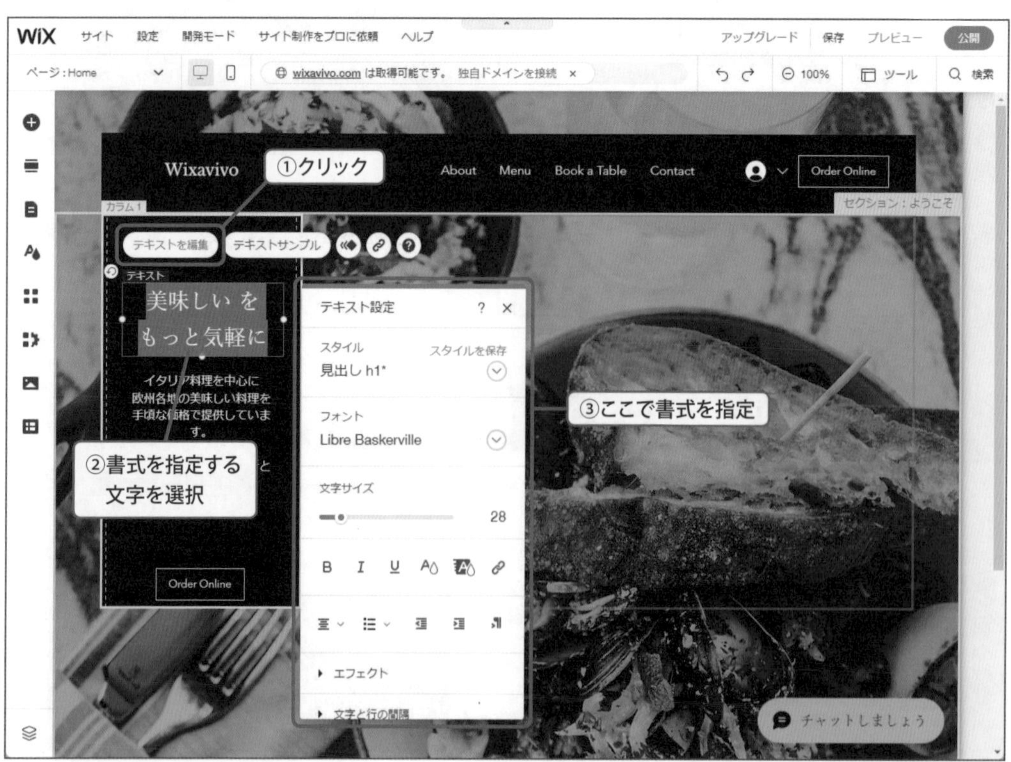

各文字の書体は、「フォント」の項目にある⌵をクリックすると変更できます。なお、フォントの一覧は「日本語フォント」→「欧文フォント」の順番に並べられているため、一覧を上へスクロールしていくと「日本語フォント」を見つけられます。

■ フォントの指定

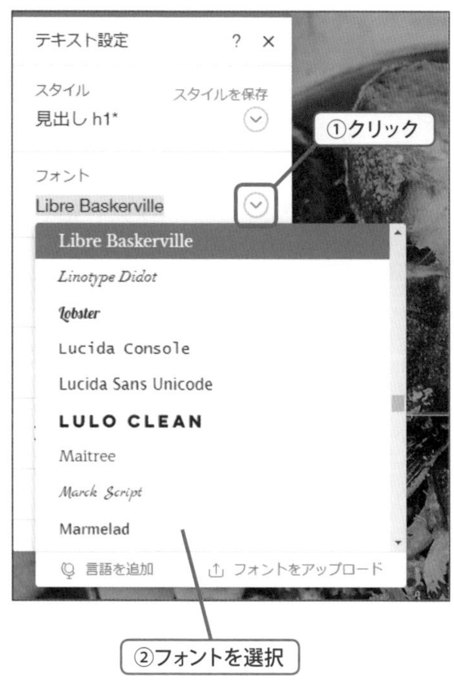

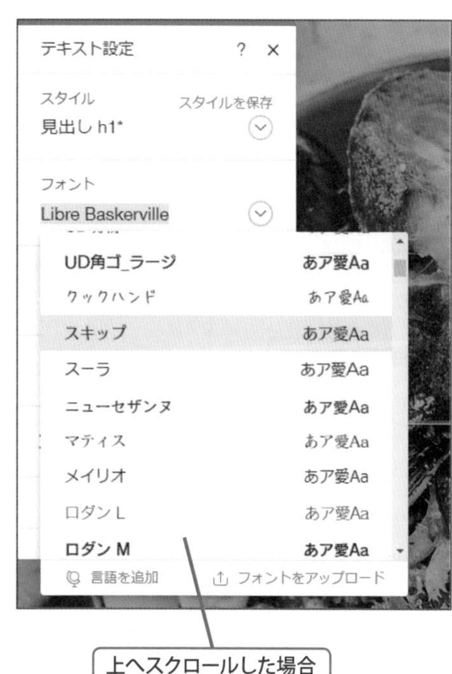

各文字の大きさは、「文字サイズ」の項目で指定します。スライダーを左右にドラッグするか、もしくは数値を直接入力(※)して文字サイズを指定します。

※ 数値で指定するときは、「半角文字」で数値を入力する必要があります。

■ 文字サイズの指定

さらに、**太字や斜体**、**文字色**、**配置**などを指定する書式も用意されています。

■ 太字、斜体、下線、インデント

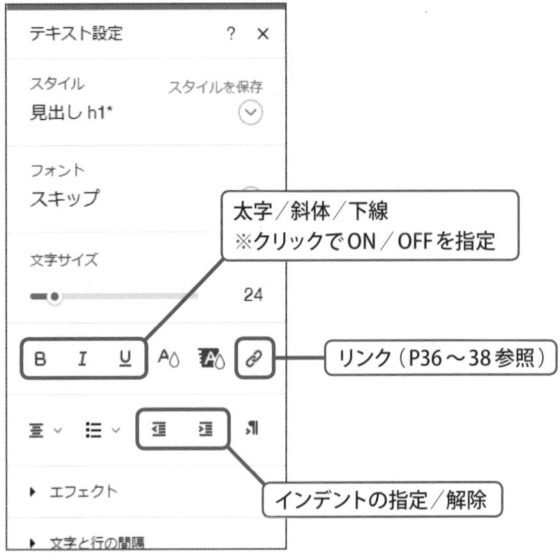

■ 文字色、背景色

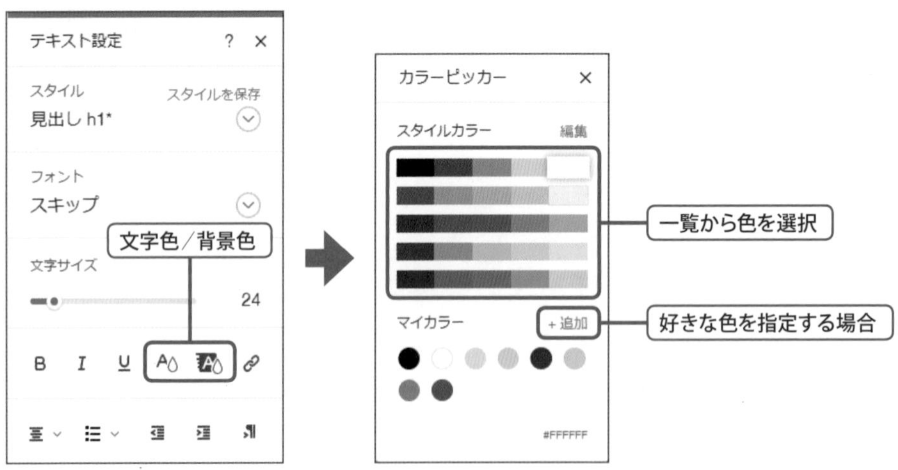

■ 文字の配置

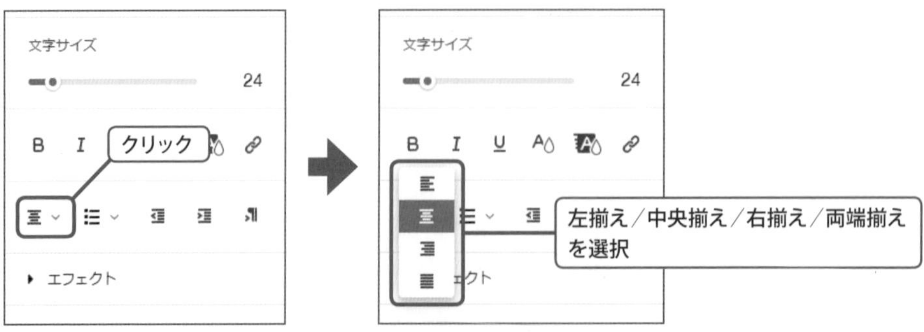

■ 箇条書き・段落番号

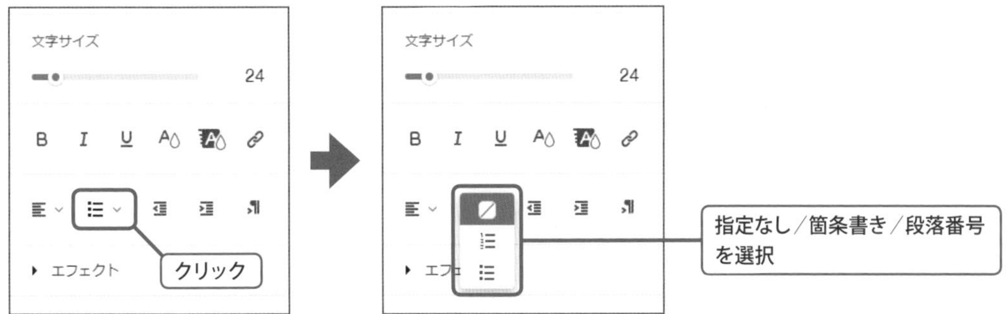

※ ¶ は、アラビア語のように「右から左に記述する言語」に対応するための書式です。日本語環境では、特に理由がない限り使用しません。

これらの書式を指定すると、先ほど入力した文字の見た目を以下の図のように変更できます。

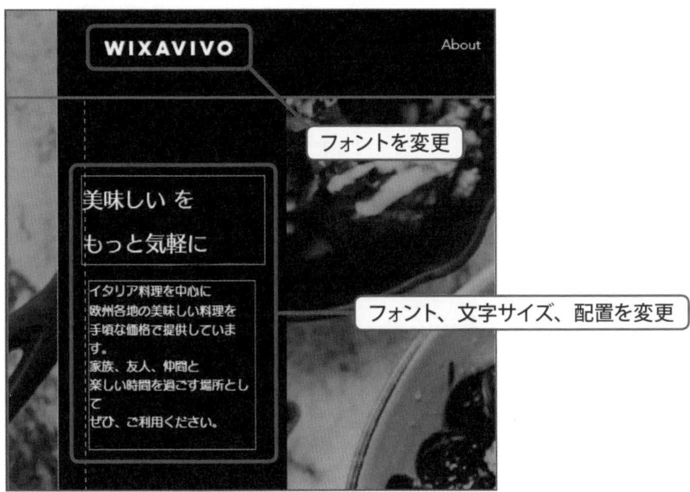

そのほか、**エフェクト**で文字に影を付けたり、**文字間**や**行間**を調整したり、**縦書き**にしたりする書式も用意されています。

■ エフェクト

エフェクトの項目には、文字に影を付ける書式設定が用意されています。「なし」または「A」～「I」を選択して「影の付け方」を指定します。

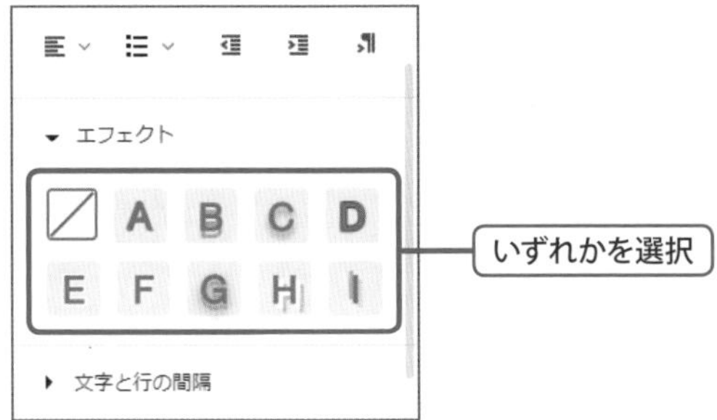

■文字と行の間隔

右隣の文字との間隔を調整したり、行間を調整したりできる書式設定が用意されています。

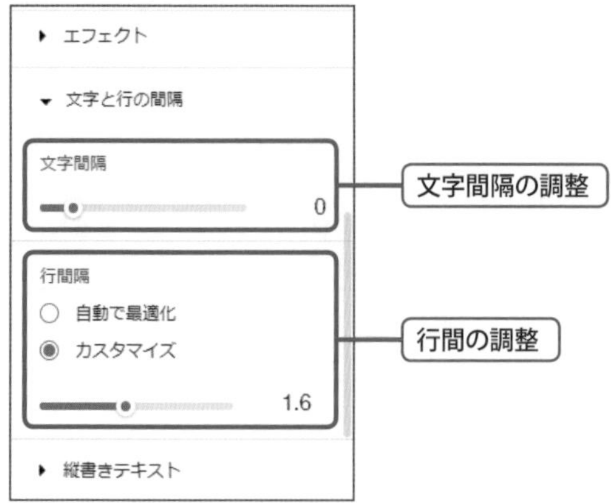

■縦書きテキスト

文章を縦書きで掲載したい場合に利用します。

■SEO・アクセシビリティ

文字を「どのHTML要素として扱うか？」を指定できます。h1～h6（見出し）やp（段落）などの要素を指定できます。HTMLやSEOに詳しい方向けの設定項目です。

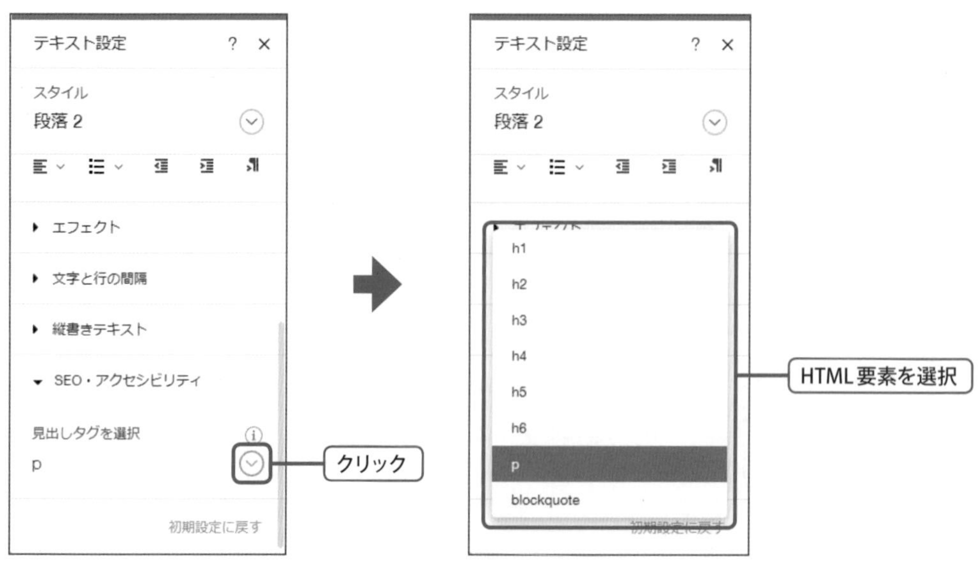

3 テキストの移動と配置

ページ内に配置されている「テキスト」の**サイズ**や**位置**を調整することも可能です。ページ全体のバランスを整えられるように、配置の調整方法も覚えておきましょう。

テキストボックスの**サイズ**を変更するときは、左右や下に表示されている**ハンドル**をドラッグします。

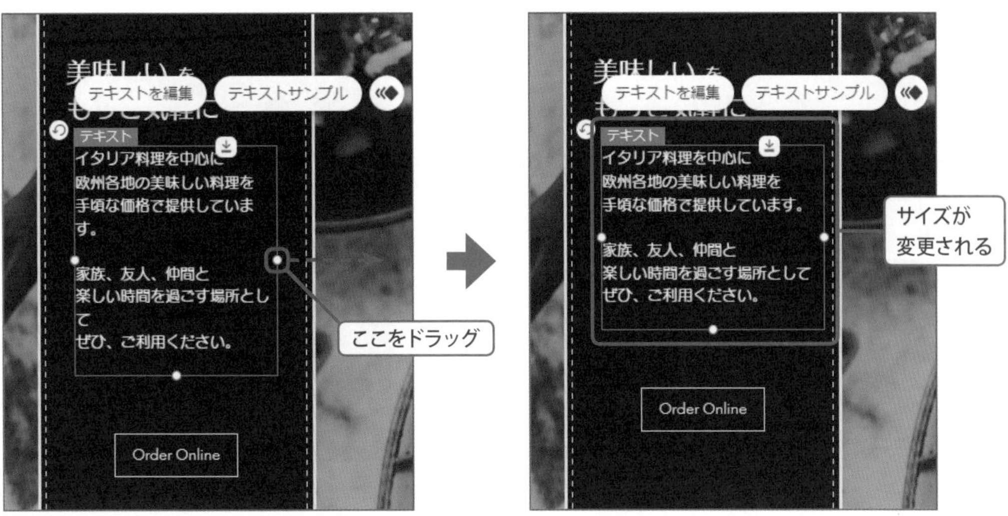

テキストボックスをドラッグして、その**位置**を移動することも可能です。このとき、画面に表示される**ガイドライン**を参考にしながらドラッグ操作を進めていくと、周辺のパーツに揃えてテキストボックスを配置できます。

4 テキストの追加と削除

あらかじめ配置されている「テキスト」に加えて、好きな位置に「**テキスト**」を追加することも可能です。この場合は、以下の手順で操作します。

（1）［**パーツを追加**］のアイコンをクリックし、「**テキスト**」を選択します。

（2）続いて、**見出し／タイトル／段落**といったパーツを選択し、それをページ上に**ドラッグ&ドロップ**します。

（3）ページに「テキスト」が追加されるので、[**テキストを編集**] ボタンをクリックし、**文字の入力と書式の指定**を行います。

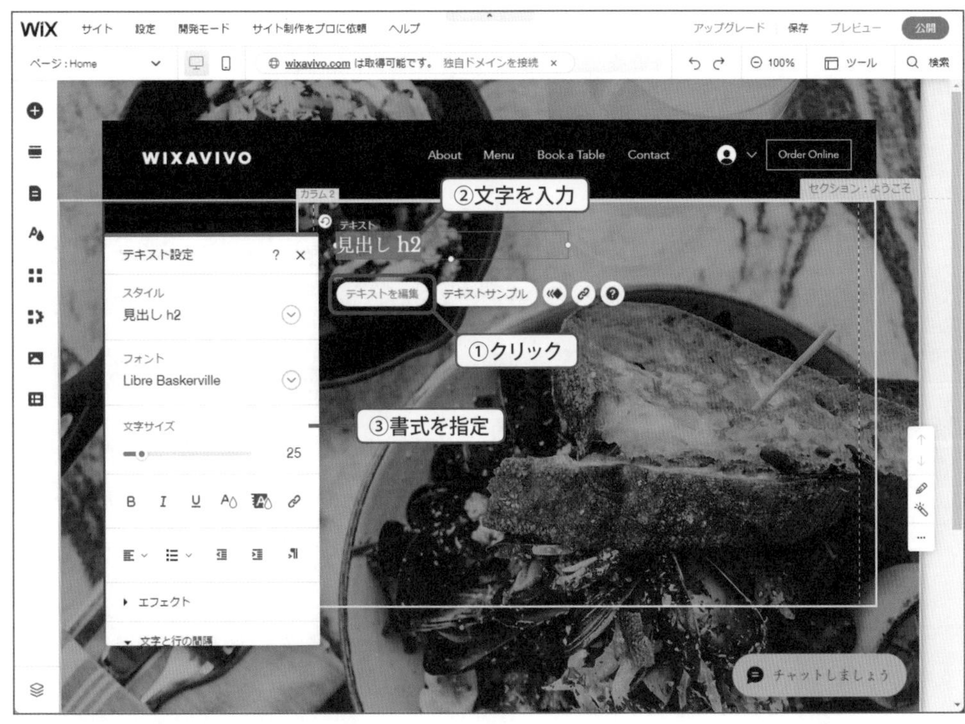

もちろん、ページ上に配置した「**テキスト」を削除する**ことも可能です。この場合は、その「テキスト」をクリックして選択し、[Delete] キーまたは [Back space] キーを押します。

5 リンクの作成

ページ上に配置した文字に**リンク**の機能を付加する書式設定も用意されています。他のページへ移動するリンクを指定するときは、以下のように操作します。

（1）リンクの機能を付加する**文字を選択**し、「**リンク**」のアイコンをクリックします。

（2）**リンク先**を指定する画面が表示されます。自分のWebサイト内にあるページへ移動するときは「**ページ**」を選択し、**移動先のページ**を選択します。

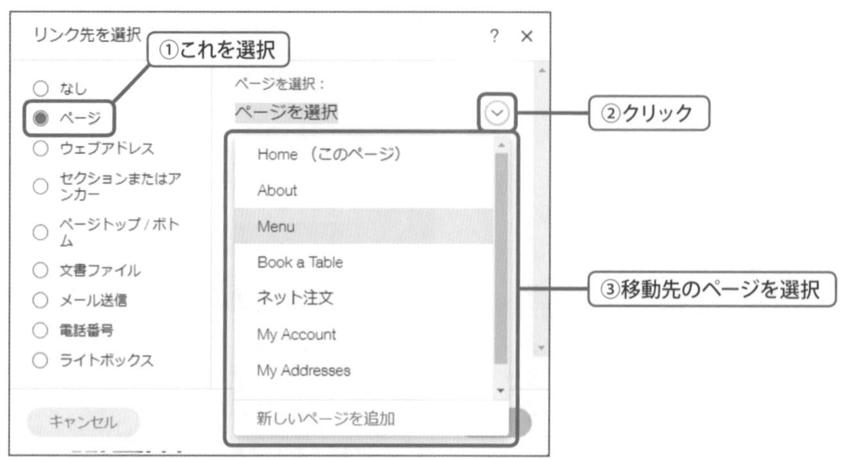

第1章　Wixの基本操作

(3) 続いて、**リンク先の表示方法**を選択し、[**完了**] **ボタン**をクリックします。

(4) 選択していた文字に**リンク**が指定されます。

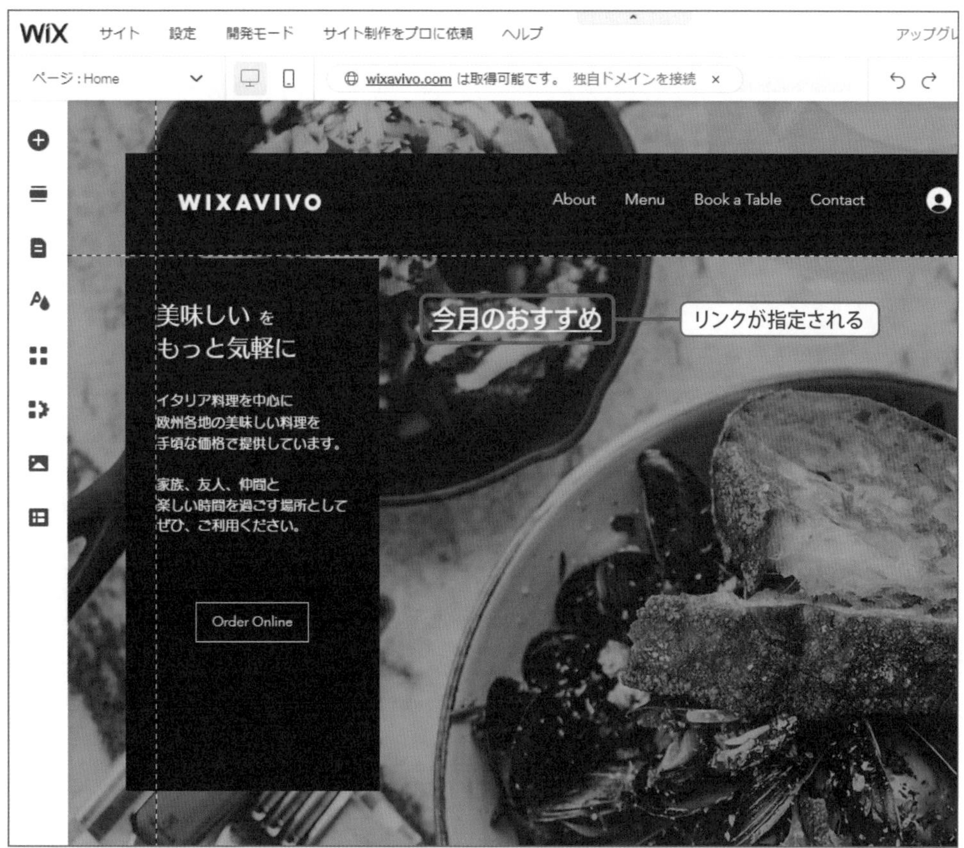

チェック

リンク文字には「下線」の書式が自動指定されます。下線を表示したくない場合は、「テキスト設定」ダイアログで「下線」の書式をOFFにしてください。

なお、自分のWebサイトではなく、他のWebサイトへリンクするときは、「ウェブアドレス」を選択し、リンク先の**URL**を入力します。

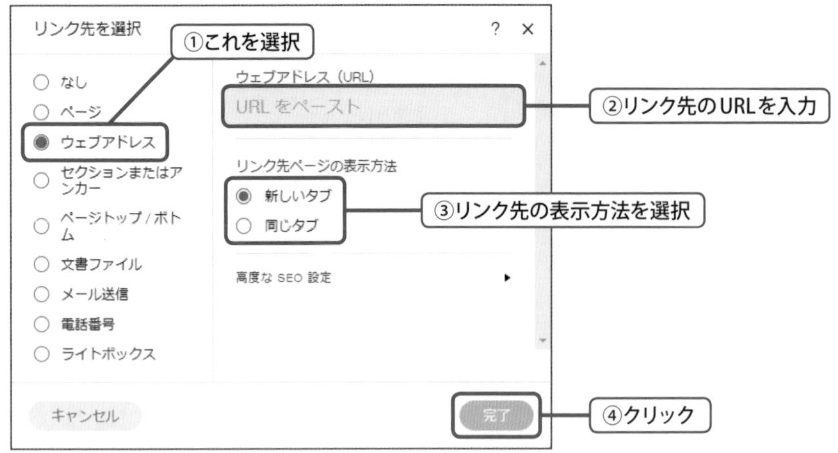

そのほか、以下のようなリンクを指定することも可能です。

- **セクションまたはアンカー** ……… 自分のWebサイトの**特定の位置**へ移動するリンク
- **ページトップ／ボトム** ……… 現在のページの**上端**または**下端**へ移動するリンク
- **文書ファイル** ……… WordやExcel、PDFなどの**ファイル**へのリンク
- **メール送信** ……… 指定したメールアドレス宛の**メール作成画面**を表示
- **電話番号** ……… 指定した**電話番号に発信**するリンク
- **ライトボックス** ……… さまざまなコンテンツを**ポップアップ表示**するリンク

ポイント

指定したリンクを解除するときは、上の設定画面で「なし」を選択します。

6 スタイルについて

最後に、**スタイル**について紹介しておきます。スタイルは、フォント、文字サイズ、太字、斜体、文字色などの書式を一括指定できる機能です。Wixには、「**見出し h1**」～「**見出し h6**」と「**段落1**」～「**段落3**」の9種類のスタイルが用意されています。

この機能を使って文字の書式を指定するときは「**スタイル**」の項目にある⌄をクリックし、一覧からスタイルを選択します。

具体的な例を紹介しておきましょう。たとえば、「見出しh5」のスタイルを適用すると、その文字のフォント、文字サイズ、文字色などを**「見出し h5」に登録されている書式**に一括変更できます。

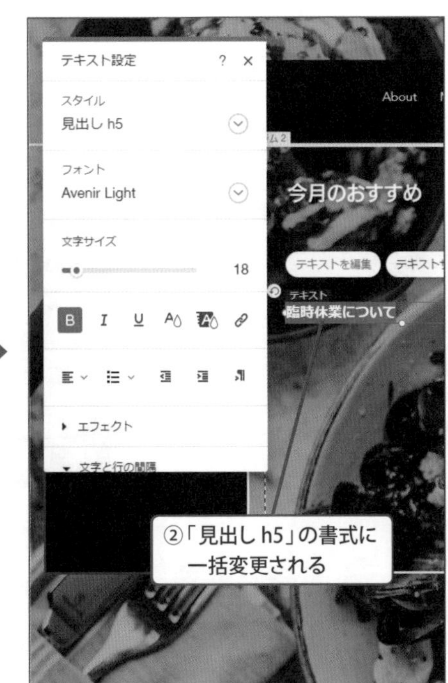

「テキスト」として配置したすべての文字には、必ず**いずれかのスタイル**が適用されています。どのスタイルが適用されているかは、「テキスト設定」ダイアログを開いて「スタイル」の項目を見ると確認できます。

スタイル名の最後に「*」が表示されている場合は、そのスタイルをベースに「文字の書式がカスタマイズされている」ことを意味しています。上図は、「見出し h5」のパーツをドラッグ＆ドロップして「テキスト」を追加し、その後、フォントや文字サイズなどの書式を変更した例となります。このため、スタイル名の最後に「*」が付いた「見出し h5*」という表示になっています。このように「カスタマイズした書式」を「そのスタイルの書式」として登録しなおすことも可能です。この場合は、「**スタイルを保存**」をクリックします。

第1章　Wixの基本操作

ただし、Webサイト内にある他の「テキスト」にも影響を与えることに注意してください。先ほど示した例の場合、「見出し h5」が適用されている文字の書式がすべて「カスタマイズした書式」に変更されます。

スタイルは少し上級者向けの機能になるため、よくわからない方は**不用意に「スタイルを保存」をクリックしない**ように注意してください。基本的な考え方として、以下のように捉えておくと大きなトラブルに発展しないと思われます。

■「見出し」となる段落

「見出し h1」～「見出し h6」のスタイルを適用します。その後、必要に応じて「文字の書式」をカスタマイズします。

※h1 ～ h6の数字が小さくなるほど「上位の見出し」として扱われます。

■ 一般的な文章

「段落1」～「段落3」のスタイルを適用します。その後、必要に応じて「文字の書式」をカスタマイズします。

画像の編集

続いては、「画像」の編集方法について解説します。Webサイトの作成において「画像」は「テキスト」と同じくらい重要な要素になるので、その扱い方をよく学んでおいてください。

1 Wixフリー写真素材の追加

Wixには、誰でも無料で使える**Wixフリー写真素材**が用意されています。まずは、このフリー写真をページに追加するときの操作手順を解説します。

(1) **[パーツを追加]** のアイコンをクリックし、「**画像**」を選択します。続いて、「**Wixフリー写真素材**」を選択します。

ポイント

ここで「Wixフリーイラスト」を選択すると、Wixが提供する無料の「イラスト」や「イメージアート」をページに追加できます。基本的な使い方は「Wixフリー写真素材」と同じなので、気になる方はこちらも試してみてください。

注意

「写真素材」を選択すると、「shutterstock」という素材サイトが提供する写真をページに追加できます。ただし、これらの写真は無料ではありません。それぞれの写真を購入して利用する必要があります。

(2) 以下のような画面が表示されるので、適当な**キーワード**で**画像を検索**します。好きな写真が見つかったら、その**写真をクリックして選択**し、[**ページに追加**] **ボタン**をクリックします。

(3) ページに「**画像**」のパーツが追加されるので、**サイズ**と**位置**を調整してレイアウトを整えます。

2 自分で用意した写真の追加

Wixに用意されているフリー素材ではなく、**自分で用意した写真**をページに追加したい場合もあるでしょう。この場合は、以下のように操作して「画像のアップロード」と「ページに画像を追加」の作業を行います。

(1) [**パーツを追加**] のアイコンをクリックし、「**画像**」を選択します。続いて、「**画像をアップロード**」を選択します。

(2) 「**サイトファイル**」が表示され、Wixにアップロードされているファイルが一覧表示されます(最初は空白です)。ここに**画像ファイルをドラッグ&ドロップ**すると、その画像をWixにアップロードできます。

ポイント

上図のように複数のファイルをまとめてアップロードすることも可能です。Webサイトに掲載する予定がある画像を、この時点で一括アップロードしておくとよいでしょう。

（3）画像のアップロードが済んだら掲載する**画像をクリックして選択**し、［**ページに追加**］**ボタンをクリック**します。

（4）ページに「画像」のパーツが追加されるので、**サイズと位置を調整して**レイアウトを整えます。

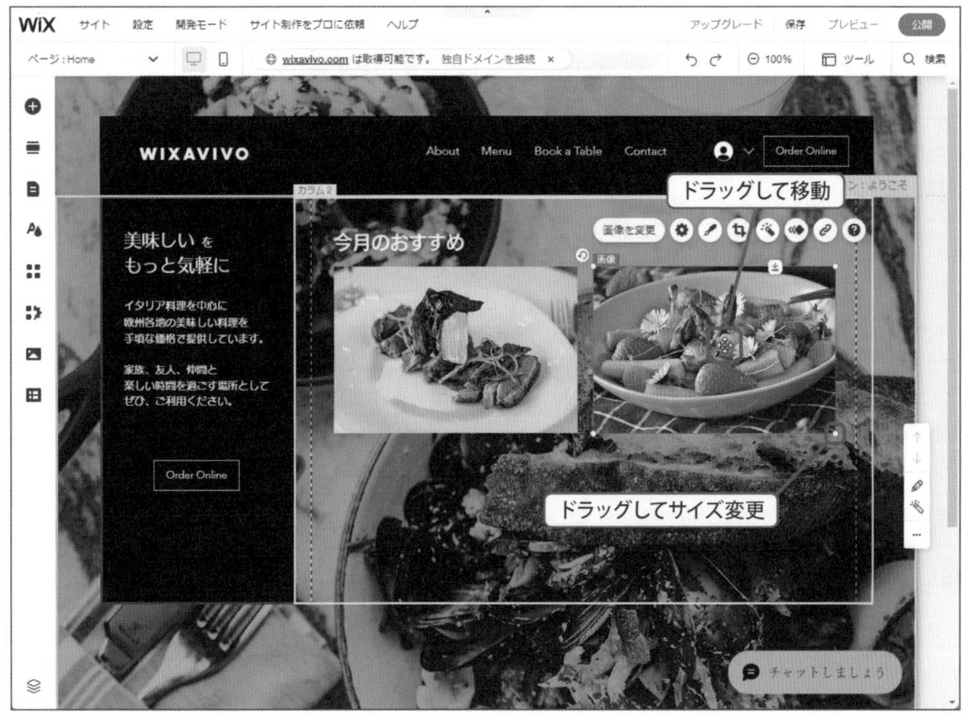

04 画像の編集

3 画像の変更

ページ上に配置した「画像」を「別の画像」に差し替えることも可能です。AIやテンプレートを使って構築したサイト・デザインに初めから「画像」が配置されていた場合は、以下のように操作すると、その画像を「好きな画像」に差し替えられます。

(1) ページ上に配置された**「画像」を選択**し、**[画像を変更] ボタン**をクリックします。

(2)**「サイトファイル」**が表示されるので、差し替え後の**画像を選択**し、**[画像を選択] ボタン**をクリックします。

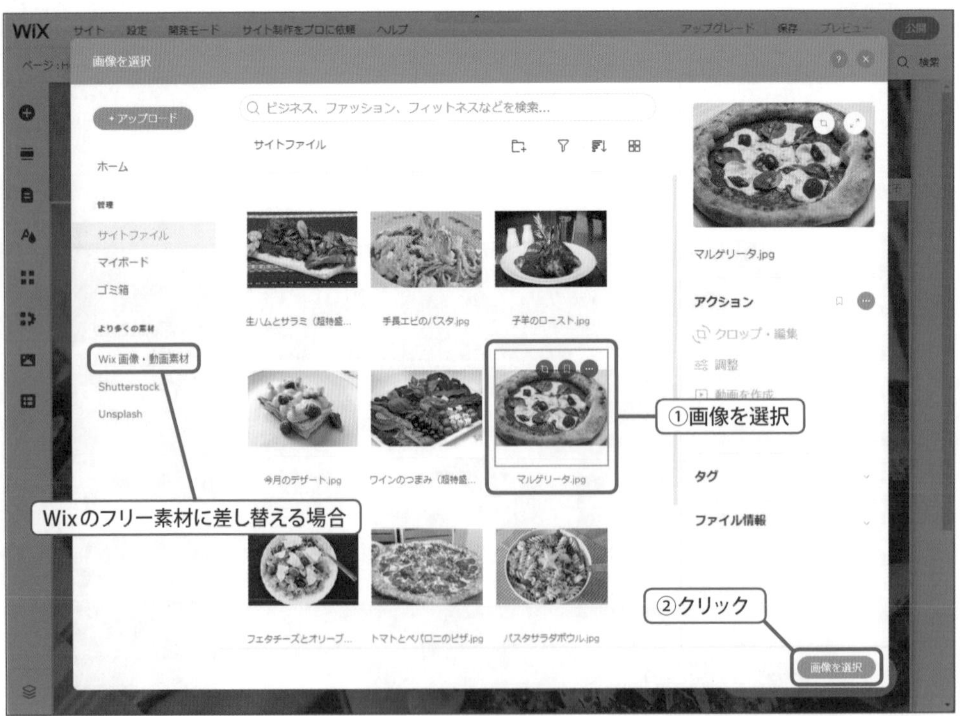

注意

まだ「差し替え後の画像」をWixにアップロードしていない場合は、P44の手順（2）に示した方法で画像ファイルをアップロードしてから画像を選択します。

(3) 画像が「手順(2)で選択した画像」に差し替えられます。

ポイント

ページ上に配置した「画像」を削除するときは、その「画像」をクリックして選択し、[Delete]キーまたは[Backspace]キーを押します。

4 画像の設定

ページに「画像」を配置できたら**画像の設定**を済ませておきましょう。以下のように操作して「**画像設定**」ダイアログを開きます。

■ クリック時の動作

画像をクリックしたときの動作を指定します。クリック時の動作として、以下の4つの選択肢が用意されています。

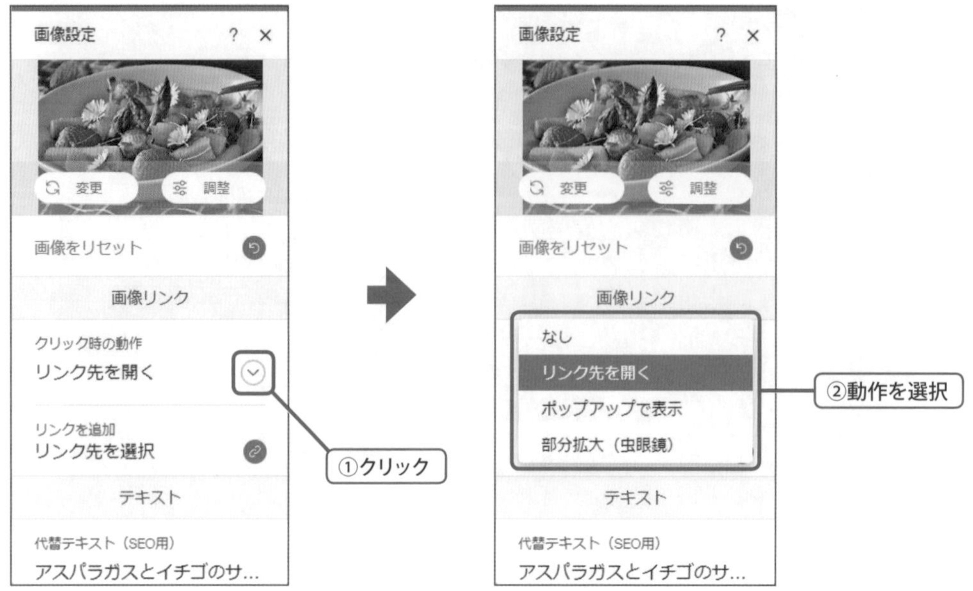

- **なし** ……………… クリックしても何も動作しません。
- **リンク先を開く** ……………… 画像を**リンク**として機能させます。
- **ポップアップで表示** ……………… ポップアップにより**画像を大きく表示**します。
- **部分拡大（虫眼鏡）** ……………… 画像を**部分的に拡大**して表示します。

画像を「リンク」として機能させる場合は、あらかじめリンク先を指定しておく必要があります（P36〜38参照）。「ポップアップで表示」や「部分拡大（虫眼鏡）」を指定したときの動作は、画面を**プレビュー**に切り替えると確認できます。

①クリックすると…

②ポップアップで
拡大表示される

①クリックすると…

②部分的に拡大表示される
（スクロール可）

なお、プレビューを終了して元の編集画面に戻るときは、画面右上にある「**エディタに戻る**」をクリックします。

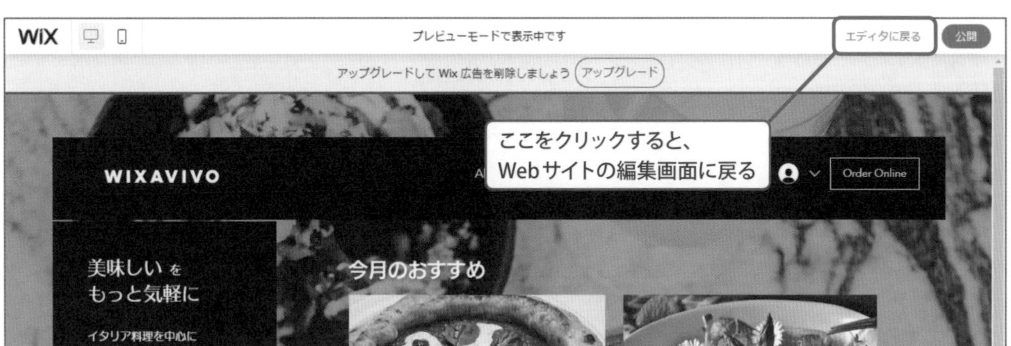

■代替テキスト（SEO）

SEO（検索エンジン対策）にも役立つ、画像の**代替テキスト**を指定できます。画像の内容を端的に説明した文字を入力しておくのが基本です。

■ツールチップ

画像の上へマウスを移動したときに、画像の説明文を**ツールチップ**として表示できます。この動作は、画面を**プレビュー**に切り替えると確認できます。

■縦横比を維持／オートフィル

「縦横比を維持」をOFFにすると、画像のサイズを変更する際に「縦横の比率」が維持されなくなります。特に理由がない限りON（初期設定）にしておくのが基本です。**「オートフィル」**をONにすると、画像の「縦横の比率」を維持したまま、画像のサイズを自由に変更できるようになります。この設定項目は「縦横比を維持」がONのときのみ指定可能になります。

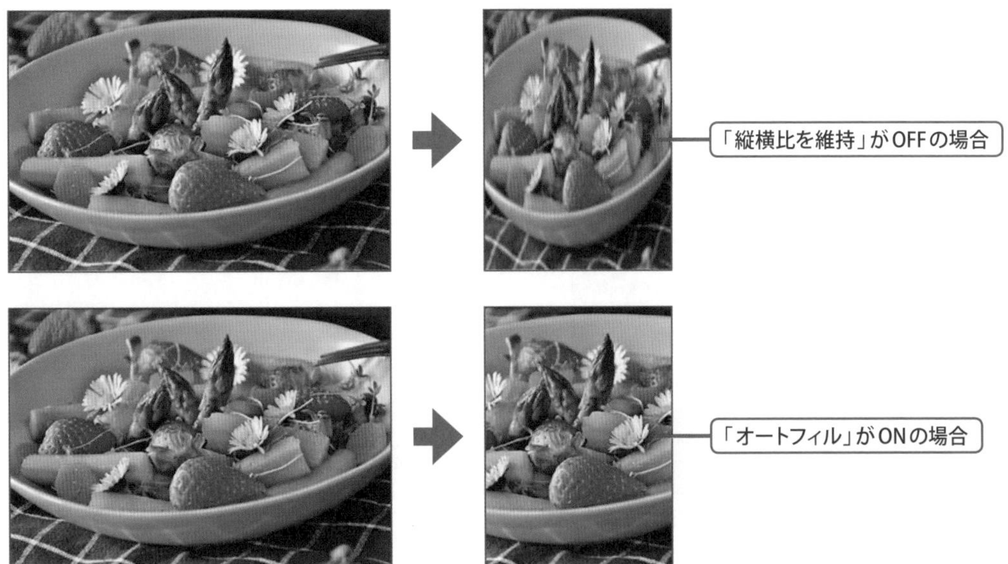

5 画像の加工とアニメーション効果

ページに配置した画像を加工したり、画像をアニメーション表示したりする機能も用意されています。続いては、画像の加工について簡単に紹介しておきます。

■ デザインを変更

画像の周囲にフレームを付けて、画像を装飾するときに利用します。

■ 切り抜き

画像の一部分だけを切り抜いて掲載するときに利用します。円形や三角形など、特殊な形状に切り抜きできる「シェイプ」も用意されています。

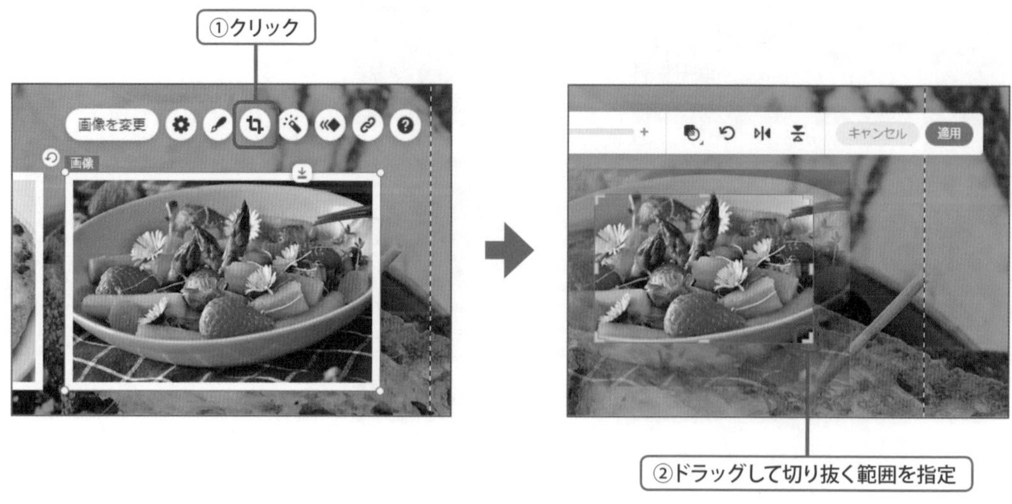

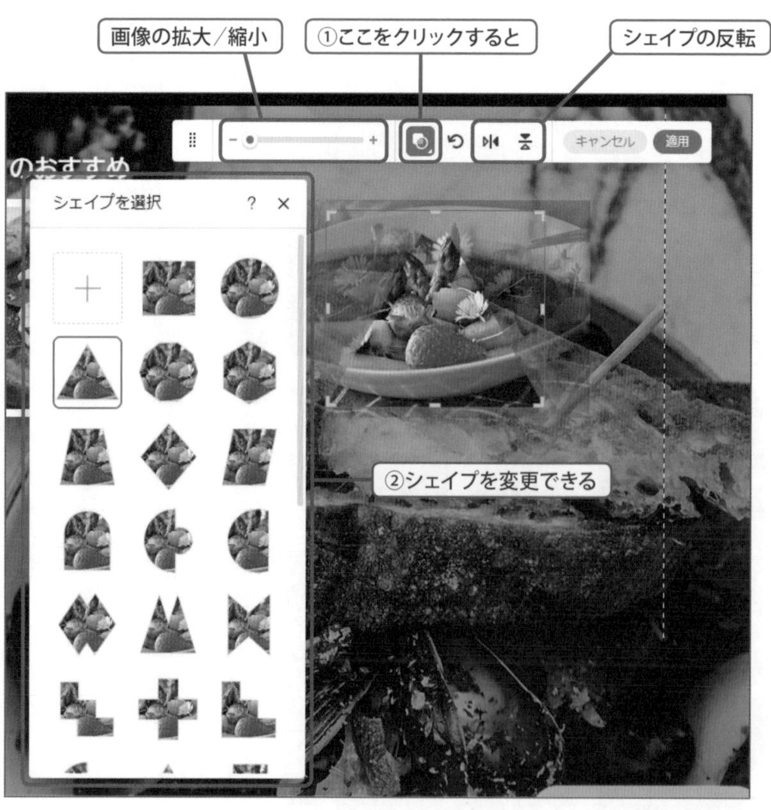

第1章 Wixの基本操作

■ フィルター

画像の色調やトーンなどを変更したいときに利用します。

■ アニメーション効果

画像をアニメーション表示したいときに利用します。アニメーションの動作は、画面を**プレビュー**に切り替えると確認できます。

6 リンクの指定

「画像」をリンクとして機能させるときは、「**リンクを追加**」のアイコンをクリックして**リンク先**を指定します。リンク先の指定方法は、「テキスト」をリンクとして機能させる場合と同じです（P36～38参照）。

チェック

「画像」をリンクとして機能させるには、「クリック時の動作」を「リンク先を開く」に設定しておく必要があります（P48参照）。「ポップアップで表示」や「部分拡大（虫眼鏡）」に設定されている場合は、リンクとして機能しないことに注意してください。

7 フォトスタジオの活用

Wixには、**フォトスタジオ**と呼ばれる画像の加工機能も用意されています。こちらは、Wixにアップロードした画像ファイルそのものを加工する機能となります。フォトスタジオの画面は、以下のように操作すると表示できます。

(1) [**メディア**] のアイコンをクリックし、「**サイトファイル**」の項目にある [**もっと見る**] ボタンをクリックします。

(2)「**サイトファイル**」が表示されるので、加工する画像を選択し、[**画像を編集**] のアイコンをクリックします。

（3）**フォトスタジオ**が表示されます。

フォトスタジオを使うと、**明るさやコントラスト**を調整する、画像の上に**文字を配置**する、**オーバーレイ**で画像を装飾する、画像を**半透明にする**などの加工を施せるようになります。簡易的な画像編集アプリとして活用できるので、気になる方は試してみてください。

■ 調整

■テキスト

■オーバーレイ

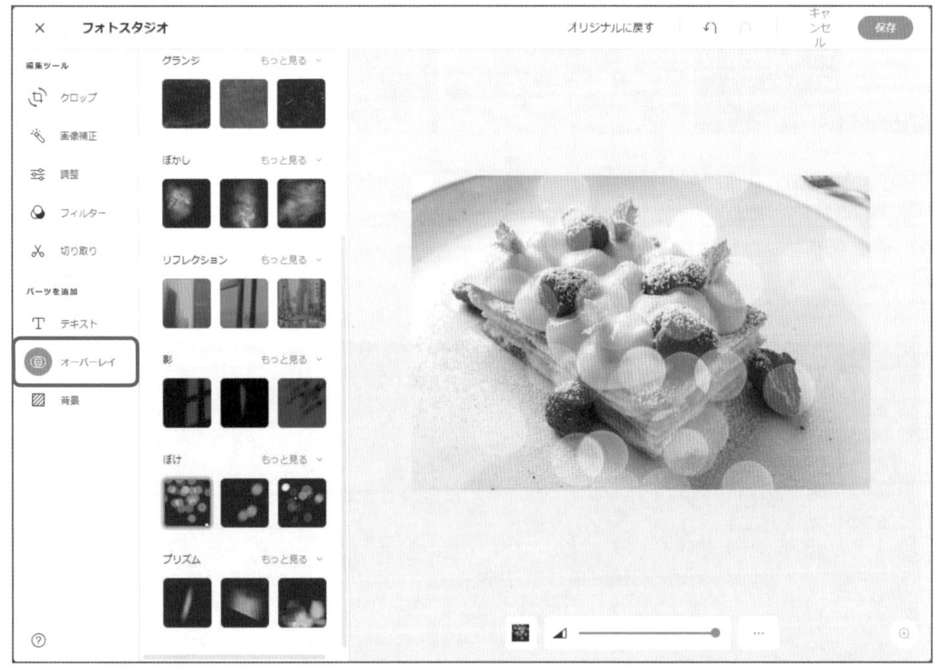

ポイント

フォトスタジオで加工した画像は、新しい画像として「サイトファイル」に保存されます。このため、加工前の画像は元の状態のまま維持されます。

04 画像の編集

エディタの基本操作

「テキスト」や「画像」のほかにもWixには数多くのパーツが用意されています。これらの使い方を解説する前に、Webサイトの編集画面（エディタ）における基本操作について紹介しておきます。

1 編集するページの変更

これまでは、Webサイトのトップページ（Homeページ）についてのみ編集作業を進めてきました。Webサイトを完成させるには、他のページについても編集作業を進めていく必要があります。編集するページを変更するときは、エディタ画面の左上にある「ページ」を操作します。

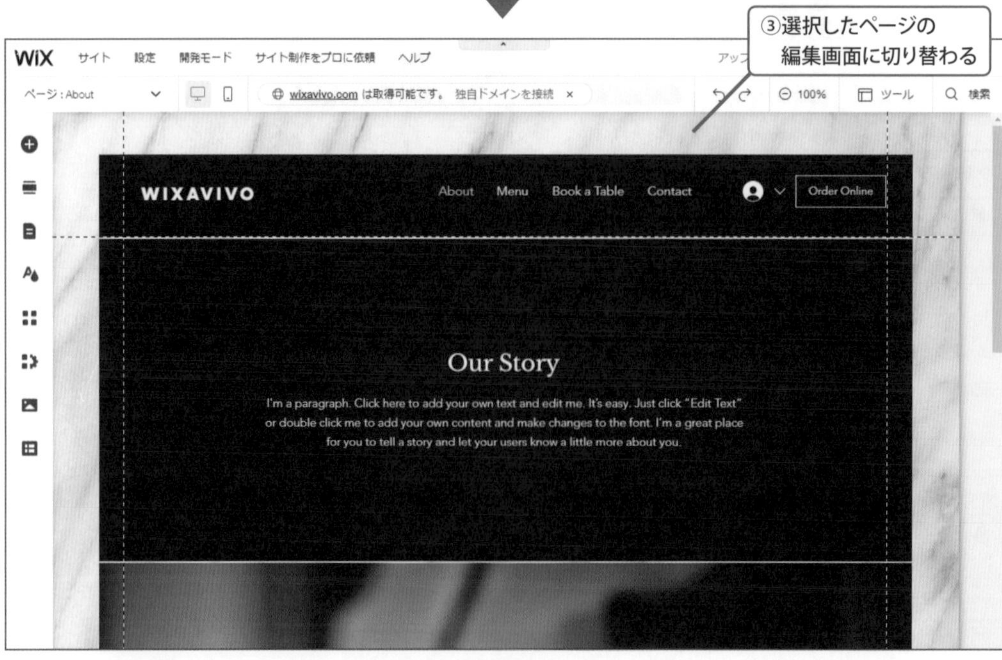

2 ページ構成

それぞれのページは、**ヘッダー**、**セクション**、**フッター**という3種類の領域で構成されています。これらの各領域の中に「テキスト」や「画像」などのパーツを配置して、ページ全体を構築していくのが基本です。

- **ヘッダー** ……………………… ページの上部に配置される**全ページ共通**の領域
- **セクション** ………………… 各ページの**コンテンツ**（内容）を配置する領域
- **フッター** ……………………… ページの下部に配置される**全ページ共通**の領域

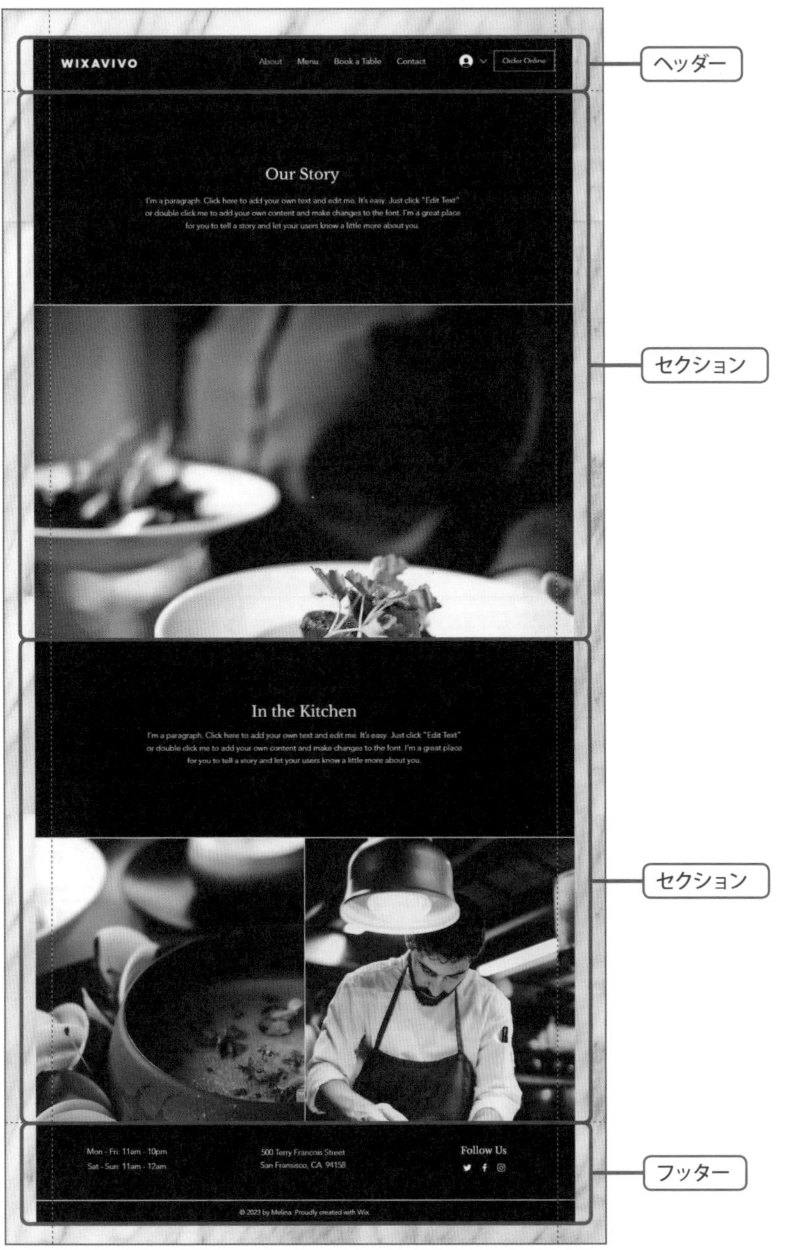

3 ツールの表示と表示倍率の変更

Webサイトの編集画面（エディタ）に表示するツールをカスタマイズすることも可能です。この場合は、画面右上にある「**ツール**」を操作して、各ツールの表示／非表示を指定します。

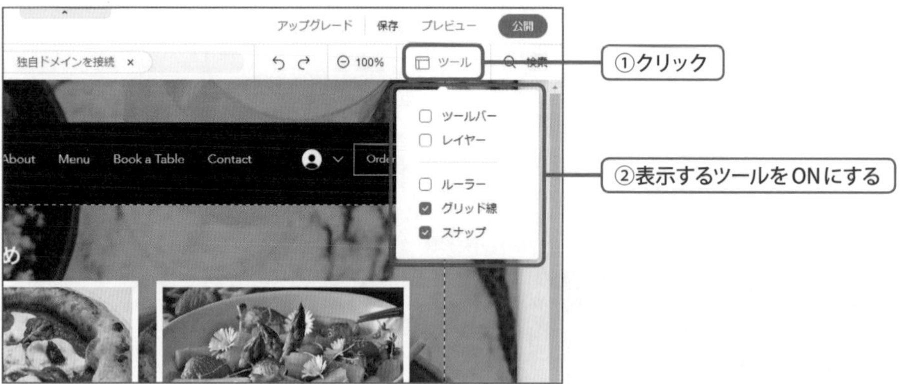

■ツールバー

選択したパーツをコピー／ペースト／複製／削除する、パーツのサイズや位置を数値で指定する、などの操作が行えるツールバーを表示できます。

■レイヤー

ヘッダーやフッター、セクション内の各パーツを素早く選択できるダイアログを表示できます。

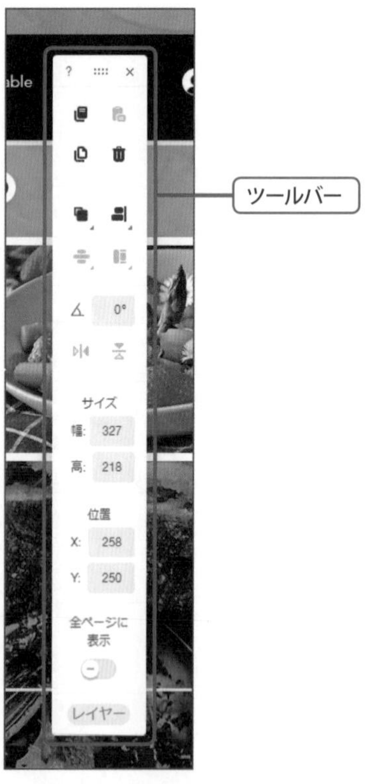

■ ルーラー

画面上部と右端に定規を表示できます。この定規の単位はピクセルです。

■ グリッド線

「確実に表示される幅」を示すグリッド線（点線）の表示／非表示を指定できます。画面の小さいスマートフォンでも各パーツを途切れずに表示させるには、グリッド線の内側に各パーツを配置しておく必要があります。この項目は初期設定でONになっています。

■ スナップ

パーツを整列させるときに役立つ**ガイドライン**の有効／無効を指定できます。この項目をONにすると、「テキスト」や「画像」などの配置を変更する際にガイドラインが表示され、近づくと吸着（スナップ）するようになります。こちらも初期設定でONになっています。

そのほか、**編集ツールを非表示**にする、**表示倍率を50%に縮小**して全体を見渡す、といった機能も用意されています。これらは、次ページに示した箇所をクリックすると切り替えられます。

①クリックすると…
②編集ツールが非表示になる
再クリックで編集ツールを表示
WIXAVIVO
About
Menu
Book a Table
Contact
Order Online
美味しい を
もっと気軽に
イタリア料理を中心に
欧州各地の美味しい料理を
手頃な価格で提供しています。
今月のおすすめ

①クリックすると…
②50%に縮小表示される
再クリックで
100%表示に戻る
100%
50%

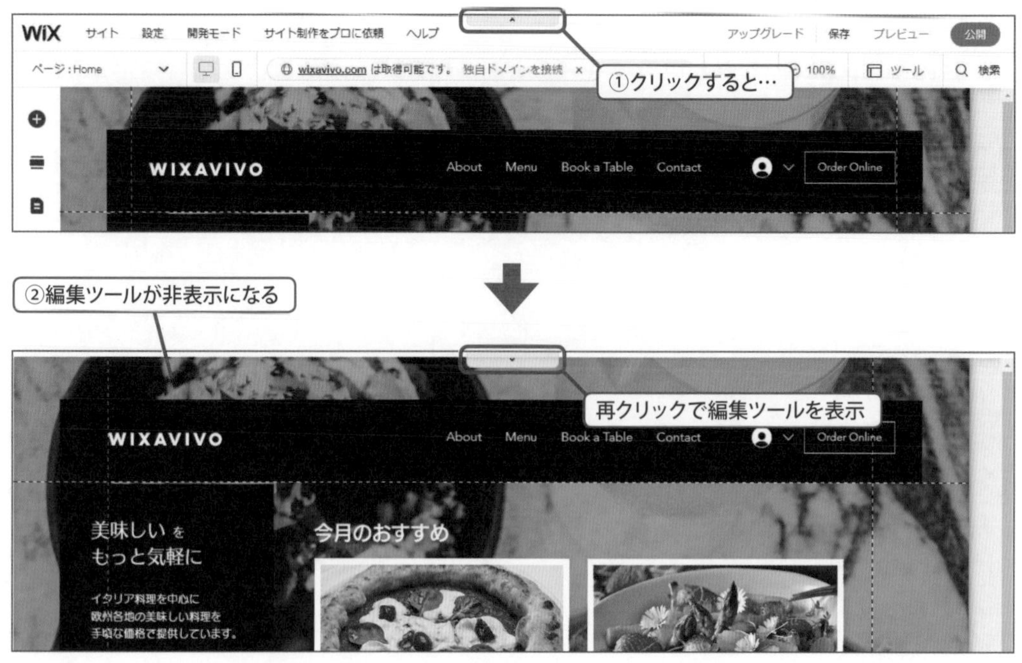

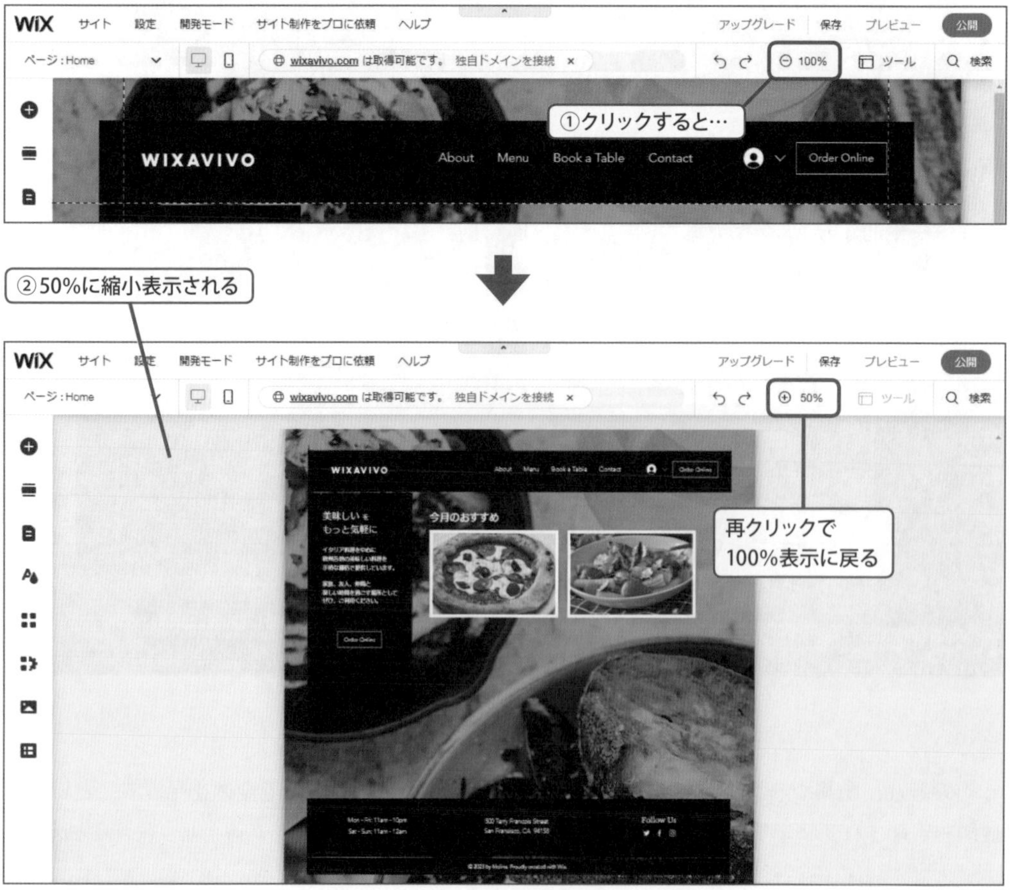

4 Webサイトのプレビュー

画面右上にある「**プレビュー**」をクリックすると、訪問者がWebサイトを閲覧したときのイメージを確認する画面に切り替えられます。**リンク**や**ポップアップ表示**、**アニメーション**などの動作を確認するときもプレビュー画面を利用します。なお、元の編集画面に戻すときは「**エディタに戻る**」をクリックします。

5 元に戻す／やり直す

画面右上にある[↶]をクリックすると、直前の操作を取り消して1つ前の状況に戻すことができます。[↶]を2回以上クリックして、さらに以前の状況に巻き戻すことも可能です。なお、[↶]で「取り消した操作」をもう一度やり直したいときは、[↷]をクリックします。

ポイント

[Ctrl] + [Z] キーを押して「元に戻す」を実行することも可能です。また、[Ctrl] + [Y] キーを押して「やり直す」を実行することも可能です。

6 自動保存と手動保存

Wixは、Webサイトの編集状況が**自動保存**される仕組みになっています(※)。ただし、「どのタイミングで保存されるか？」は明確でないため、自分の好きなタイミングで保存を実行しておきたい場合もあるでしょう。このような場合は、以下のように操作して**手動保存**を実行します。

※ 初めてサイトを手動保存した後に自動保存が有効になります。

ポイント

[Ctrl] + [Alt] + [A] キーを押して、自動保存の有効／無効を切り替えることも可能です。

第1章 Wixの基本操作

7 編集履歴を使ったサイトの復元

Wixには、過去の保存状況を**編集履歴**として残しておく機能が装備されています。このため、「以前に保存した状況」までWebサイトを巻き戻すことが可能です。以前の状況（保存時）にWebサイトを復元するときは、以下のように操作します。

（1）画面左上にある「**サイト**」をクリックし、「**編集履歴**」を選択します。もしくは、「**保存**」の上へマウスを移動し、「**編集履歴を見る**」をクリックします。

（2）このような画面が表示されるので、［**サイト編集履歴を開く**］**ボタン**をクリックします。

05 エディタの基本操作

（3）画面の左側に**編集履歴**の一覧が表示されます。それぞれの履歴にある ⊙ をクリックすると…、

（4）「その時点におけるWebサイトの状況」が画面右側に表示されます。この時点までWebサイトを巻き戻すときは、［**復元**］**ボタン**をクリックします。

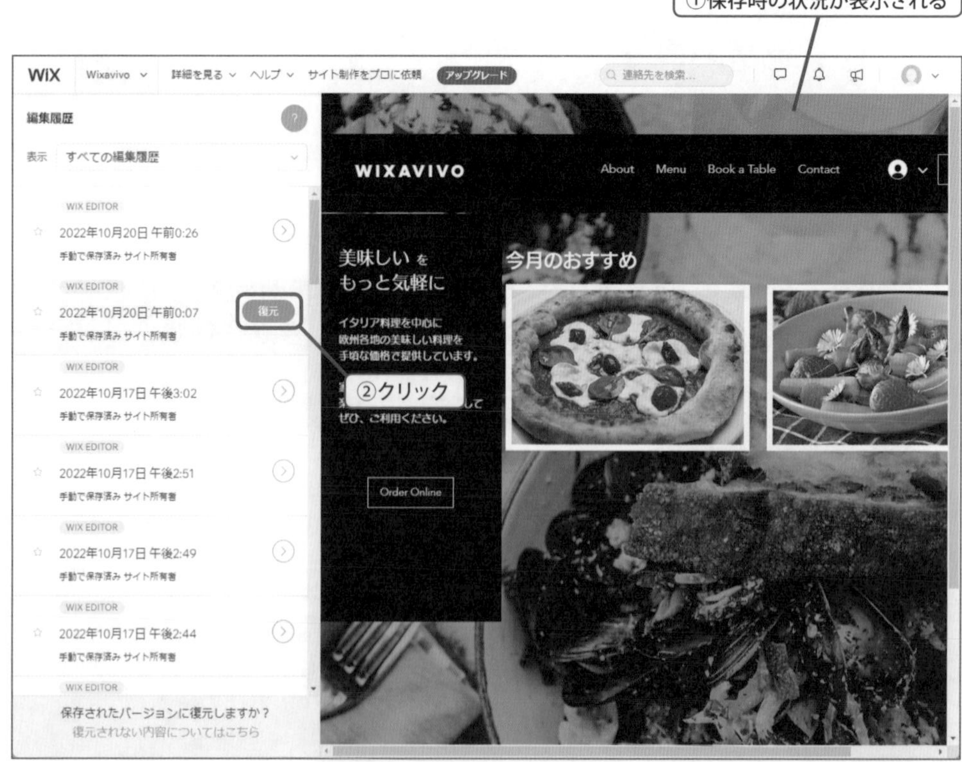

（5）このような確認画面が表示されます。［**復元**］**ボタン**をクリックすると、指定した時点までWebサイトの編集状況を巻き戻すことができます。

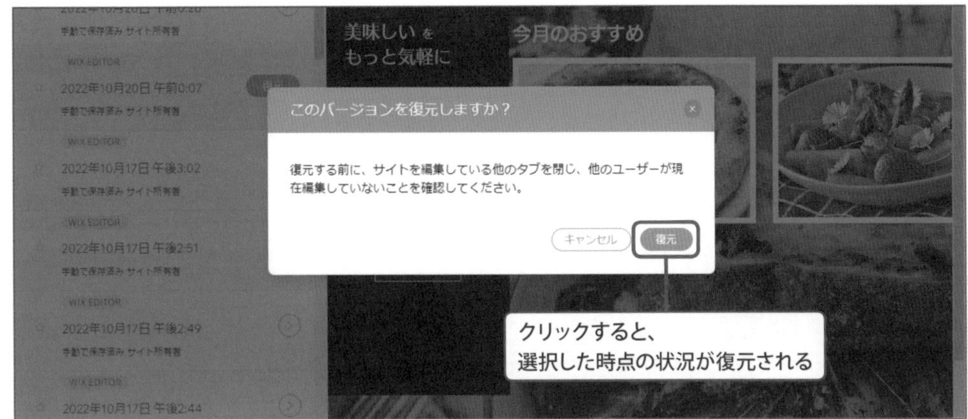

ポイント

それぞれの編集履歴にある「☆」のアイコンをクリックして、編集履歴に目印を付けておくことも可能です。「この時点に戻したい」というポイントに「★」を付けておくと、サイト制作の方向性に迷ったときに特定の状況まで即座に巻き戻すことができます。

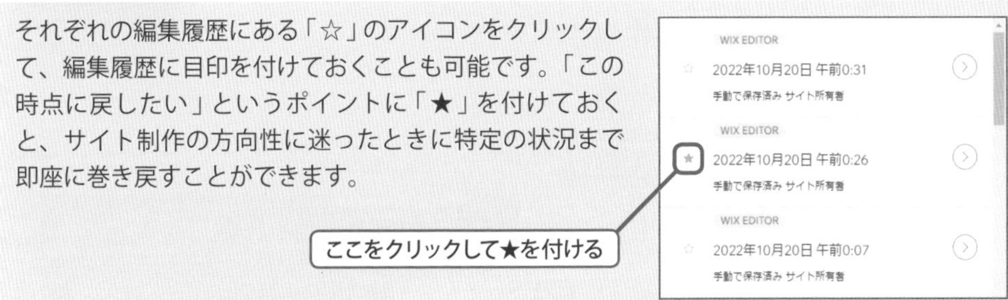

なお、Webサイトの編集状況を巻き戻さずに、現状のまま編集履歴を終了したいときは、ブラウザで**現在のタブを閉じます**。

ページの追加と削除

AIやテンプレートを使って作成したWebサイトを「自分のWebサイト」に仕上げていくには、必要に応じてページの追加や削除を行う必要があります。続いては、Webサイト内にあるページを管理する方法を解説します。

1 ページ名の変更

AIやテンプレートを使って作成したWebサイトには、「Home」のほかに「About」や「Contact」などのページが用意されています。これらの**ページ名**を日本語表記に変更したり、別の名称に変更したい場合もあるでしょう。各ページの名前を変更するときは、以下のように操作します。

(1) [ページ・メニュー]のアイコンをクリックし、名前を変更する**ページを選択**します。続いて、⊖をクリックし、「**名前を変更**」を選択します。

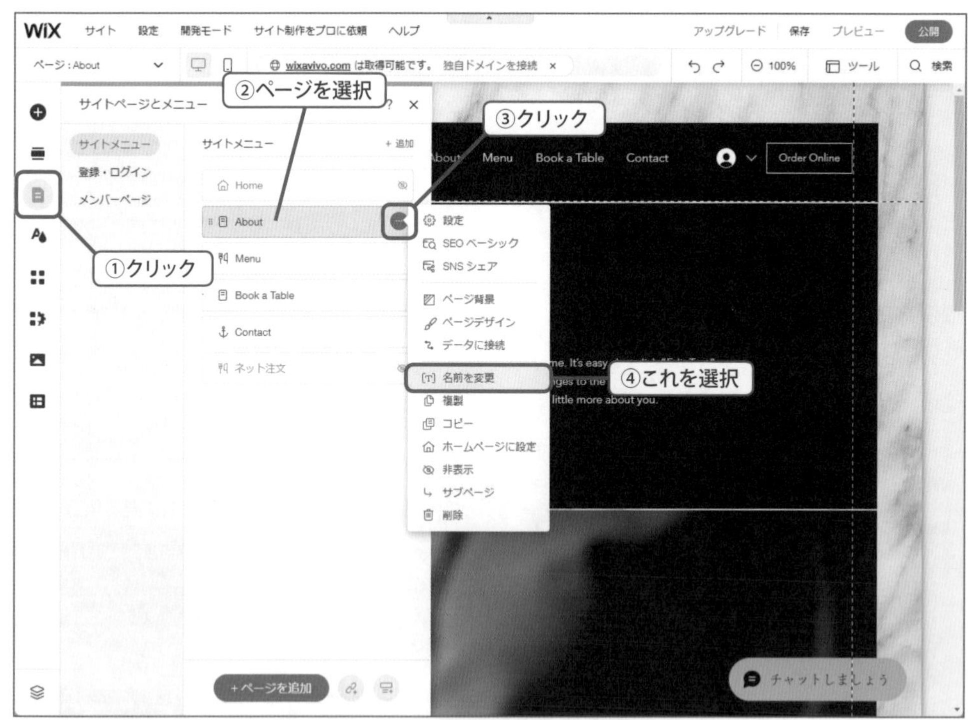

ポイント

各ページの「ページ名」の部分をダブルクリックしても構いません。

（2）新しい**ページ名を入力**し、［**完了**］**ボタン**をクリックします。

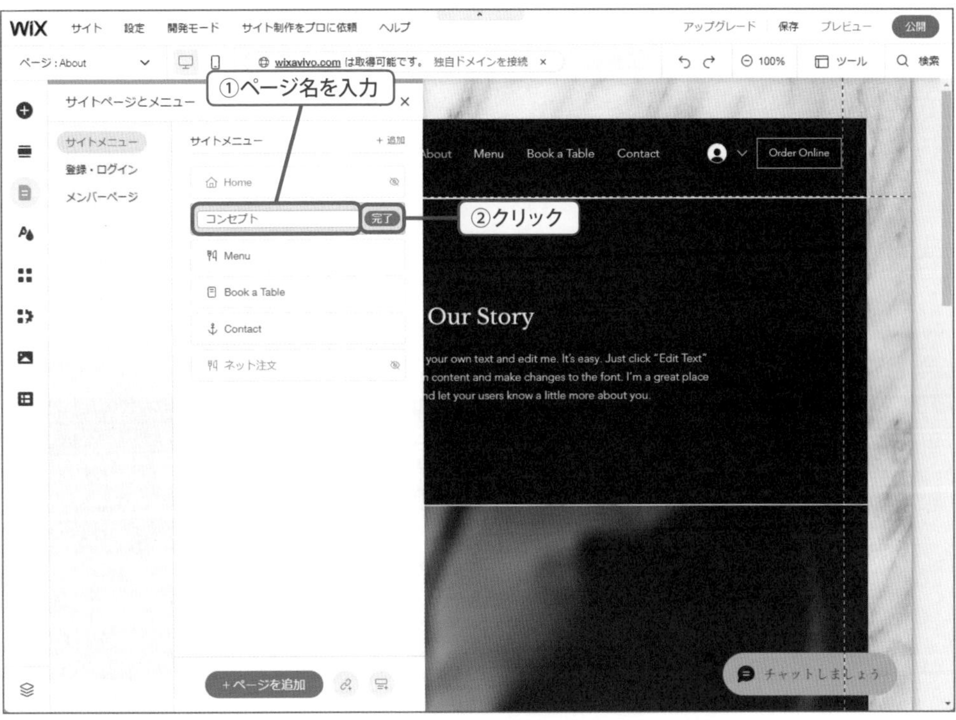

（3）ページ名が変更され、それに合わせて**Webサイトのメニュー表記**も変化します。

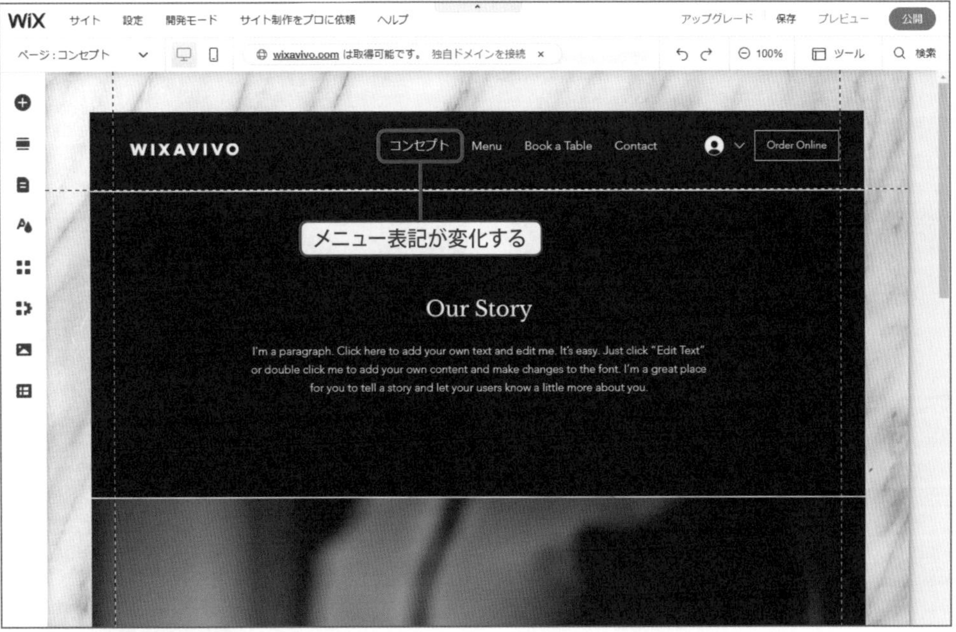

同様の操作を繰り返して各ページの名前（ページ名）を変更していくと、Webサイトのメニュー表記を自由にカスタマイズできます。

2 ページの追加

初めから用意されているページだけでなく、自分で**新しいページ**を追加したい場合もあるでしょう。Webサイトに**ページを追加**するときは、以下のように操作します。

(1) **[ページ・メニュー]** のアイコンをクリックし、いずれかの**ページを選択**します。続いて、**「+ 追加」**の文字をクリックします。

※ 選択したページの下に「新しいページ」が追加されます。

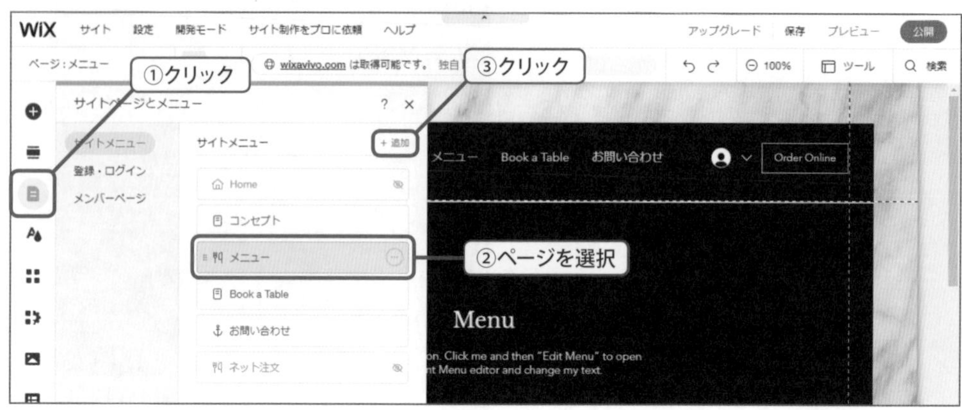

(2)「ページを追加」ダイアログが表示されます。左側でページの**分類を選択**すると、その分類に含まれるテンプレートが一覧表示されます。好きな**テンプレートの上へマウスを移動**し、**[ページを追加] ボタン**をクリックします。

第1章 Wixの基本操作

ポイント

デザインされているページではなく、空白のページを追加したいときは、画面左上にある［白紙ページ］ボタンをクリックします。

（3）選択したテンプレートで新しいページが追加されます。**ページ名を入力**し、**［完了］ボタン**をクリックします。

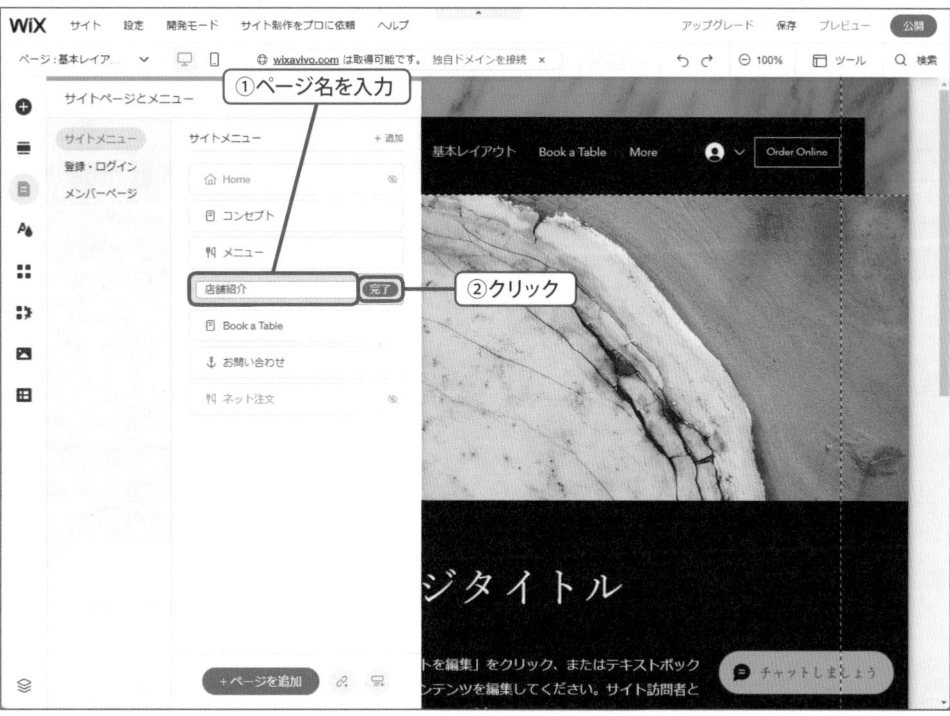

（4）ページの追加に合わせて**Webサイトのメニュー表記**も更新されます。

3 ページの削除

先ほどの操作とは逆に、Webサイトから**ページを削除**することも可能です。「間違って追加してしまったページ」や「テスト用に作成したページ」は、以下のように操作すると削除できます。

(1) ［**ページ・メニュー**］のアイコンをクリックし、削除する**ページを選択**します。続いて、⋯をクリックし、「**削除**」を選択します。

(2) ページを削除することを確認する画面が表示されます。ここで［**削除**］**ボタン**をクリックすると、ページの削除が実行されます。

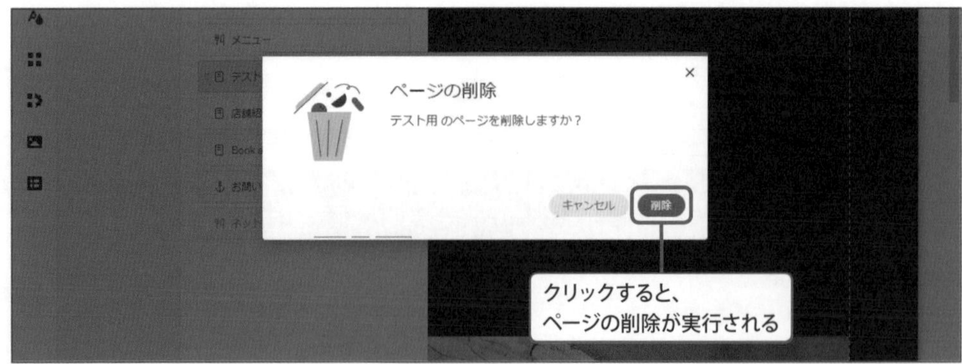

注意

初めから用意されているページの中に「不要なページ」がある場合は、そのページを削除するのではなく、P79～80に示した方法で「非表示」にすることを推奨します。よく分からないままページを削除してしまうと、そのページで使われているアプリまで削除してしまう恐れがあります。

4 ページの並べ替え

ドラッグ＆ドロップ操作で**ページの並び順を変更**することも可能です。ページを並べ替えるときは、以下のように操作します。

（1）**［ページ・メニュー］**のアイコンをクリックします。続いて、並び順を順番を変更するページを**上下にドラッグ＆ドロップ**します。

（2）ページの並び順が変更され、それに合わせて**Webサイトのメニュー表記**も更新されます。

5 サイト構成の階層化

サイト構成を階層化して**サブメニュー**のある構成にすることも可能です。この場合は、以下のように操作して**サブページ**を指定します。

（1）P70～71に示した手順で「サブページ用のページ」を作成します。

（2）「サブページ用のページ」を選択します。続いて、⊖をクリックし、「**サブページ**」を選択します。

（3）階層が1つ下になり、「すぐ上にあるページ」のサブページに変更されます。

ポイント

「サブページ」に変更したページを「通常のページ」に戻すときは、をクリックし、「メインページ」を選択します。

同様の操作を繰り返して、複数のページをサブページに指定することも可能です。なお、サイト構成を階層化した場合は、それに合わせて**Webサイトのメニュー表記**も階層化されます。

※ 画面を**プレビュー**に切り替えて動作を確認します。

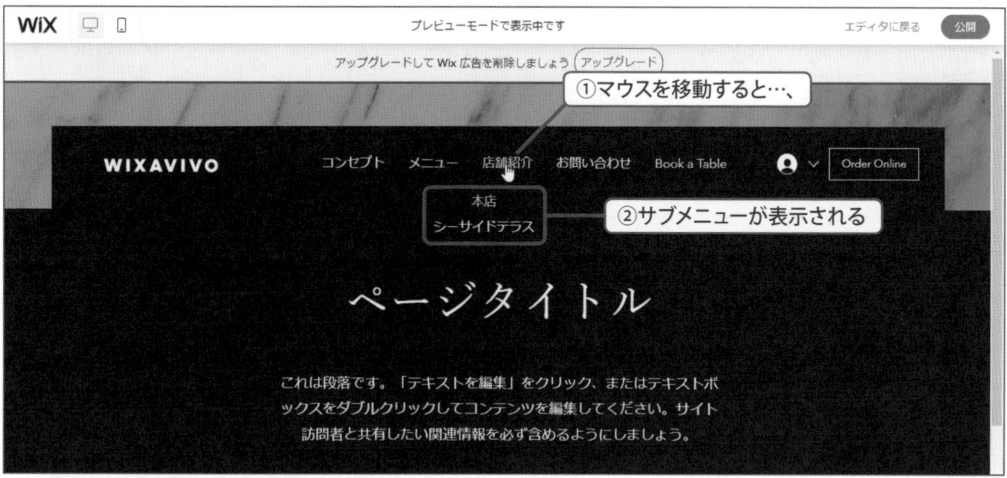

このページに示した例では、「店舗紹介」というページがあり、その下に「本店」と「シーサイドテラス」のサブページがある、という構成になっています。

前ページのような構成にするのではなく、「店舗紹介」を単なるラベルとして扱う方法も用意されています。この場合、「店舗紹介」のページは作成されません。「本店」と「シーサイドテラス」のサブページだけが存在する、という構成になります。サブメニュー用のラベルを作成してサイト構成を階層化するときは、以下のように操作します。

(1) [**ページ・メニュー**] のアイコンをクリックします。続いて、[**サブメニュータイトル**] のアイコンをクリックします。

(2)「ドロップダウン」という名前で**サブメニュータイトル**が作成されるので、これを**適当な名前**に変更します。

（3）先ほど作成した「サブメニュータイトル」の**並び順を変更**し、その下に「**サブページ用のページ」を作成**します。

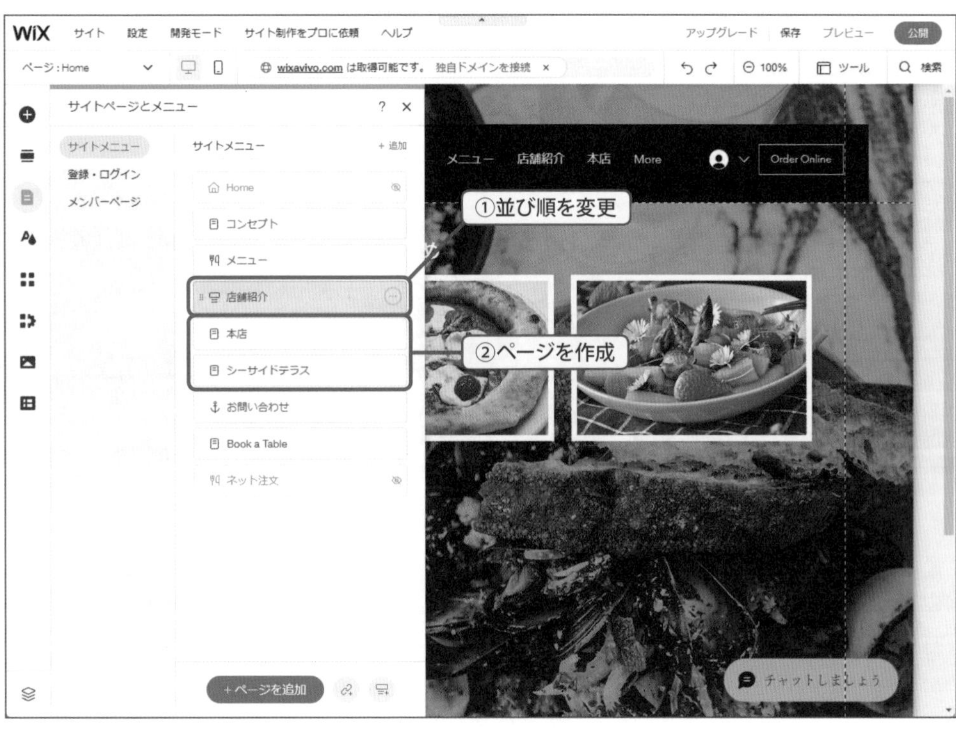

（4）手順（3）で作成したページを**サブページに変更**します。

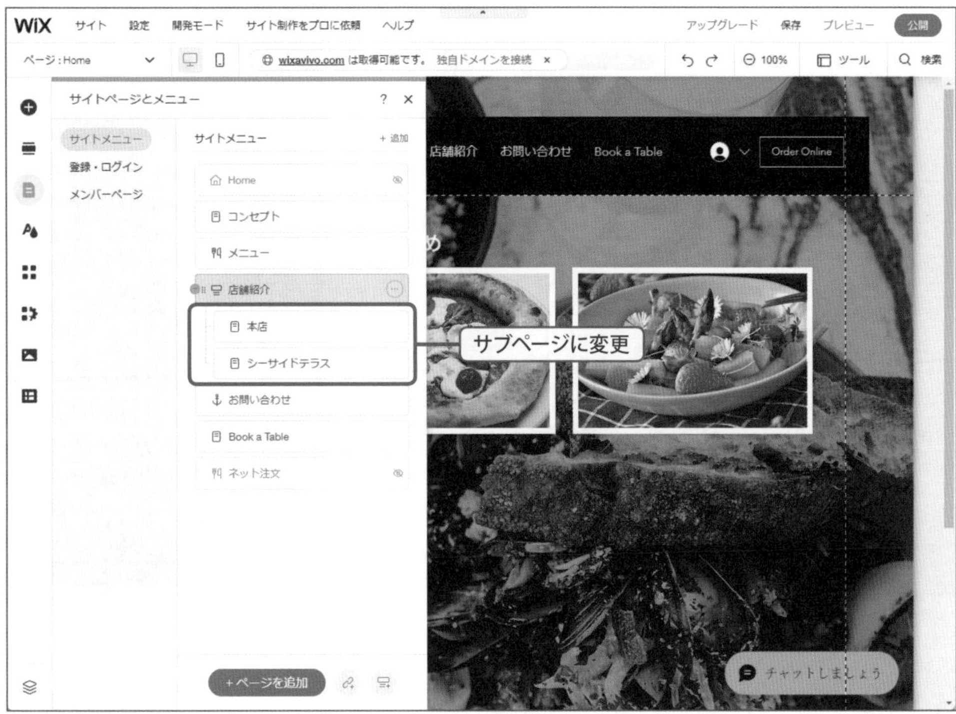

06 ページの追加と削除

このような手順でWebサイトを構成すると、「店舗紹介」のメニューは**サブメニュー**を表示するだけのラベルとして機能します。リンクとしての機能はないため、クリックしても「店舗紹介」のページへ移動することはありません（「店舗紹介」のページも存在しません）。

※ 画面を**プレビュー**に切り替えて動作を確認します。

6 ページとアプリの違い

初めから用意されているページの中に「**アプリにより作成されたページ**」が含まれている場合もあります。これらは、各ページの左端にある**アイコン**で見分けることができます。

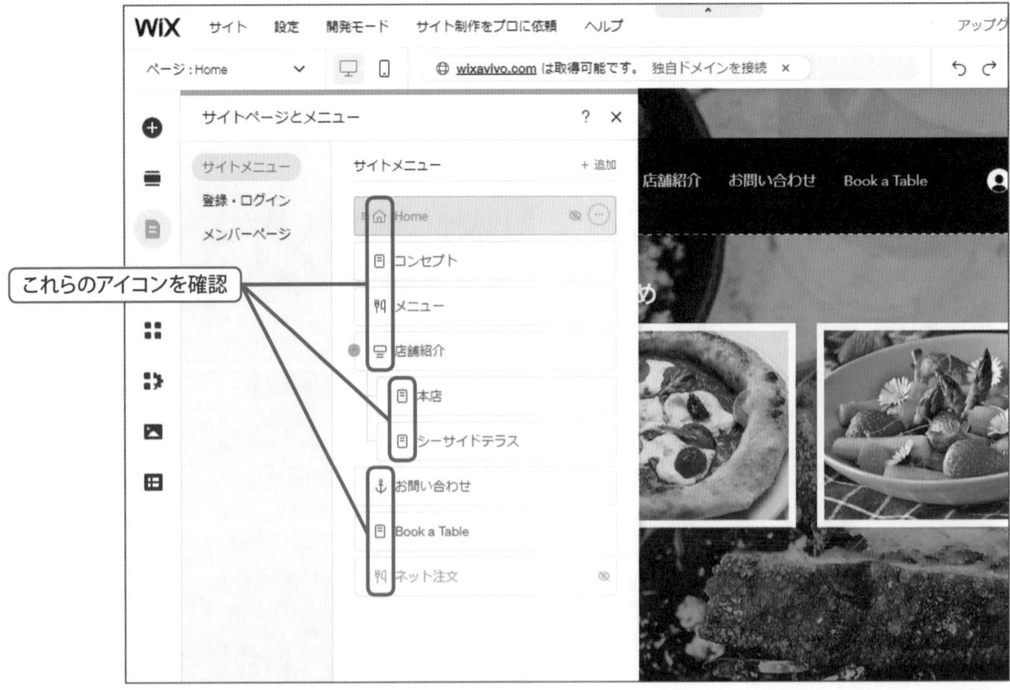

アイコンが[▤]で表示されているページは、通常の「一般的なページ」です。それ以外の[🍴]や[⚓]などのアイコンで表示されているページは、「アプリにより作成されたページ」となります。

なお、🏠はWebサイトの**ホームページ**（トップページ）、▭は**サブメニュータイトル**であることを示すアイコンとなります。

「アプリにより作成されたページ」もP72に示した手順でページを削除できますが、その際に**アプリも一緒に削除される**場合があることに注意してください。よく分からない方は、以降に示す「ページを非表示に設定する」を利用するのが無難です。

削除したアプリを復活させるには、Webサイトを保存したあとに、アプリを追加しなおす作業が必要になります。

7 ページを非表示に設定する

ページを**非表示**に設定して、**Webサイトのメニュー**にある**リンク**だけを削除する方法も用意されています。「今は使っていないけど、今後に備えてページを残しておきたい」とか、「まだ作成途中のため、一般には公開したくない」といったページは非表示に設定しておくとよいでしょう。ページを非表示に設定するときは、以下のように操作します。

（1）［**ページ・メニュー**］のアイコンをクリックし、非表示にする**ページを選択**します。続いて、⊖をクリックし、「**非表示**」を選択します。

（2）ページ名の右に[icon]のアイコンが表示され、そのページが**非表示**に設定されます。

（3）Webサイトの編集画面に戻ると、**Webサイトのメニュー**から**そのページへのリンク**が削除されているのを確認できます。

ポイント

「非表示」に設定したページを「表示するページ」に戻すときは、そのページの[icon]をクリックし、「表示する」を選択します。

セクションの追加と削除

Wixでは、各ページに「セクション」と呼ばれる領域を作成し、その中に「テキスト」や「画像」などのパーツを配置していく仕組みになっています。続いては、セクションの追加や削除などについて解説します。

1 セクションの追加

P59でも解説したように、Webサイトの各ページには**セクション**と呼ばれる領域が用意されています。この**セクションの中に「テキスト」や「画像」などのパーツを配置**してページを構成していくのが基本です。

各ページに配置するセクションの数は1つでも構いませんし、2つ以上のセクションを配置することも可能です。ページに**セクションを追加**するときは、以下のように操作します。

(1) ［**セクションを追加**］のアイコンをクリックするか、もしくはページ内に表示される［**セクションを追加**］**ボタン**をクリックします。

(2)「セクションを追加」が表示されます。左側でセクションの**分類を選択**すると、その分類に含まれるセクションが一覧表示されます。この中から好きな**デザインをクリック**して選択します。

ポイント

位置を指定してセクションを追加したいときは、ページ内に「好きなデザイン」をドラッグ&ドロップします。

デザインされたセクションではなく、空白のセクションを追加したいときは、画面左上にある「空のセクション」をクリックします。

（3）ページにセクションが追加されます。

なお、ページに追加したセクションの**並び順を変更**することも可能です。この場合は、セクション内にマウスを移動し、以下の図に示したアイコンをクリックします。

07 セクションの追加と削除

2 レイアウトの変更

ページ内にある各セクションの**レイアウト**を変更する機能も用意されています。セクションのレイアウトを変更するときは、以下のように操作します。

（1）**セクション内にマウスを移動**し、[アイコン]のアイコンをクリックします。

（2）画面右側に「変更可能なレイアウト」が一覧表示されるので、この中から好きな**レイアウトを選択**します。

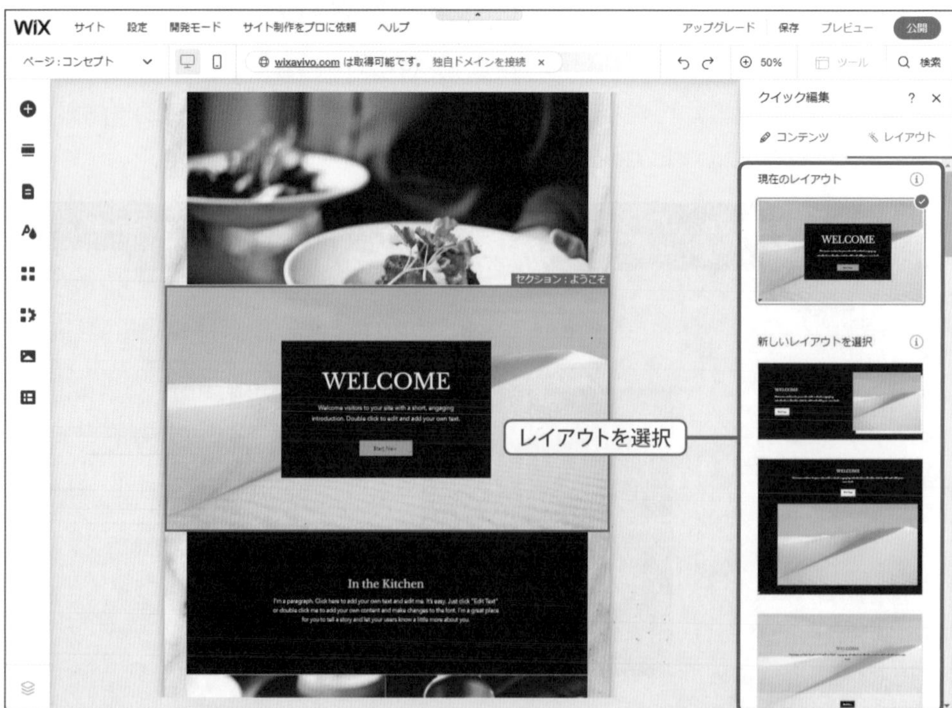

3 セクションの背景の変更

セクションの背景を変更することも可能です。この場合は、[…] から「**セクションの背景を変更**」を選択します。

※ セクション内の余白をクリックし、［セクションの背景を変更］ボタンをクリックしても構いません。

すると、「セクション背景」ダイアログが表示されます。背景を色で塗りつぶす場合は［**単色**］ボタンをクリックし、カラーピッカーで色を指定します。

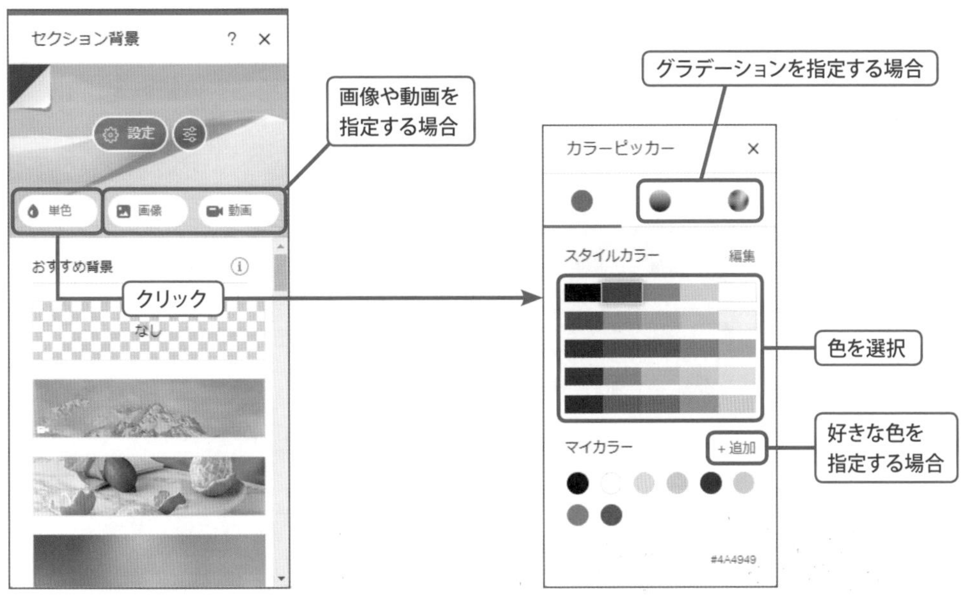

「セクション背景」ダイアログで[**画像**]**ボタン**をクリックした場合は、以下の図のような画面が表示されます。こちらは、**Wixのフリー素材や自分でアップロードした画像**をセクションの背景に指定するときに利用します。

そのほか、[**動画**]**ボタン**をクリックして、セクションの背景に動画を指定することも可能となっています。

4 セクションのサイズの変更

各セクションの**高さ**を変更することも可能です。この場合は、各セクションの下端に表示される ↕ を上下にドラッグします。

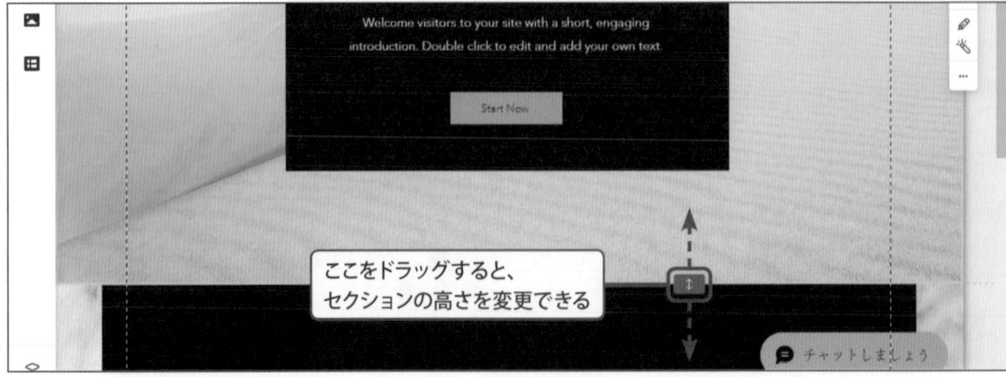

第1章 Wixの基本操作

ただし、**セクションの幅は変更できない**仕様になっています。このため、テンプレートによっては、他のセクションと「左右の余白」が合わないケースもあります。

このような余白は、セクション内に「**ストリップ**」というパーツを配置し、セクションの背景を「透明」にすることで実現されています。「ストリップ」の使い方は、第2章のP109～121で詳しく解説するので、気になる方は参照してみてください。

5 セクション名の変更

各セクションには、それぞれ**セクション名**が付けられています。各セクションの名前は、セクションの右上に表示されるタブを見ると確認できます。

このセクション名を「好きな名前」に変更することも可能です。この場合は、タブの部分にマウスを移動して[T]をクリックします。

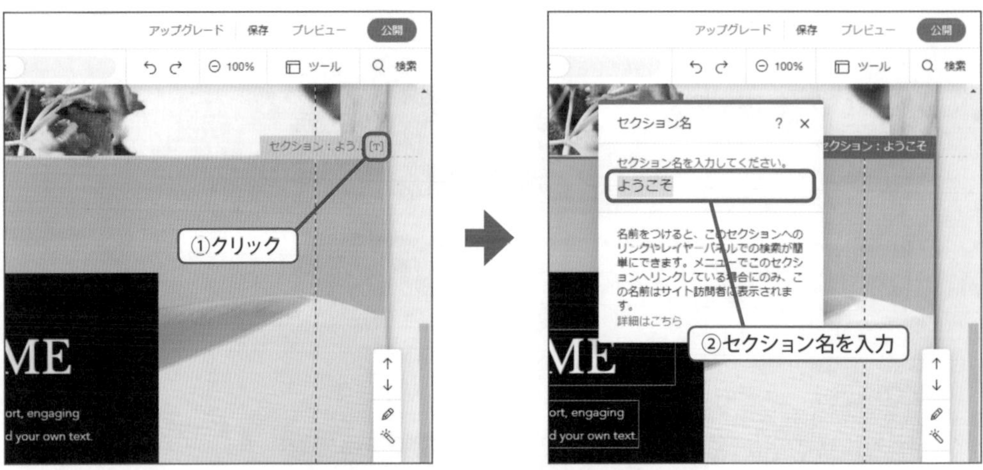

6 セクションの削除

ページに追加したセクションが不要になったときは、[…]から「**削除**」を選択すると、そのセクションを削除できます。テンプレートに初めから配置されているセクションも同様の手順で削除できます。

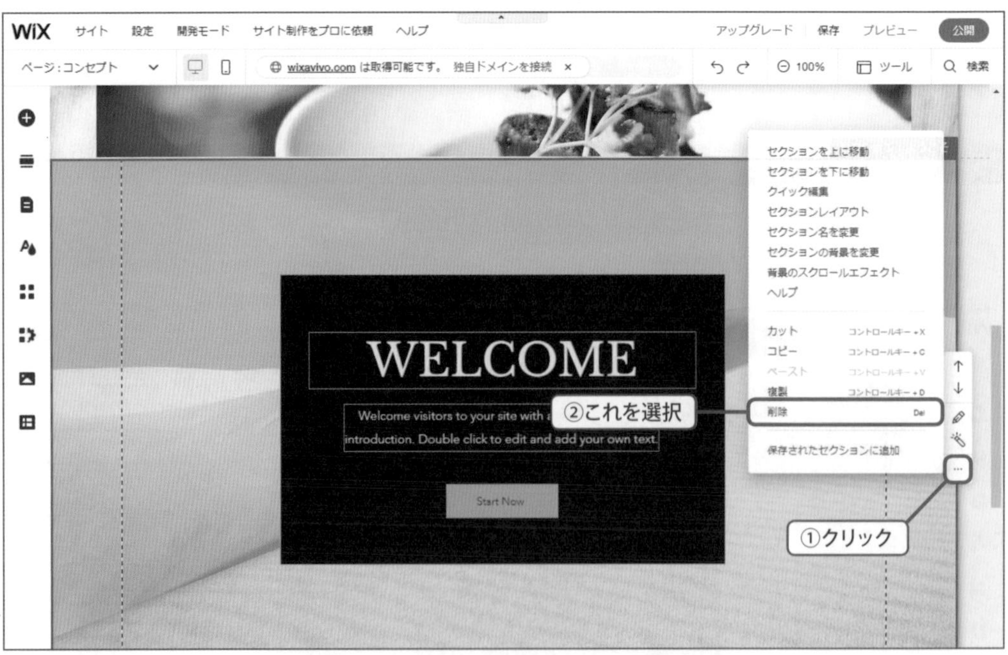

セクションを削除すると、そのセクション内に配置されているパーツも一緒に削除されます。

ヘッダー・フッターの編集

続いては、ヘッダーとフッターの編集について解説します。ヘッダー・フッターの領域でも、パーツの追加や削除、文字の変更などを自由に行うことが可能です。

1 ヘッダー内にあるパーツの配置と削除

通常、**ヘッダー**の領域には、サイト名を示す「**テキスト**」、Webサイトのメニューを表示する「**横型メニュー**」などのパーツが配置されています。これらのパーツを編集していくことで、自身のWebサイトに合うようにヘッダーをカスタマイズしていきます。

また、ヘッダーに（**ログインバー**）のアイコンが配置されている場合もあります。このアイコンは、**メンバーページ**（会員向けのページ）へ移動するためのリンクとなります。

ショッピングサイトのように、訪問者が会員登録を行い、ユーザー情報（住所、決済情報、購入履歴など）を登録・管理できるページを用意するときは、をそのまま残しておきます。そうではなく、会員登録が不要なWebサイトを作成するときは、を削除しておくのが基本です。をクリックして選択し、［**Delete**］**キー**で削除します。

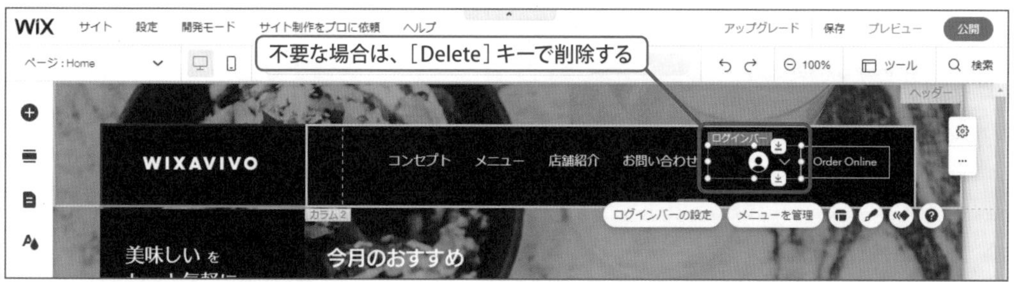

を削除すると、以下のような画面が表示されます。この画面は、のアイコンを削除しただけで、会員向けのメンバーページは削除されずに残っていることを告知するものです。

同様に、「Order Online」（オンライン注文）などのボタンが不要な場合は、こちらも削除しておきます。不要なパーツを削除した結果、ヘッダー内に無駄な余白ができた場合は、メニューなどの配置を調整して全体のバランスを整えます。

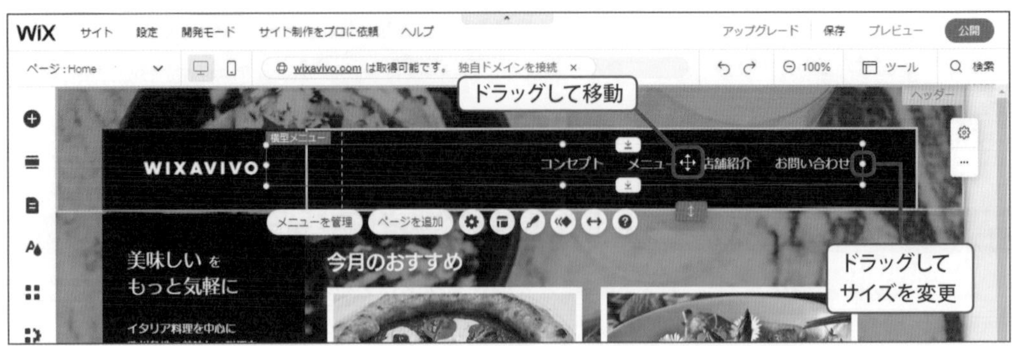

2 ヘッダーのスクロール設定

ページをスクロールしたときに「ヘッダーの領域をどう表示するか？」を指定する設定項目も用意されています。**スクロール時の動作**は、以下のように操作すると設定を変更できます。

- **スクロールする** ………… ページと一緒にスクロール
- **固定** ………… 常に画面上部に表示
- **隠す／フェードアウト**（※） ………… 下方向へスクロールすると消去
上方向へスクロールすると再表示

※ヘッダーを消去／再表示するときの演出（アニメーション）が異なります。

なお、実際の動作は、画面を**プレビュー**に切り替えて、ページを上下にスクロールしてみると確認できます。

3 ヘッダーの背景

ヘッダー部分の**背景デザイン**を変更する機能も用意されています。この場合は、[…]をクリックし、**「ヘッダーのデザインを変更」**を選択します。

すると、「ヘッダーデザイン」ダイアログが表示されます。この画面を下へスクロールして、好きなデザイン（色）を選択すると、ヘッダー領域の背景をカスタマイズできます。

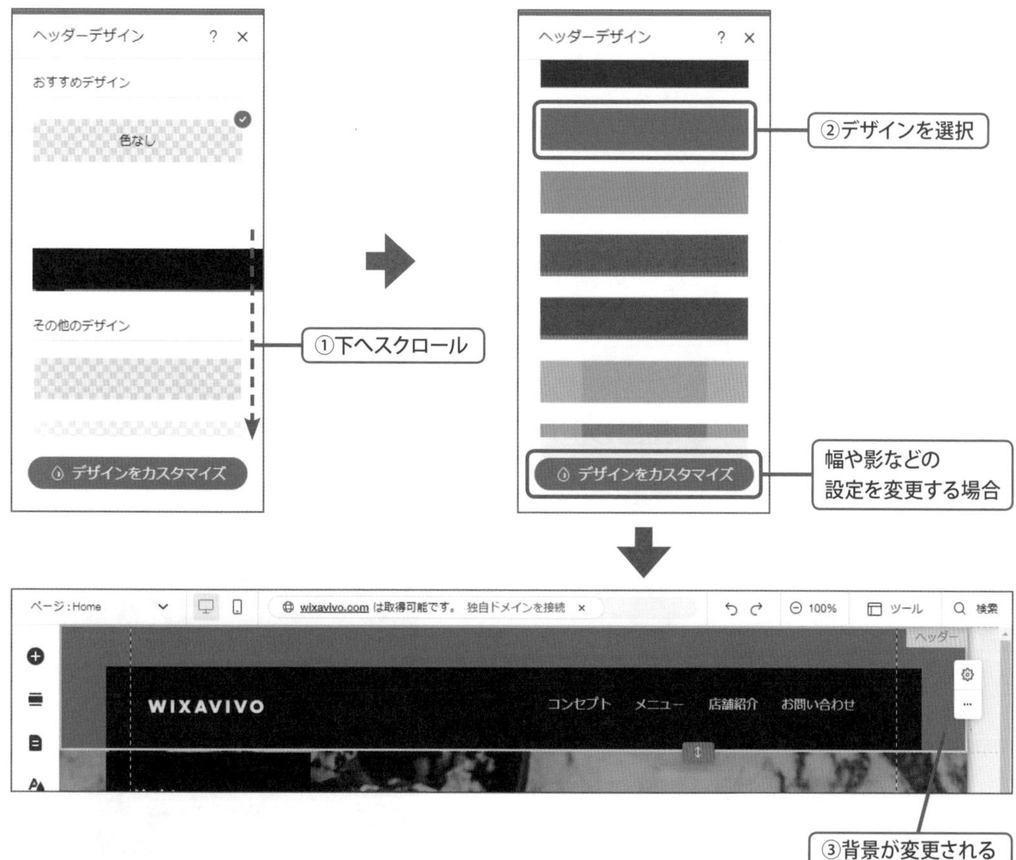

ポイント

Webサイトのメニューとなる部分は「メニュー・アンカー」のパーツで作成されています。このパーツの編集方法については、P132～139で詳しく解説します。

4 フッター内にあるパーツの配置と削除

ページの最下部にある**フッター**の領域も、自由にカスタマイズを施すことが可能です。最初は、ダミーの営業時間、住所、コピーライトなどが記載されているので、これらを文字を自身のWebサイトに合うように書き換えます。

フッターに「何を記載すべきか」は各自の自由です。営業時間や住所以外の情報を記載しても構いません。もちろん、不要な「テキスト」を［Delete］キーで削除する、新たに「テキスト」や「画像」を追加する、などの操作も可能です。フッターにパーツを追加するときは、編集画面の左端にある［**パーツを追加**］のアイコンを利用します。

ポイント

SNSへのリンクがフッターに配置されている場合もあります。この部分は「ソーシャル」というパーツで作成されています。このパーツの編集方法については、P150～154で詳しく解説します。

5 フッターの固定

フッターの領域も**スクロール時の動作**を指定することが可能です。この場合は、以下のように操作して設定を変更します。

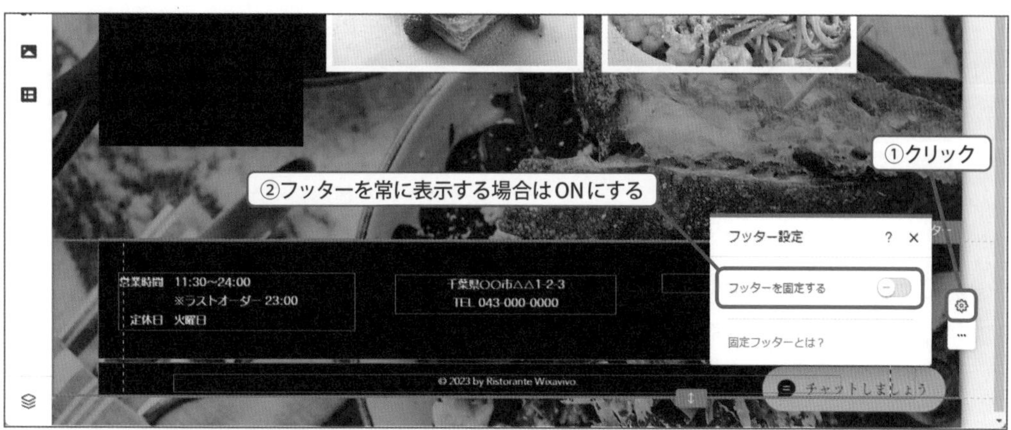

6 フッターの背景

ヘッダーと同様に、フッター部分の**背景デザイン**を変更する機能も用意されています。この場合は、[…]をクリックし、「**フッターのデザインを変更**」を選択します。

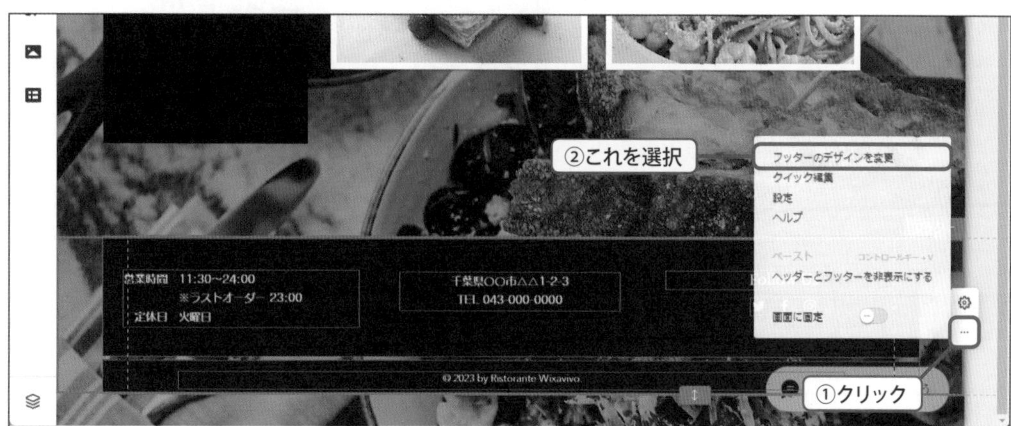

デザインの指定方法は、「ヘッダーの背景デザイン」を変更する場合と基本的に同じです（P91参照）。

08 ヘッダー・フッターの編集

サイトデザインの変更

Webサイト全体の「配色」や「背景」を変更したり、ページを移動するときの「アニメーション」を指定したりすることも可能です。これらの設定は［サイトデザイン］で指定します。

1 配色、テキストの変更

それぞれのページをデザインしていくのではなく、**サイト全体のデザイン**を変更したいときは、［**サイトデザイン**］のアイコンを利用します。まずは、サイト全体の**配色**と**文字の書式**を変更する方法を紹介します。

(1)［**サイトデザイン**］のアイコンをクリックし、「**色・テキストスタイル**」の項目を選択します。

（2）**配色**と**文字の書式**を組み合わせたスタイルが一覧表示されます。この中から好きなスタイルを選択すると、それに合わせてサイト全体のデザインが変更されます。

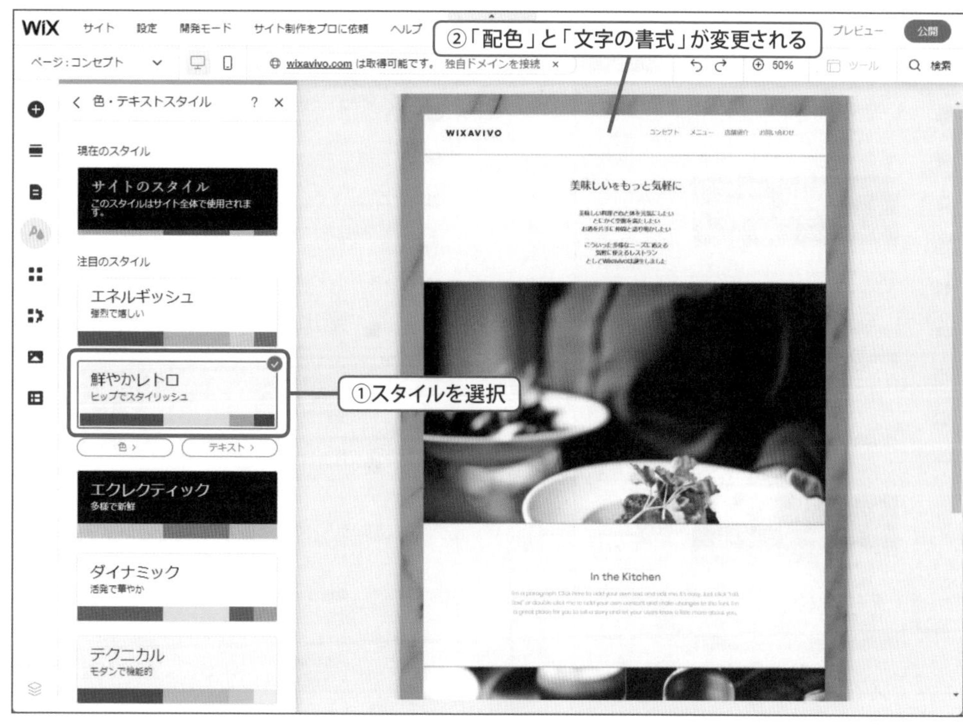

なお、スタイルを選択した後に［色］**ボタン**をクリックすると、その配色を自由にカスタマイズできるようになります。色にこだわりたい方は、こちらも試してみてください。

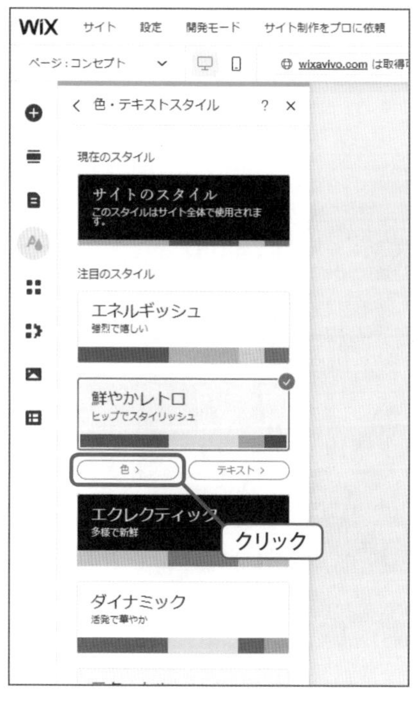

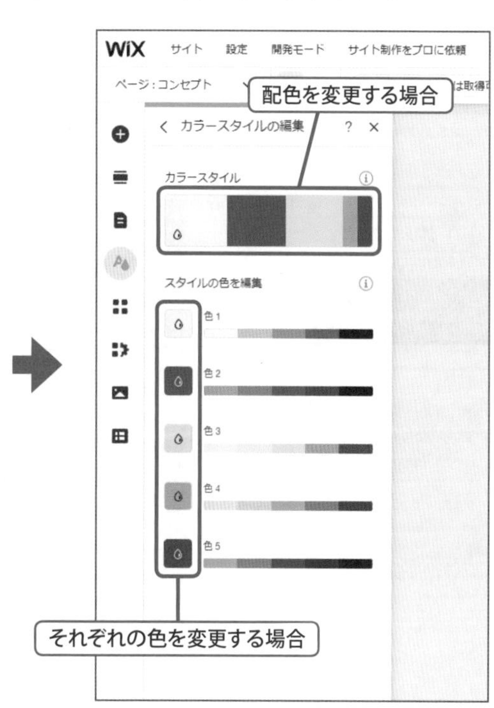

［テキスト］ボタンをクリックすると、「見出し」や「段落」の書式を変更できる画面が表示されます。こちらは、P38～41で解説した**文字のスタイル**の書式を変更したいときに利用します。

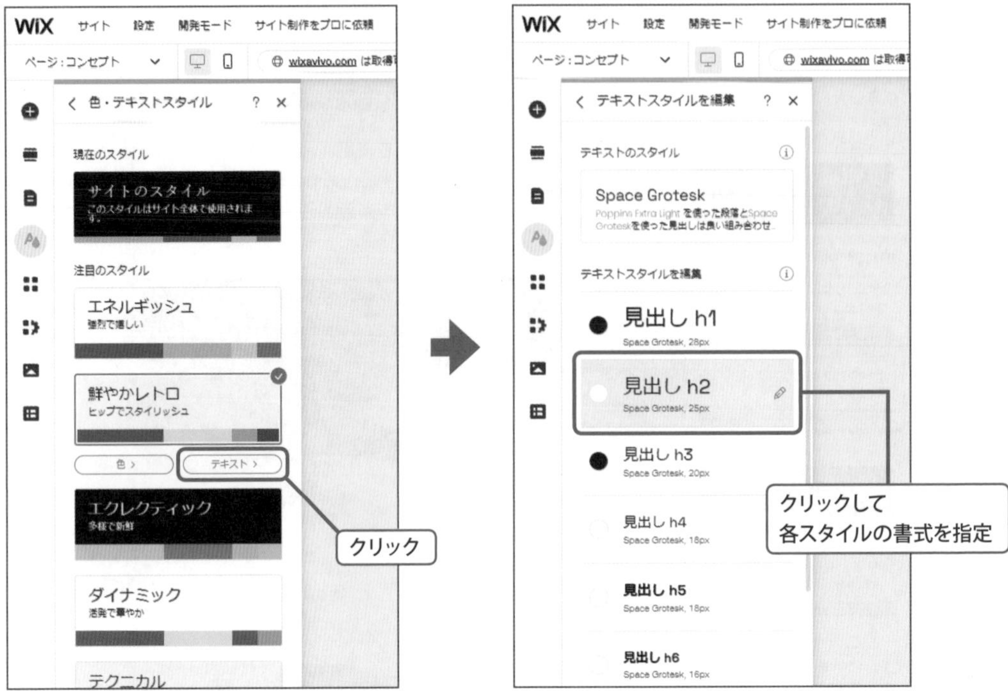

2 ページ背景の変更

サイト全体（または各ページ）の背景を変更したいときは、［**サイトデザイン**］のアイコンをクリックし、「**ページ背景**」の項目を選択します。

第1章　Wixの基本操作

すると、以下のような設定画面が表示されます。ページの背景を色で塗りつぶす場合は、[**単色**]ボタンをクリックし、カラーピッカーで色を指定します。

［画像］ボタンをクリックした場合は、以下の図のような画面が表示されます。こちらは、Wixのフリー素材や自分でアップロードした画像をページの背景に指定するときに利用します。

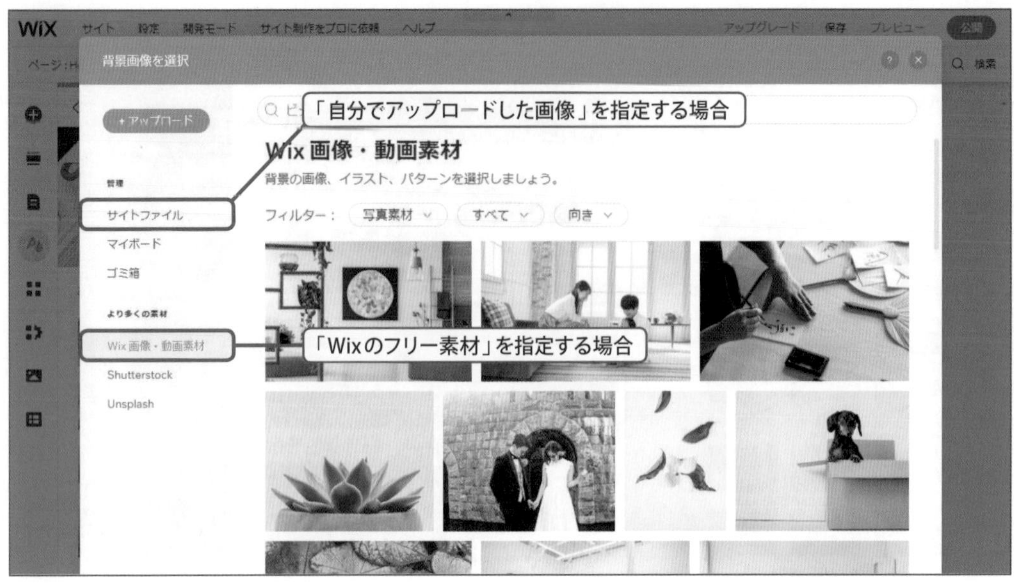

背景を「模様などの写真」にしたいときは、素材の種類に「テクスチャ」を指定してみるのも効果的です。背景に最適な素材を見つけやすくなると思います。

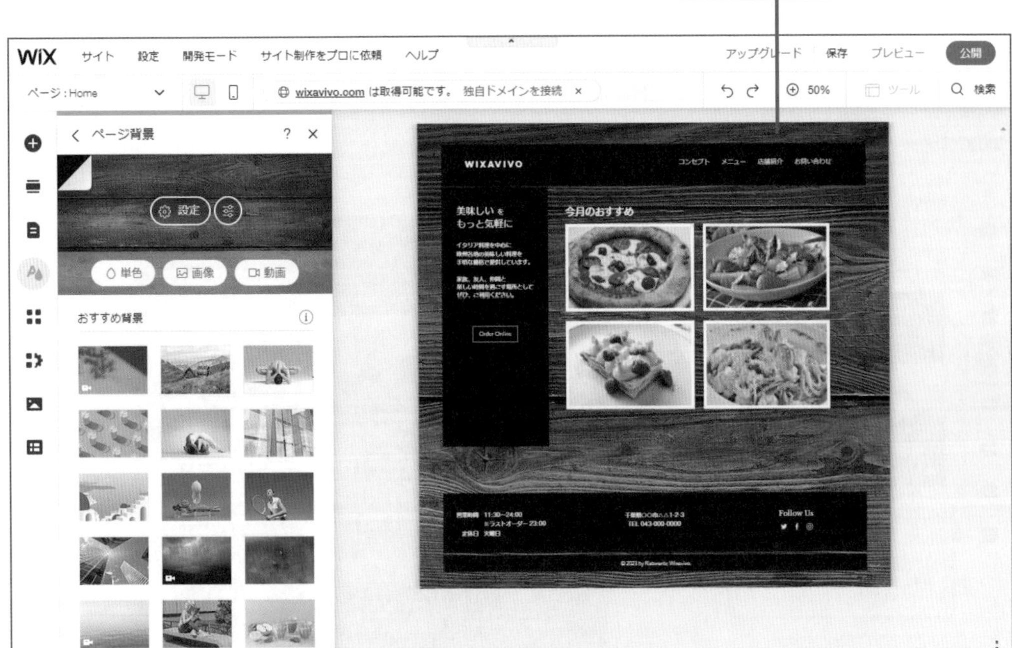

なお、背景は**ページ単位で指定**する仕組みになっています。他のページにも同じ背景を指定するときは、**［その他のページに適用］ボタン**をクリックし、同じ背景にするページのチェックボックスをONにします。

3 ページ移動時のアニメーション

サイト内の**別のページへ移動するときの演出**を指定する機能も用意されています。この場合は、「ページトランジション」の項目を選択し、一覧からアニメーションの種類を選択します。

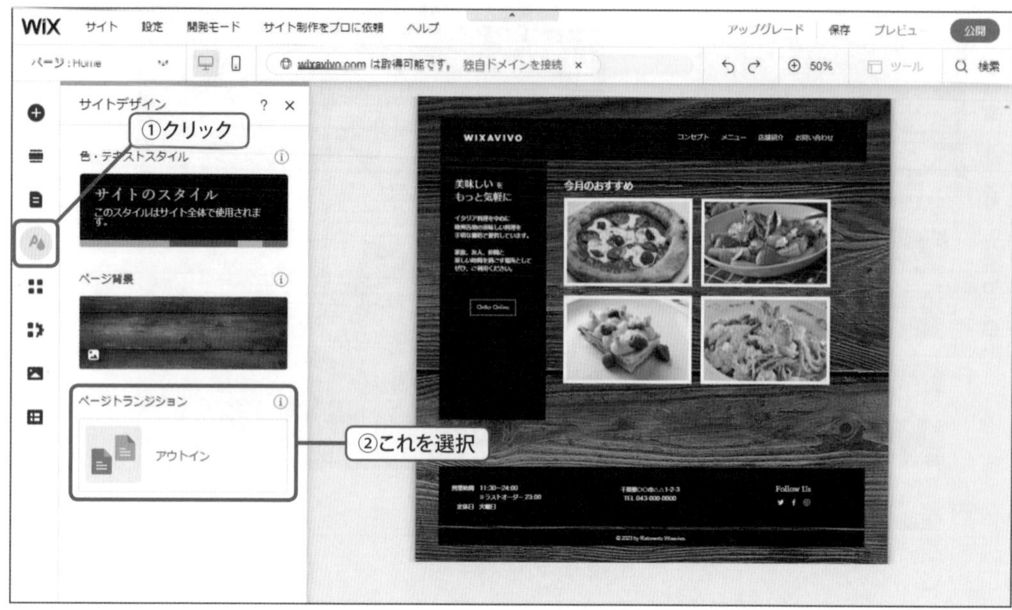

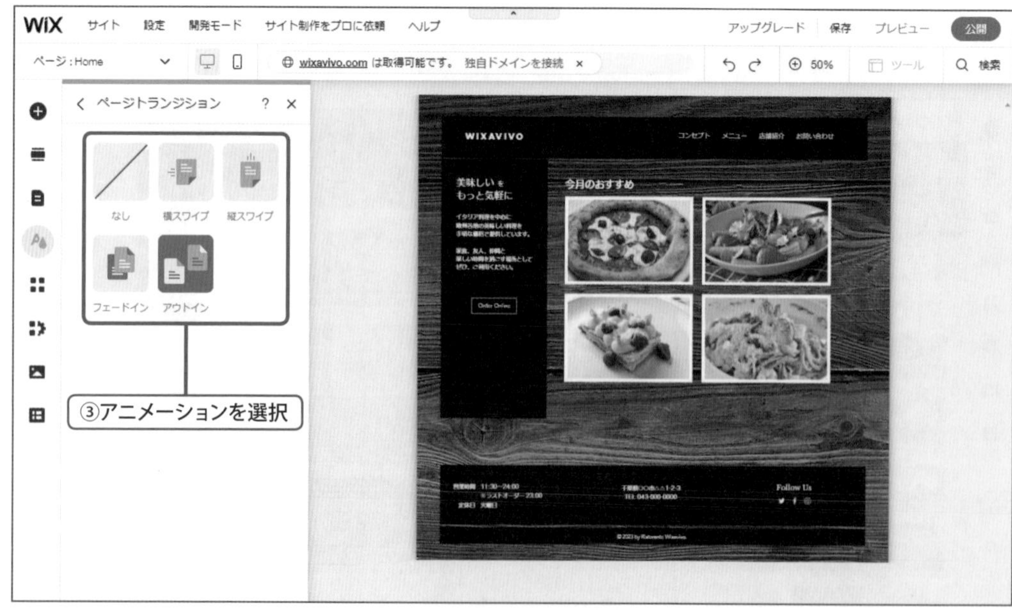

なお、ページ移動時のアニメーションは、画面を**プレビュー**に切り替えて、実際に各ページへ移動してみると確認できます。

第2章

パーツの編集

第1章では「テキスト」や「画像」といったパーツの使い方を紹介しました。これらのほかにもWixには数多くのパーツが用意されています。第2章では、Webサイトを彩る、さまざまなパーツの使い方を紹介していきます。

10 ボタン

Wixには、さまざまなデザインの「ボタン」が用意されています。このボタンを使ってリンクやアイキャッチなどを作成することも可能です。もちろん、ボタンのデザインのカスタマイズにも対応しています。

1 ボタンの追加

Wixには手軽にボタンを作成できる「**ボタン**」というパーツが用意されています。このパーツを使ってリンクを作成したり、ページのデザインとして活用したりすることも可能です。

ページにボタンを追加するときは、[**パーツを追加**] のアイコンをクリックし、「**ボタン**」を選択します。続いて、好きなデザインの**ボタンをドラッグ＆ドロップ**すると、そのボタンをページに追加できます。

2 テキスト・アイコンの変更

ページにボタンを追加できたら、ボタン内の**テキスト**と**アイコン**を自分のWebサイトに合わせてカスタマイズしていきます。

ボタンをクリックして選択し、［**テキスト・アイコンの変更**］をクリックします。続いて、「**表示するテキスト**」の文字を書き換えると、ボタン内の文字を好きな文字に変更できます。

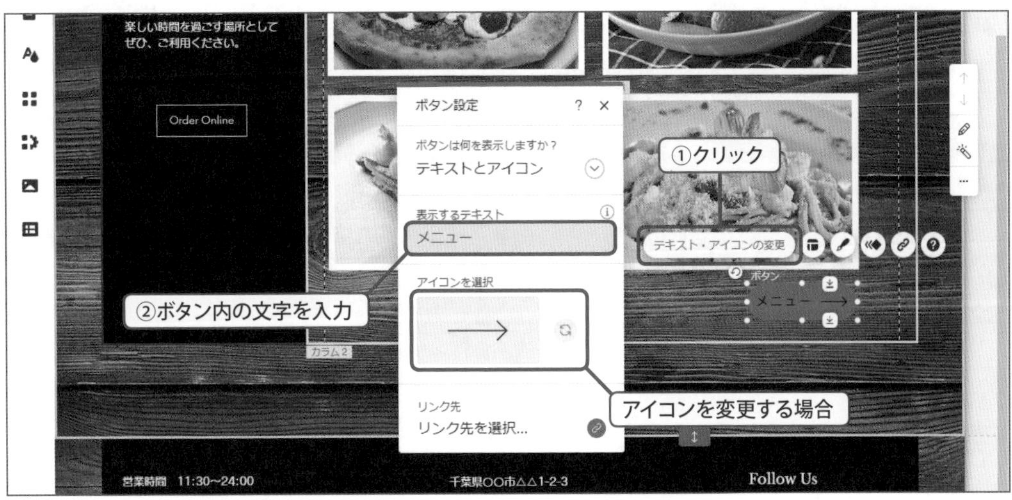

また、「**アイコンを選択**」の部分をクリックすると、以下のような画面が表示され、アイコンを好きな図柄に変更できます。

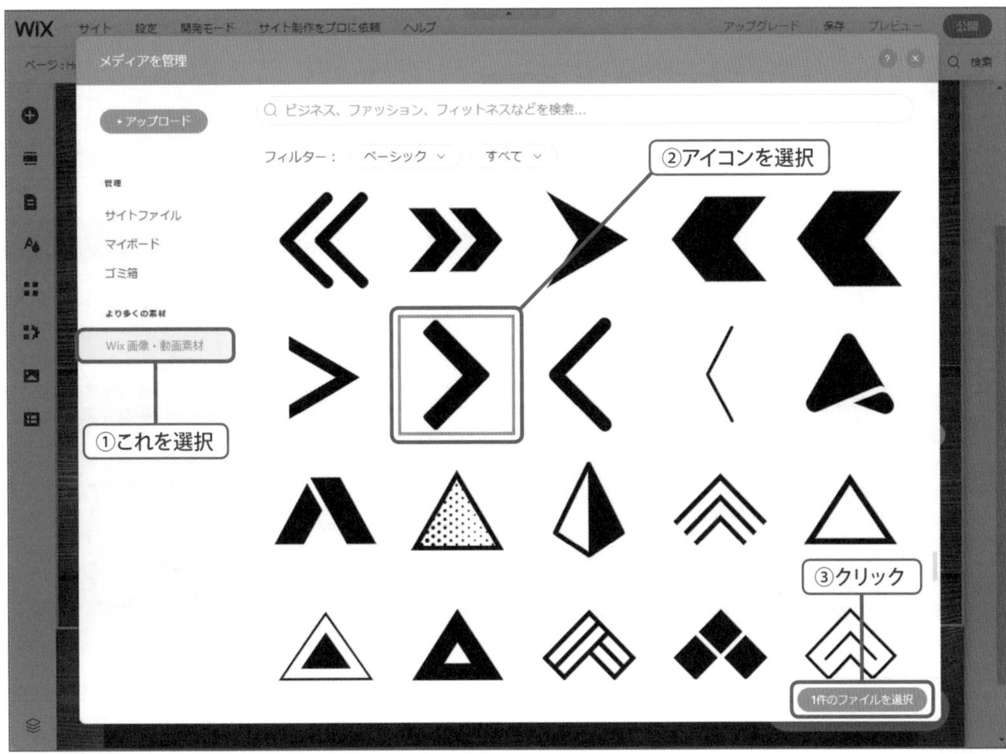

3 リンクの指定

ボタンを**リンク**として活用したいときは、ボタンをクリックして選択し、［**リンクを追加**］のアイコンをクリックします。

すると、リンク先を指定する画面が表示されます。リンク先の指定方法は、「テキスト」や「画像」のパーツをリンクとして使用する場合と同じです。

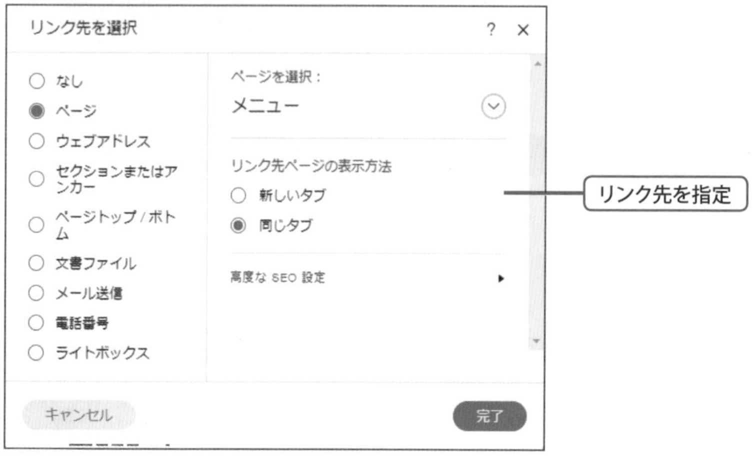

4 ボタンのレイアウト

ボタン内にある「テキスト」や「アイコン」の配置をカスタマイズすることも可能です。この場合は、［**レイアウト**］のアイコンをクリックします。

すると、「**ボタンデザイン**」**ダイアログ**が表示されます。ここで各項目の設定を変更して配置を整えます。

■ レイアウト

レイアウトの項目にある⌄をクリックすると、以下のような選択肢が表示され、ボタン内に表示する内容（テキスト／アイコン）を変更できるようになります。

■ テキスト・アイコンの配置

ボタン内に配置する「テキスト」と「アイコン」の並べ方を指定します。

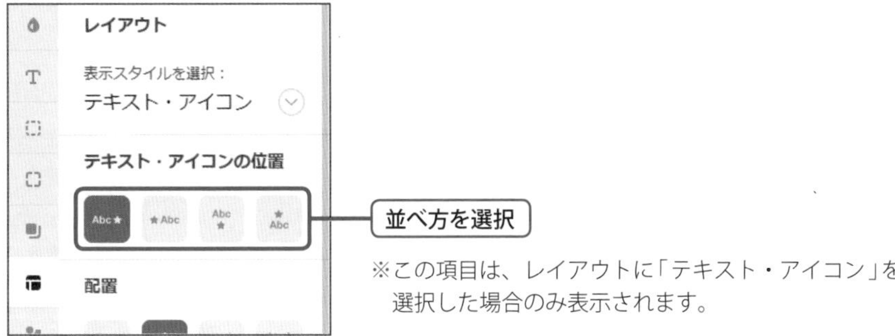

■ 配置

ボタン内の配置（位置揃え）や余白のサイズを変更できます。

※中央にあるロックを解除すると、
上下左右の余白を個別に指定できます。

10 ボタン

5 ボタンのデザイン

「**ボタンデザイン**」**ダイアログ**を使って、ボタンのデザインをカスタマイズすることも可能です。続いては、各項目で指定できる書式について紹介していきます。

■ 背景の塗りつぶし

ボタンの色や**不透明度**を変更できます。

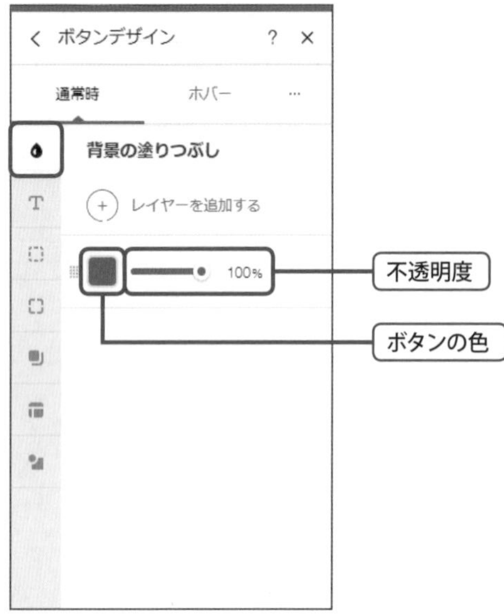

■ テキスト

ボタン内にある「テキスト」の**文字の書式**を変更できます。

■ 枠線

ボタンの周囲に**枠線**を描画できます。

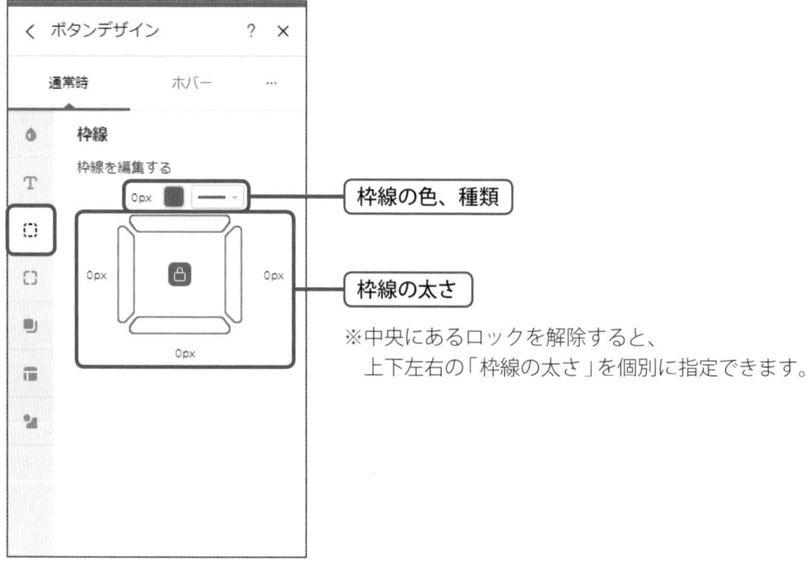

■ 角丸

ボタンの四隅の**角丸**の半径を変更できます。

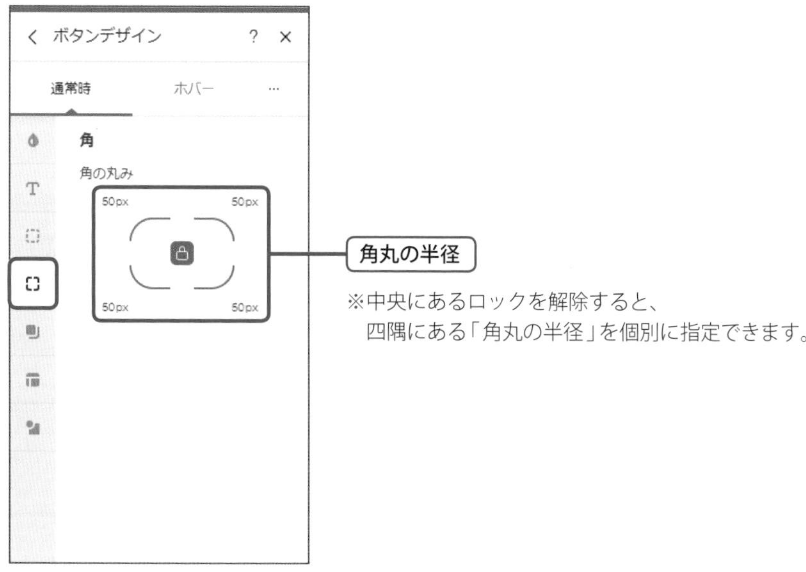

■影

ボタンに影を追加できます。

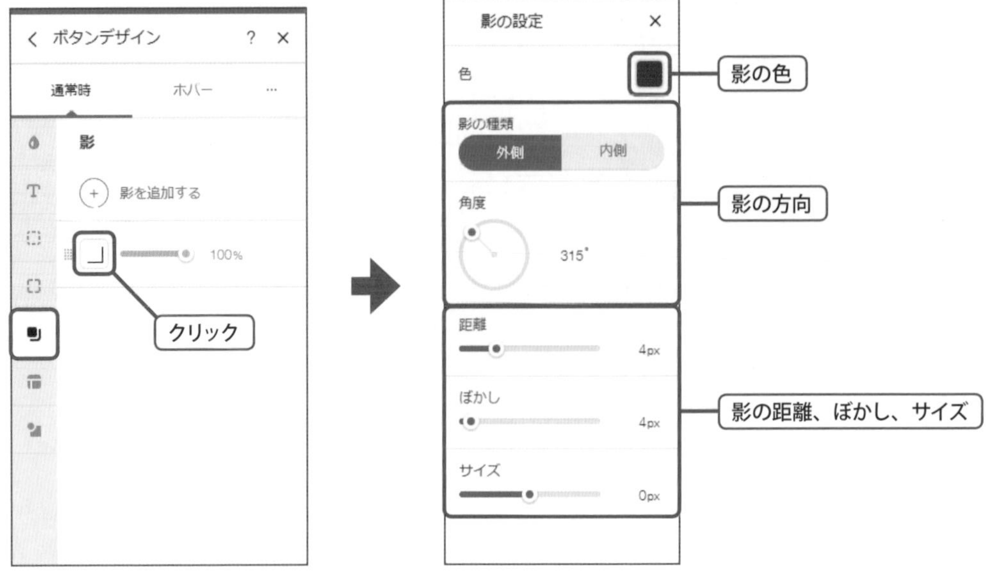

■アイコン

アイコンのサイズ、色、回転角度を変更できます。

ポイント

「ボタンデザイン」ダイアログでホバー時（ボタンの上へマウスを移動したとき）のデザインを指定することも可能です。この場合は［ホバー］タブを選択してから各項目の書式を指定します。

ストリップ

領域を左右に分割して複数のカラムで構成されるコンテンツを作成するときは、「ストリップ」を利用します。あらかじめデザインされているページやセクションに「ストリップ」が利用されている場合もあるので、その使い方をよく学んでおいてください。

1 ストリップの概要

複数のブロック（**カラム**）を横に並べて、ひとつのコンテンツを作成したい場合は、**「ストリップ」**というパーツを利用します。各カラムに異なる**背景色**を指定したり、**画像**や**動画**を背景に指定したりできるため、デザイン性の高いコンテンツを手軽に作成できます。

カラムの数は**最大4つ**まで増やすことが可能です。背景に動画を配置するために、カラムが1つしかない「ストリップ」が利用されるケースもあります。

1カラムのストリップ
※背景は動画

タイトルを
入力

This is a great place to add a tagline.

Tell customers more about you. Add a few words and a stunning pic to grab their attention and get them to click.

This space is ideal for writing a detailed description of your business and the types of services that you provide. Talk about your team and your areas of expertise.

2カラムのストリップ
※背景は画像と単色

2 ストリップの追加

それでは、「ストリップ」の使い方を詳しく解説していきましょう。ページに「ストリップ」を追加するときは、以下のように操作します。

（1）「ストリップ」は画面幅いっぱいに表示される大きなパーツとなるため、あらかじめスペースを用意しておく必要があります。ここでは「**空のセクション**」を挿入してスペースを確保しました。

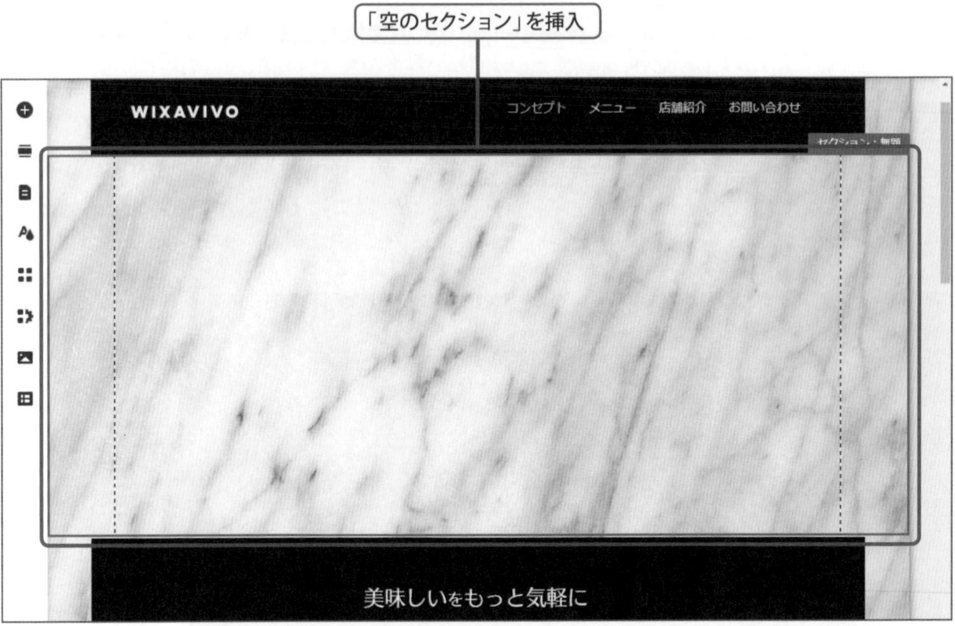

（2）［**パーツを追加**］のアイコンをクリックし、「**ストリップ**」を選択します。続いて、好きなデザインの**ストリップをドラッグ＆ドロップ**してページに配置します。

3 カラムの背景の変更

ページに「ストリップ」を配置できたら、それぞれのカラムの設定をカスタマイズしていきます。まずは、**カラムの背景**を変更する方法を解説します。

マウスを何回かクリックして、「ストリップ」の中にある**カラムを選択**します。続いて、[**カラムの背景を変更**] **ボタン**をクリックします。

「**カラム背景**」**ダイアログ**が表示され、カラムの背景を自由に変更できるようになります。背景を色で塗りつぶす場合は [**単色**] **ボタン**をクリックし、カラーピッカーで色を指定します。

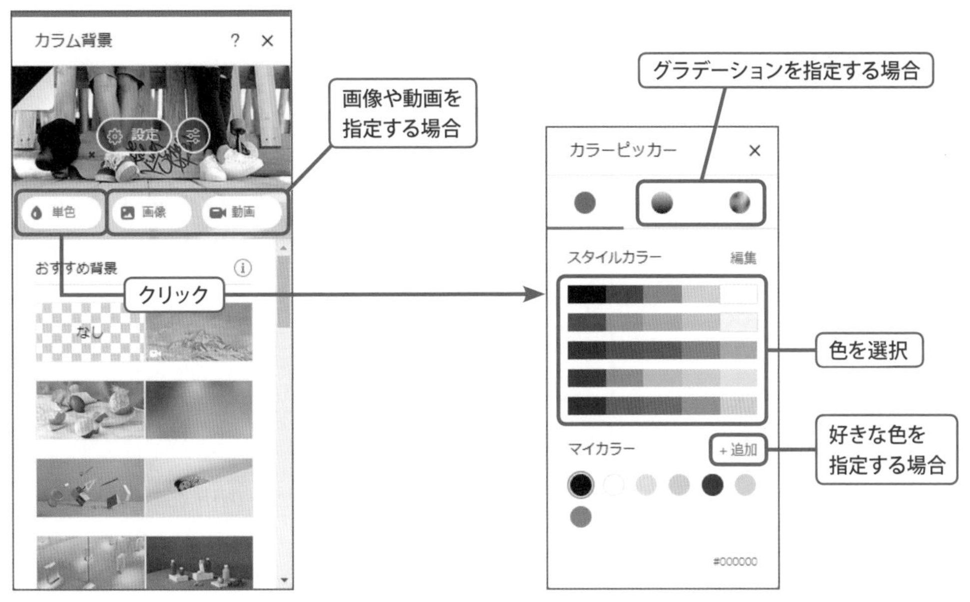

「カラム背景」ダイアログで［**画像**］**ボタン**をクリックした場合は、以下の図のような画面が表示されます。こちらは、**Wixのフリー素材**や**自分でアップロードした画像**をカラムの背景に指定するときに利用します。

背景に指定した画像の**不透明度**や**配置方法**などをカスタマイズすることも可能です。この場合は、「カラム背景」ダイアログにある［**設定**］**ボタン**をクリックします。

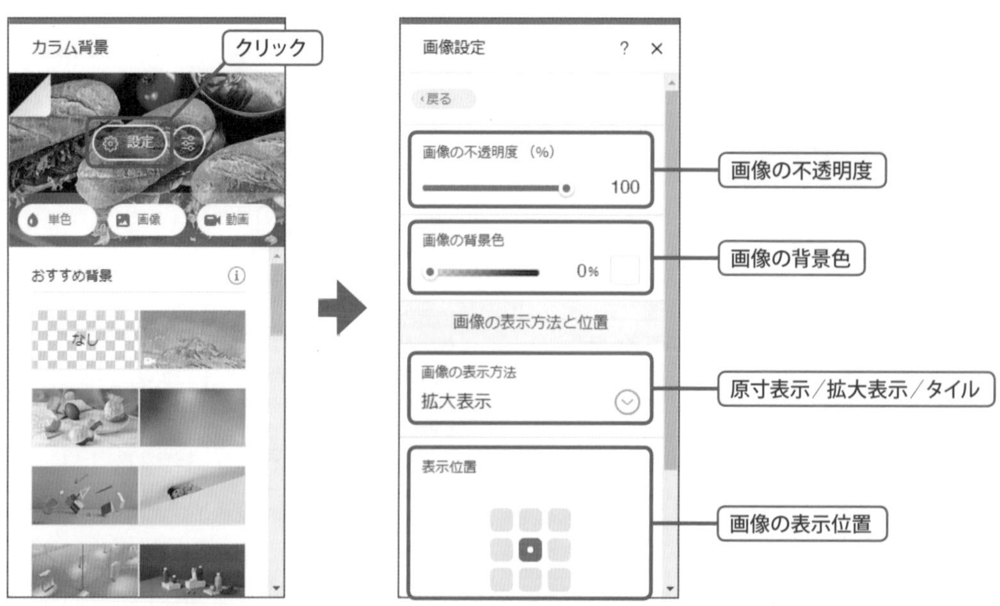

第2章 パーツの編集

カラムの背景に動画を配置するときは、「カラム背景」ダイアログで［**動画**］**ボタン**をクリックします。以降の操作は「画像を配置する場合」とほぼ同様です。**自分でアップロードした動画**はもちろん、**Wixのフリー素材**として提供されている動画を利用することも可能です。

背景に指定した動画の**不透明度**や**表示位置**、**ループ再生**などをカスタマイズすることも可能です。この場合は、「カラム背景」ダイアログにある［**設定**］**ボタン**をクリックします。

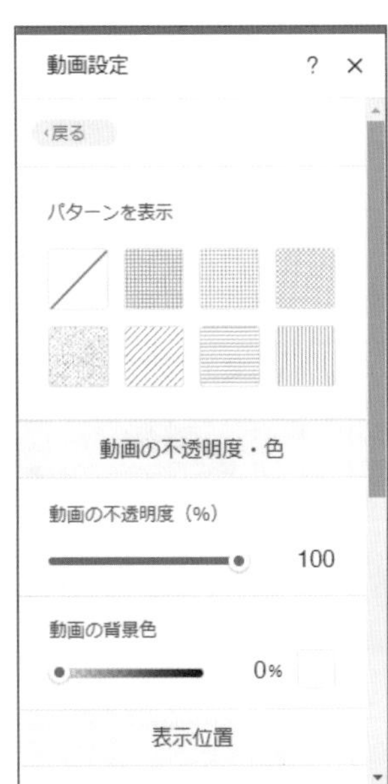

4 カラムの追加、削除、並べ替え

続いては、**カラムの数**を増やしたり、減らしたりする方法を解説します。いずれかのカラムを選択して［**カラムを管理**］**ボタン**をクリックすると、「**カラムを管理**」**ダイアログ**が表示されます。

このダイアログで［**カラムを追加**］**ボタン**をクリックすると、「最後のカラム」と同じデザインのカラムを追加できます。

第2章 パーツの編集

「最後のカラム」以外のデザインでカラムを追加したい場合は、[**複製**]のアイコンを利用します。

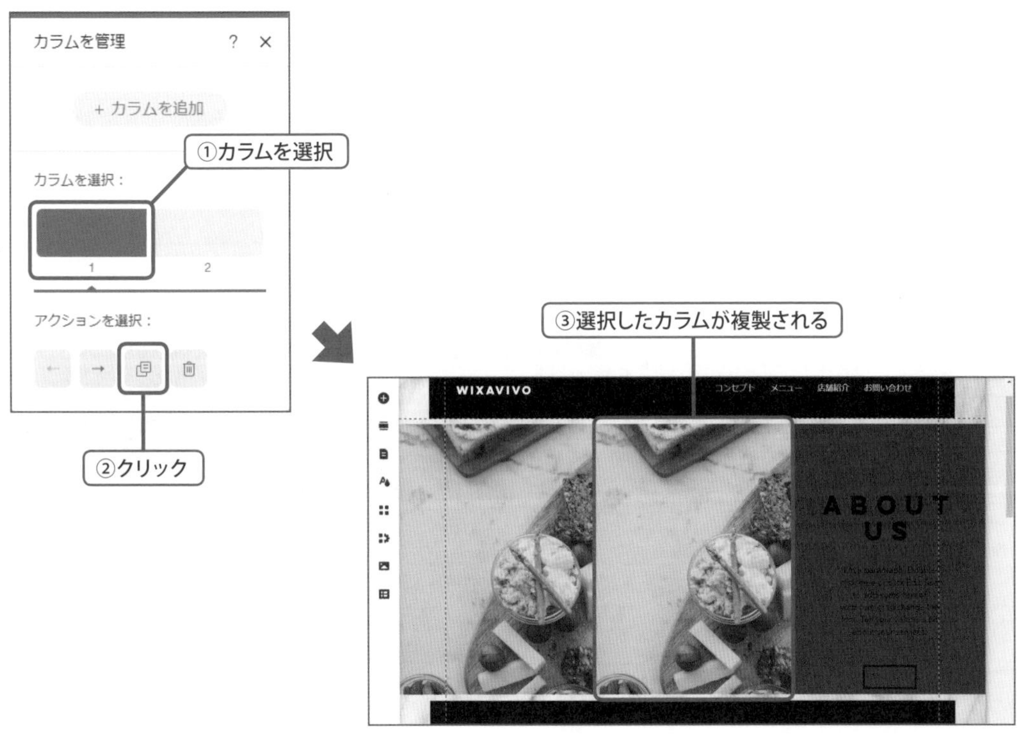

各カラムの並び順を変更することも可能です。この場合は、並び順を変更するカラムを選択し、[←]や[→]のアイコンをクリックします。

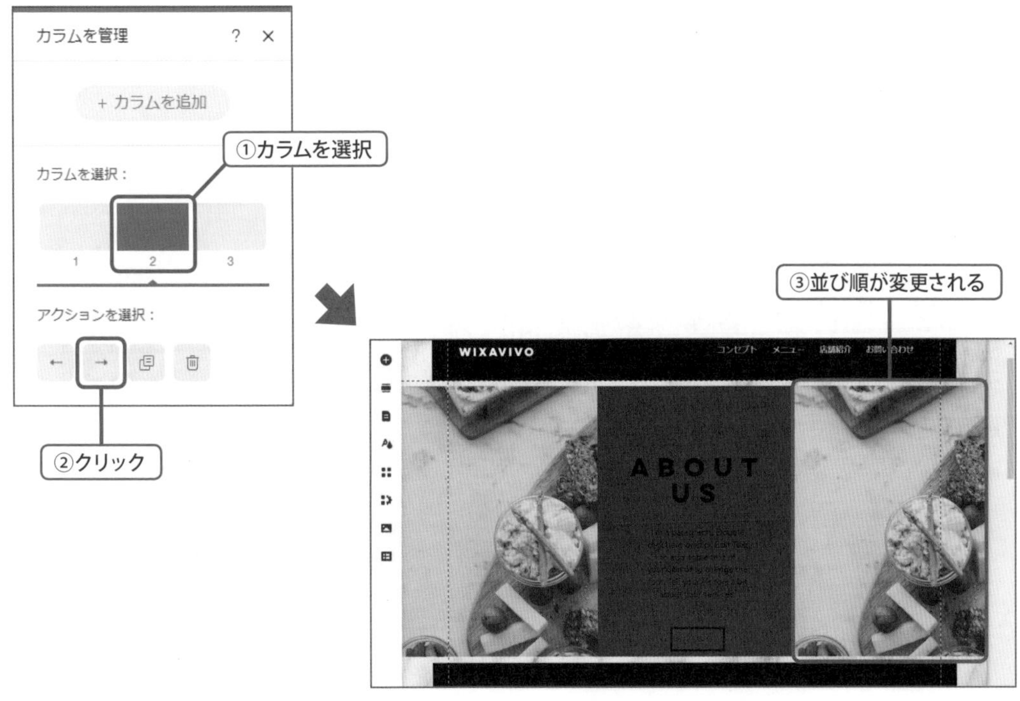

もちろん、「ストリップ」から**カラムを削除**することも可能です。この場合は、削除するカラムを選択し、[**削除**]のアイコンをクリックします。

5 ストリップのレイアウト

続いては、**カラムの幅**を変更する方法を解説します。この操作を行うときは、[**ストリップ**]タブをクリックして**ストリップ全体を選択**しておく必要があります。その後、[**レイアウト**]のアイコンをクリックします。

「**ストリップレイアウト」ダイアログ**が表示されるので、一覧から好きな比率を選択します。そのほか、カラムのサイズを自分で自由に指定したり、カラム同士の間隔を指定したりする設定項目も用意されています。

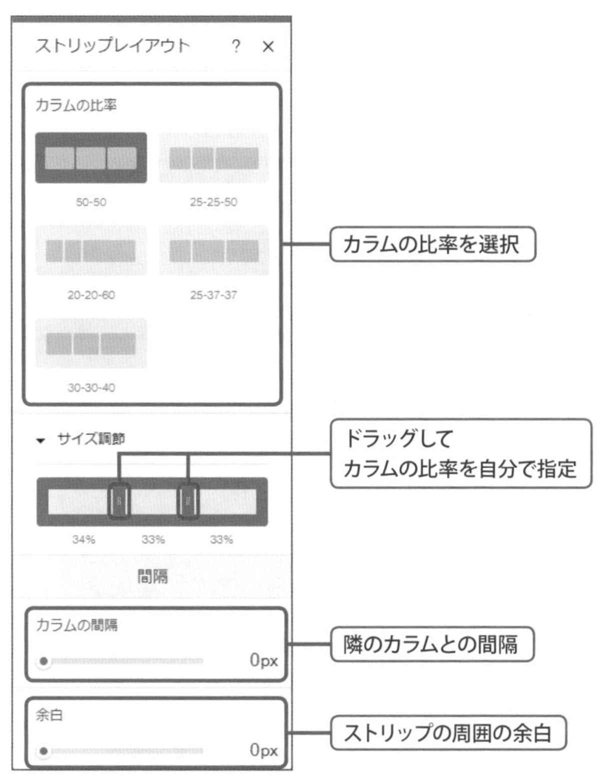

これらの設定を変更することで、等幅ではないカラム構成の「ストリップ」にカスタマイズすることも可能です。

6 ストリップの幅の変更

「ストリップ」は画面幅いっぱいに表示されるように初期設定されています。この表示幅を変更することも可能です。ストリップの幅を変更するときは、**ストリップ全体を選択**し、［**ストレッチ**］のアイコンをクリックします。

「**ストレッチ」ダイアログ**が表示されるので、「全幅」または「ページ」のいずれかを選択します。「ページ」を選択した場合は、「ストレッチ」の幅が**980px**に固定されます。「全幅」を選択した場合は、左右の余白を指定する「間隔」の設定項目が利用可能になります。

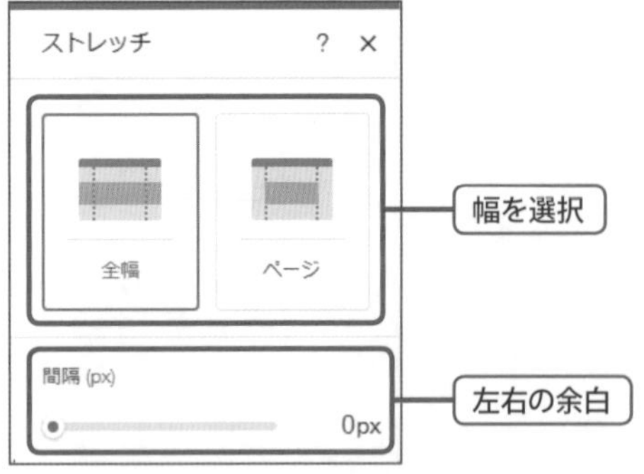

なお、使用しているテンプレートによっては、「最初から配置されていたストリップ」と「自分で追加したストリップ」の幅が揃わないケースもあります。

このような場合は以下のように調整すると、各パーツの幅を揃えることができます。

(1)「最初から配置されていたストリップ」を選択し、［**ストレッチ**］のアイコンをクリックして**間隔を確認**します。

(2)「自分で追加したストリップ」を選択し、[**ストレッチ**]のアイコンをクリックします。続いて、先ほど確認した間隔と**同じ数値**を指定します。

(3)「最初から配置されていたストリップ」と同じ幅の余白が設定されるため、幅を揃えて「ストリップ」を表示できます。

7 カラム内に配置するパーツ

最後に、カラム内の編集方法について補足しておきます。カラム内に「**テキスト**」のパーツが配置されている場合は、その文字を自分のWebサイトに合わせて書き換えるのが基本です。

そのほか、「**ボタン**」などのパーツが配置されている場合もあります。これらのパーツも、これまでに解説してきた方法で編集することが可能です。不要なパーツがある場合は［**Delete**］**キー**で削除しても構いません。逆に、「**テキスト**」や「**画像**」などのパーツをカラム内に新たに追加しても構いません。

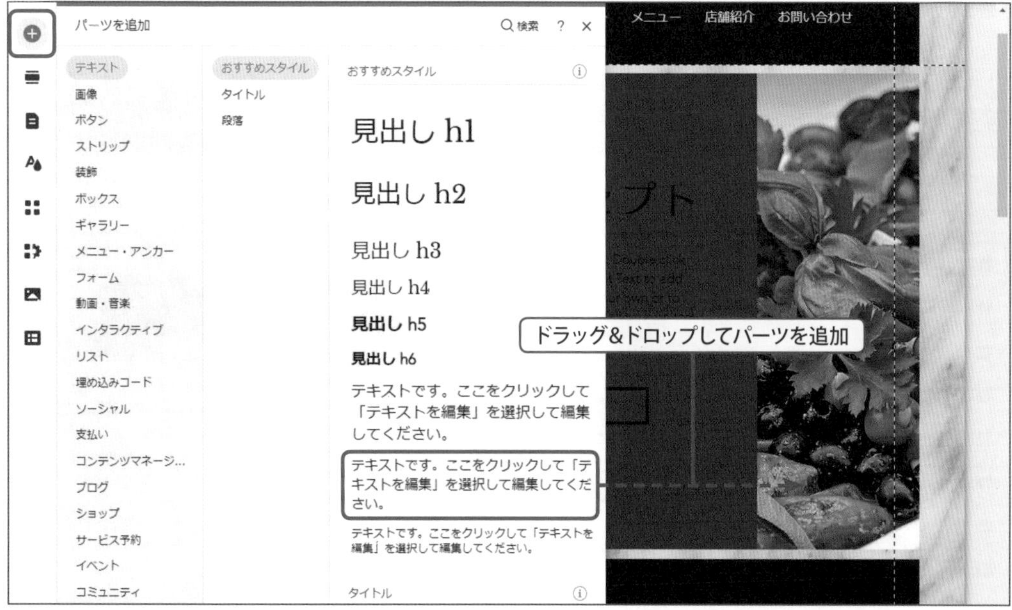

あらかじめ用意されている「ストリップ」のデザインをベースに、自分なりのカスタマイズを加えていくと、見栄えのよいコンテンツを手軽に作成できます。ぜひ、試してみてください。

ギャラリー

何枚もの写真を洗練されたデザインで表示したいときは、「ギャラリー」というパーツを利用します。写真を次々と表示するスライドショーなど、豊富な機能が用意されているので、ぜひ試してみてください。

1 ギャラリーの追加

「ストリップ」と同様に「**ギャラリー**」もサイズの大きなパーツになるため、あらかじめスペースを確保しておきます。その後、[**パーツを追加**]のアイコンをクリックし、「**ギャラリー**」の中から**好きなデザインをドラッグ&ドロップ**すると、ページに「ギャラリー」を追加できます。

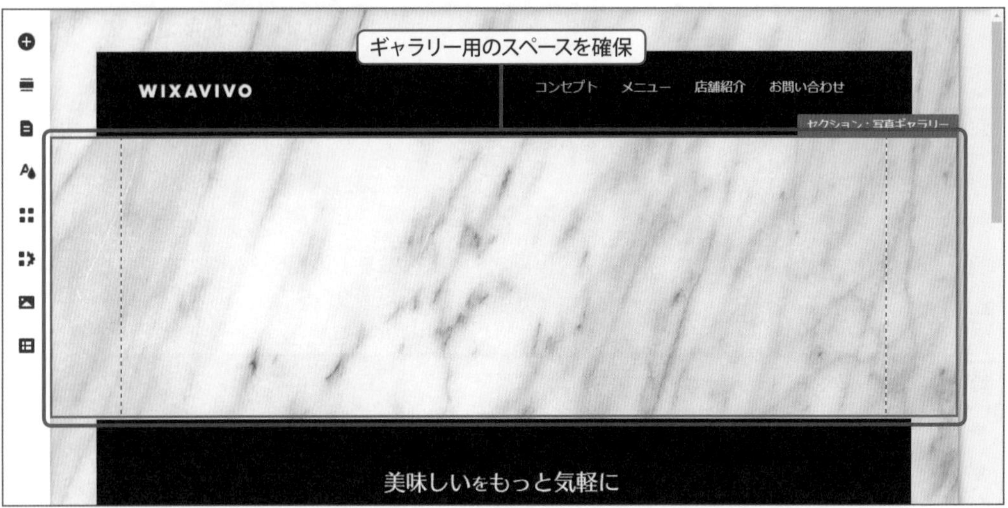

第2章 パーツの編集

2 ギャラリーに表示する画像

ページに追加した「ギャラリー」には、何枚かのサンプル画像が登録されています。これを「各自の好きな画像」に変更するときは、以下のように操作します。

(1)「ギャラリー」をクリックして選択し、[**メディアを管理**] **ボタン**をクリックします。

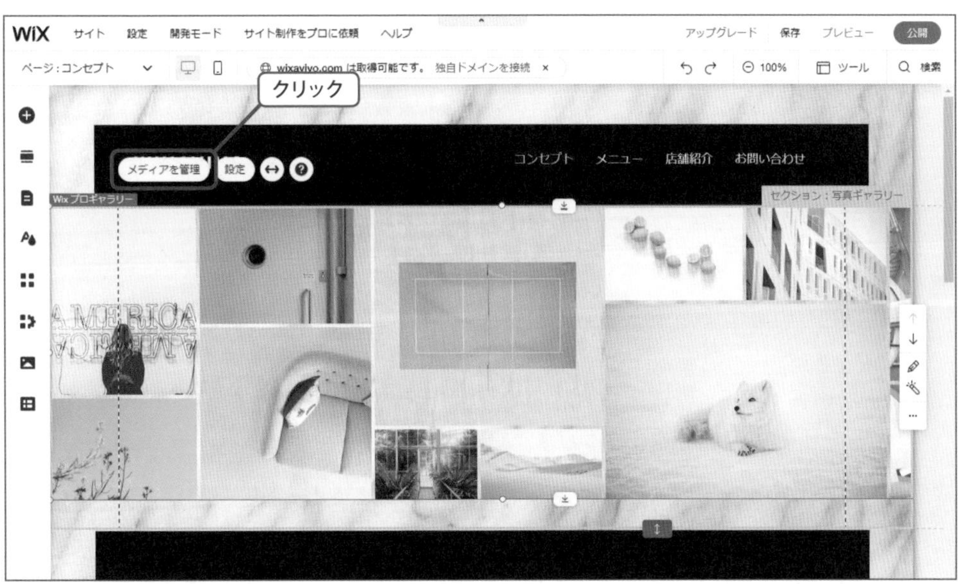

(2) 現在、「ギャラリー」に登録されている画像が一覧表示されます。まずは、これらの画像をすべて削除します。「**すべて選択**」をクリックし、「**削除**」をクリックします。

（3）続いて、好きな画像を新たに登録していきます。［**新しく追加**］**ボタン**をクリックし、「**画像**」を選択します。

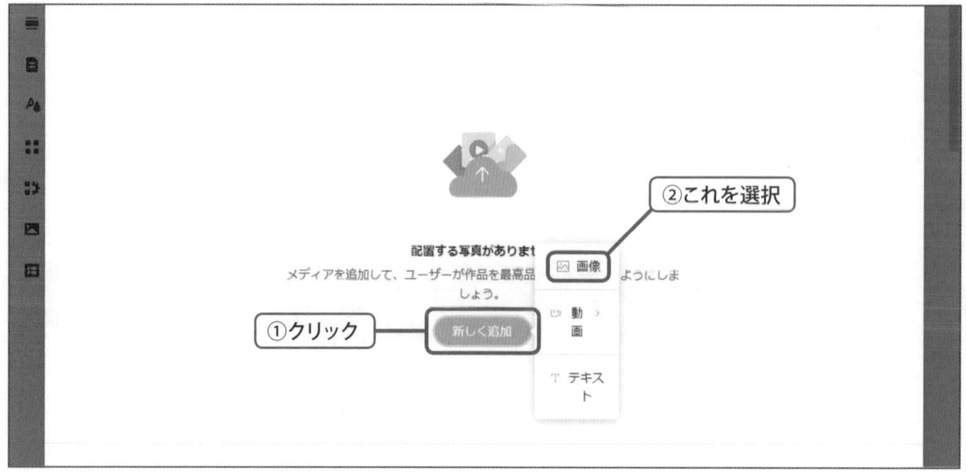

（4）画像を選択する画面が表示されるので、「ギャラリー」に登録する**画像をまとめて選択**し、［**ギャラリーに追加**］**ボタン**をクリックします。

ポイント

複数の画像をまとめて選択するときは、［Ctrl］キーや［Shift］キーを利用します。画像を追加選択するときは、［Ctrl］キーを押しながら画像をクリックしていきます。また、［Shift］キーを押しながら2つの画像をクリックすると、その間にある画像をまとめて選択できます。

(5) 選択した画像が「ギャラリー」に登録されます。この画面で画像をドラッグ&ドロップして並び順を変更することも可能です。好きな並び順になったら[完了]ボタンをクリックします。

(6) 編集画面に戻って「ギャラリー」の表示を確認します。

3 画像の管理

作成した「ギャラリー」に新しい画像を登録したり、「ギャラリー」から画像を削除したりすることも可能です。「ギャラリー」に登録する画像を管理するときは、**[メディアを管理]ボタン**をクリックします。

新たに画像などを追加するときは、**[新しく追加]ボタン**をクリックし、追加する内容（画像/動画/テキスト）を選択します。以降の操作手順は、先ほど解説した操作手順と基本的に同じです。

ポイント

[新しく追加]ボタンから「テキスト」を選択すると、文字の編集画面が表示されます。ここに文字を入力し、文字や背景の書式を指定すると、その文字（テキストボックス）を画像のひとつとして「ギャラリー」に追加できます。

4 レイアウトの変更

「ギャラリー」の**レイアウト**を後から変更することも可能です。この場合は［**設定**］**ボタン**をクリックします。

メディアを管理
設定
コンセプト
メニュー
店舗紹介
お問い合わせ
Wix プロギャラリー
セクション：写真ギャラリー
クリック

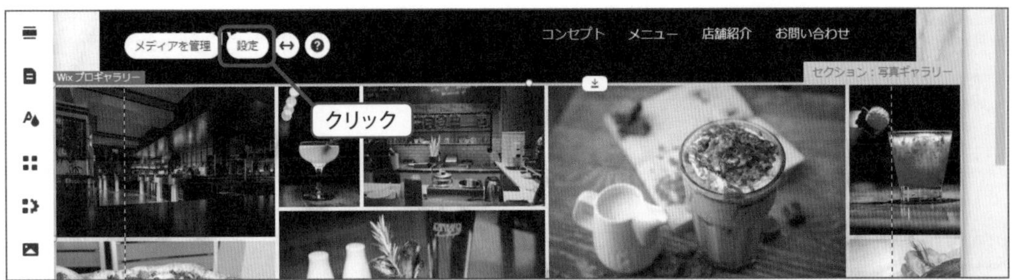

「**Wixプロギャラリー**」**ダイアログ**が表示されるので、「**レイアウト**」の項目を選択します。続いて、一覧から「好きなレイアウト」を選択すると、「ギャラリー」のレイアウト変更できます。

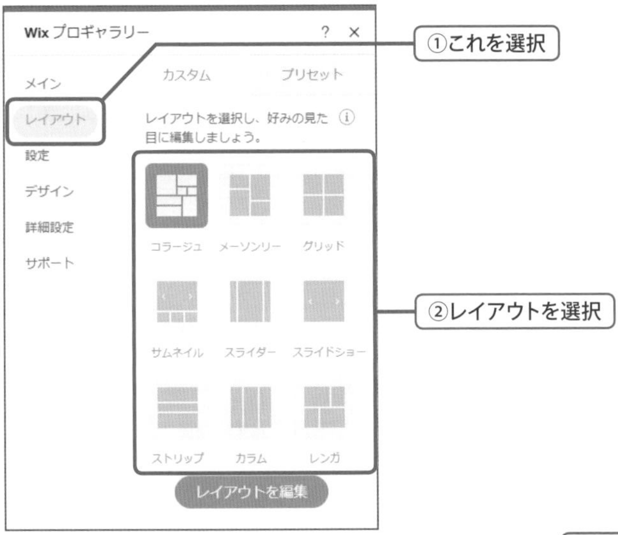

Wix プロギャラリー
メイン
レイアウト
設定
デザイン
詳細設定
サポート
カスタム
プリセット
レイアウトを選択し、好みの見た目に編集しましょう。
コラージュ
メーソンリー
グリッド
サムネイル
スライダー
スライドショー
ストリップ
カラム
レンガ
レイアウトを編集
①これを選択
②レイアウトを選択

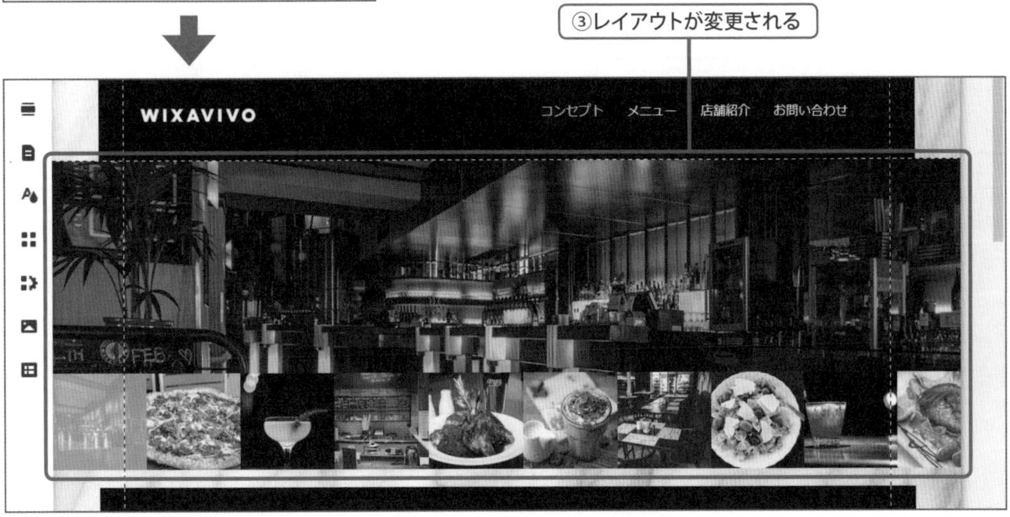

③レイアウトが変更される
WIXAVIVO
コンセプト
メニュー
店舗紹介
お問い合わせ

12 ギャラリー

5 ギャラリーの設定

「Wixプロギャラリー」ダイアログの左側に並ぶ項目をクリックして、「ギャラリー」の各種設定を変更することも可能です。

■ 設定

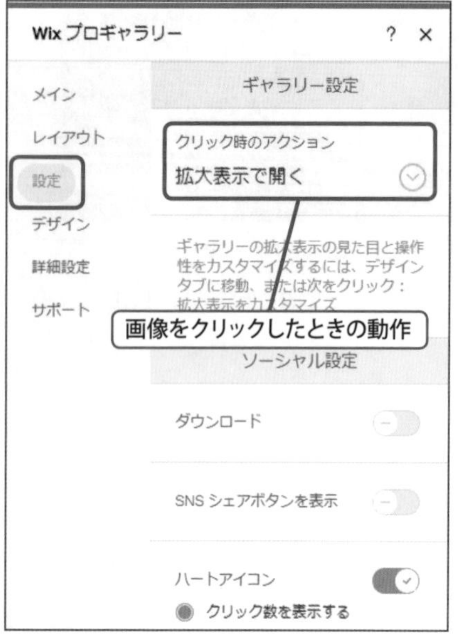

■ デザイン

■ 詳細設定

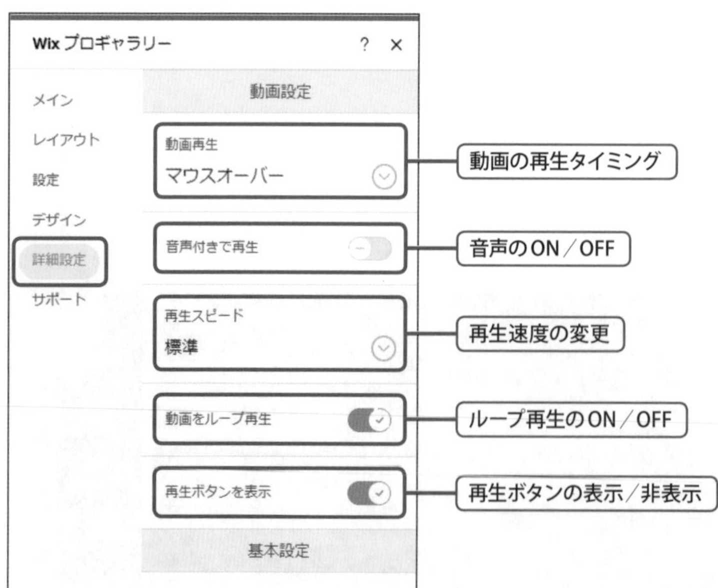

6 サイズ調整とストレッチ

「ギャラリー」のサイズは、四隅にある**ハンドルをドラッグ**することで自由に変更できます。また、画面幅に合わせて「ギャラリー」を表示する**ストレッチ**も用意されています。このとき、**左右の余白**を適切な値に設定すると、上下にあるコンテンツと幅を揃えて「ギャラリー」を配置できます（P118～120参考）。

7 その他のギャラリー

これまでに紹介してきた「ギャラリー」は、**プロギャラリー**に分類されるものとなります。このほかにも、Wixには多くの「ギャラリー」が用意されています。以下に、いくつかの例を紹介しておくので参考にしてください。ボタン名や操作手順が少し異なる場合もありますが、基本を理解していれば、画面を見るだけで操作方法を理解できると思います。気になる方は試してみてください。

■ グリッドギャラリー

グリッド：ポートレート

グリッド：ポラロイド

■ スライドショー

スクロール：ドット

■ その他のギャラリー

ハニカム：ダイアモンド

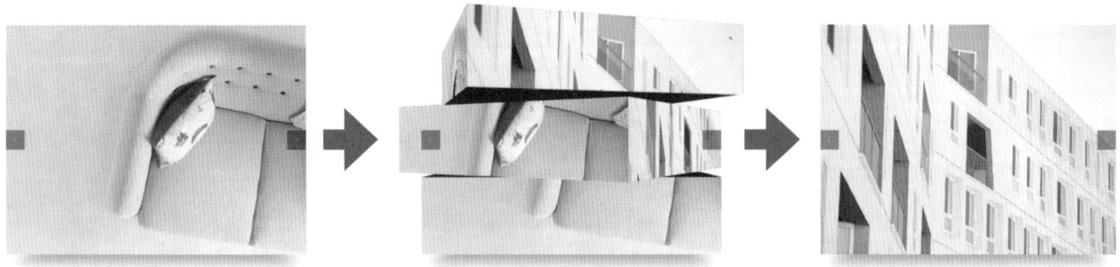

3Dキューブギャラリー

3D回転ギャラリー

メニュー

各ページへ移動するためのリンク（メニュー）を作成したいときは、「メニュー・アンカー」のパーツを利用します。続いては、メニューの作成方法、ならびにページとメニューの関係について解説します。

1 メニューの追加

「**メニュー・アンカー**」の分類には、各ページへ移動する**メニュー**を作成するパーツが用意されています。ヘッダーに初めから配置されているメニューも、このパーツを使って作成されています。ここではフッターにメニューを追加する場合を例に、メニューの追加手順を解説します。

（1）ここで紹介する例では、フッターが「3カラムのストリップ」で作成されています。まずは、メニューを配置するスペースを確保するために、「テキスト」のパーツを移動して書式を整えます。

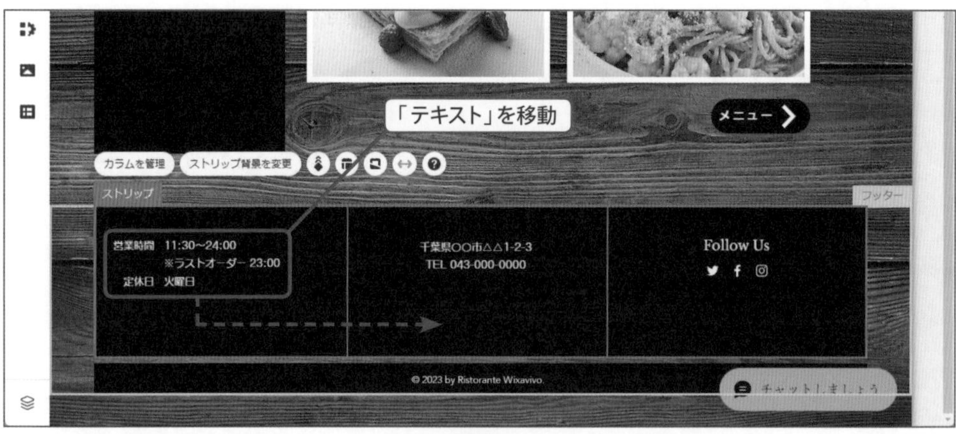

(2)［**パーツを追加**］のアイコンをクリックし、「**メニュー・アンカー**」を選択します。続いて、好きなデザインの**メニューをドラッグ&ドロップ**してフッターに配置します。

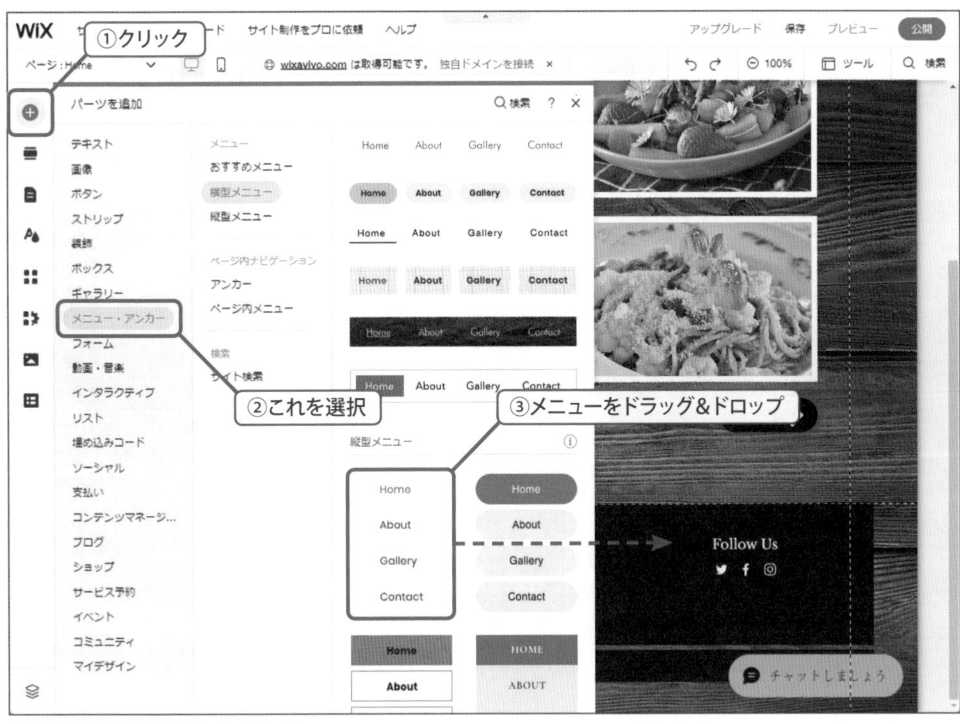

(3) フッターに「メニュー」が追加されます。ただし、背景色と文字色がどちらも「黒」になっているため、この「メニュー」は見えません。

2 デザインの変更

続いては、フッターなどに配置した「メニュー」のデザイン（書式）を変更する方法を解説します。「文字の書式」や「ボックスの書式」を指定するときは、以下のように操作します。

(1)「メニュー」を選択して［**デザインを変更**］のアイコンをクリックします。「**メニューデザイン」ダイアログ**が表示されるので、［**デザインをカスタマイズ**］**ボタン**をクリックします。

(2)「**テキスト**」の項目を選択すると、**文字の書式**を変更できるようになります。他の項目を選択して、ボックスの不透明度・色、影、間隔を調整することも可能です。

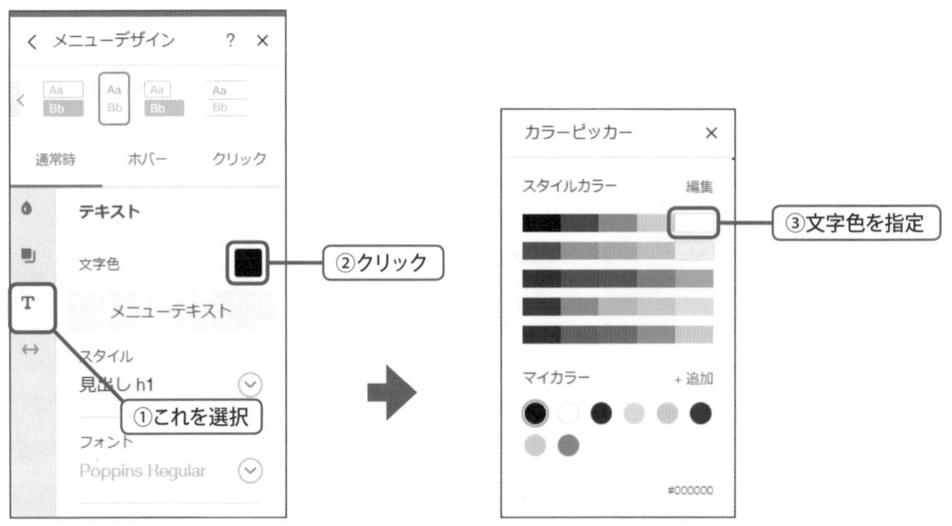

ポイント

「メニューデザイン」ダイアログにある［ホバー］タブを選択すると、ホバー時（メニューの上へマウスを移動したとき）の書式を指定できます。同様に、［クリック］タブを選択すると、各メニューをクリックしたときの書式を指定できます。

3 メニューとページの関係

「メニューに表示されるリンク」と「Webサイト内にあるページ」は、それぞれが対の関係になっているのが基本です。ただし、そうなっていないケースもあります。「メニュー」に表示されるリンクは、[**メニューを管理**]**ボタン**をクリックすると確認できます。

P68～80で解説した「ページの管理画面」が表示されます。今回の例では、「Home」、「Book a Table」、「ネット注文」を**非表示**に設定しているため、これらのページは「メニュー」に表示されません。

一方、Webサイト内に存在するページは、編集画面の左上にある「ページ」を操作すると確認できます。今回の例では、メニューに「お問い合わせ」というリンクが表示されていますが、このページはWebサイト内に存在していません。

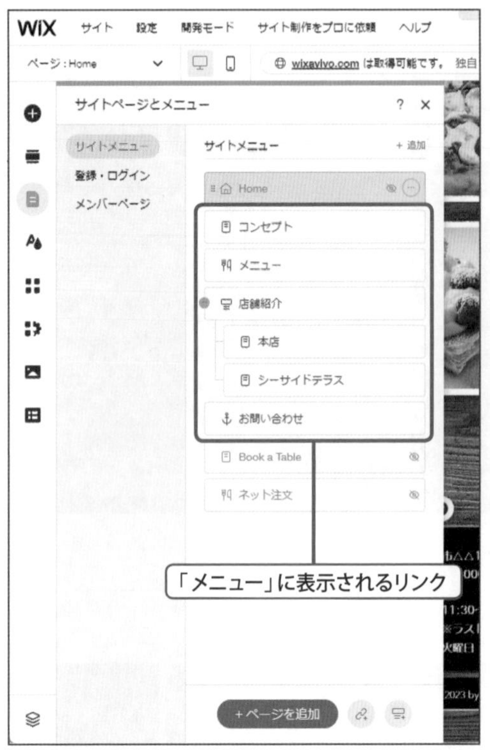

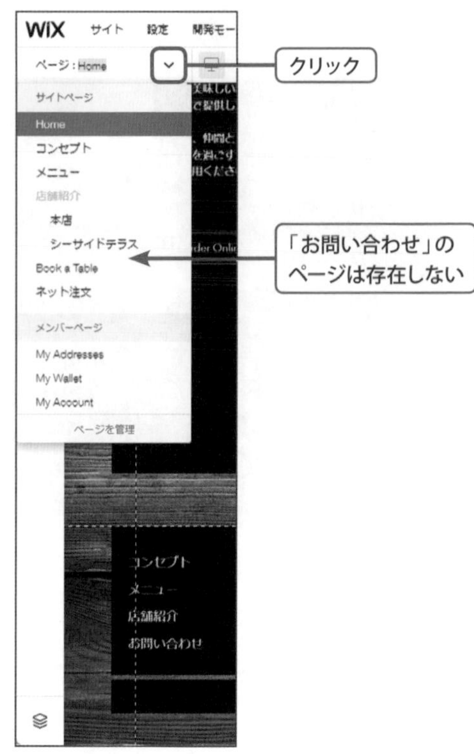

こういったリンクが「どこへ移動するためのリンクなのか？」を確認したいときは、そのリンクの⊖をクリックし、「リンクを変更」を選択します。

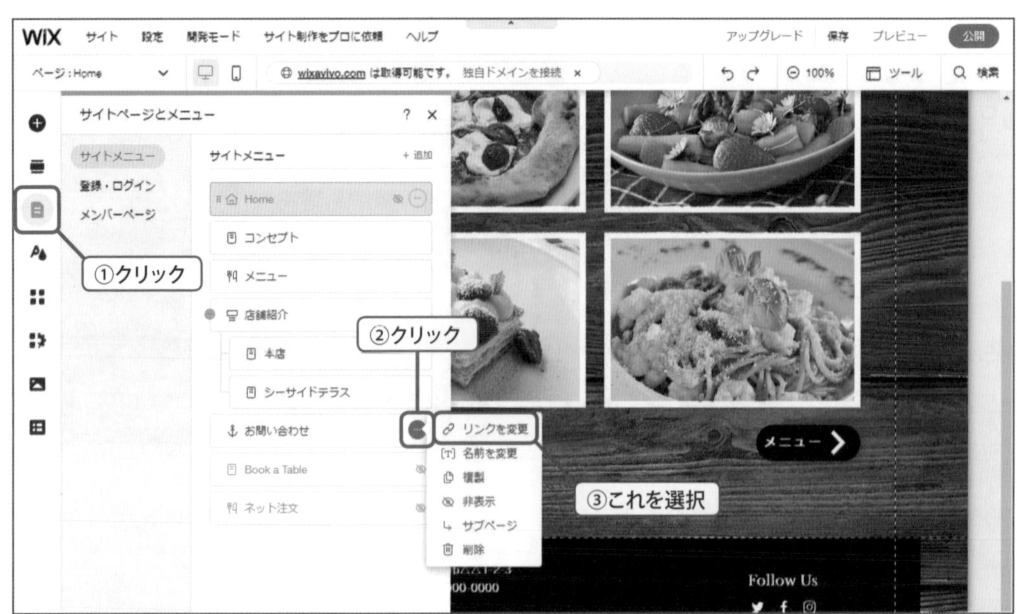

第2章　パーツの編集

リンク先を指定する画面が表示されるので、ここで**リンク先**を確認します。以下に示した図の場合、「**Book a Table**」ページの「**Contact**」**セクション**へ移動するリンクであることを確認できます。

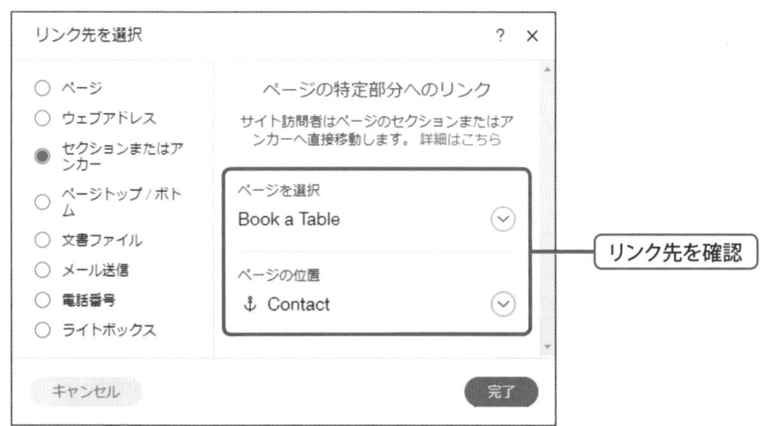

今回の例では「Book a Table」のページを使用する予定がないため、このページは**非表示**に設定してあります。にもかかわらず、「Book a Table」のページ内へ移動するリンクがある……、というのは好ましい状況ではありません。このように不要なリンクが残っている場合は、**リンクを削除する**などの対策を講じておく必要があります。

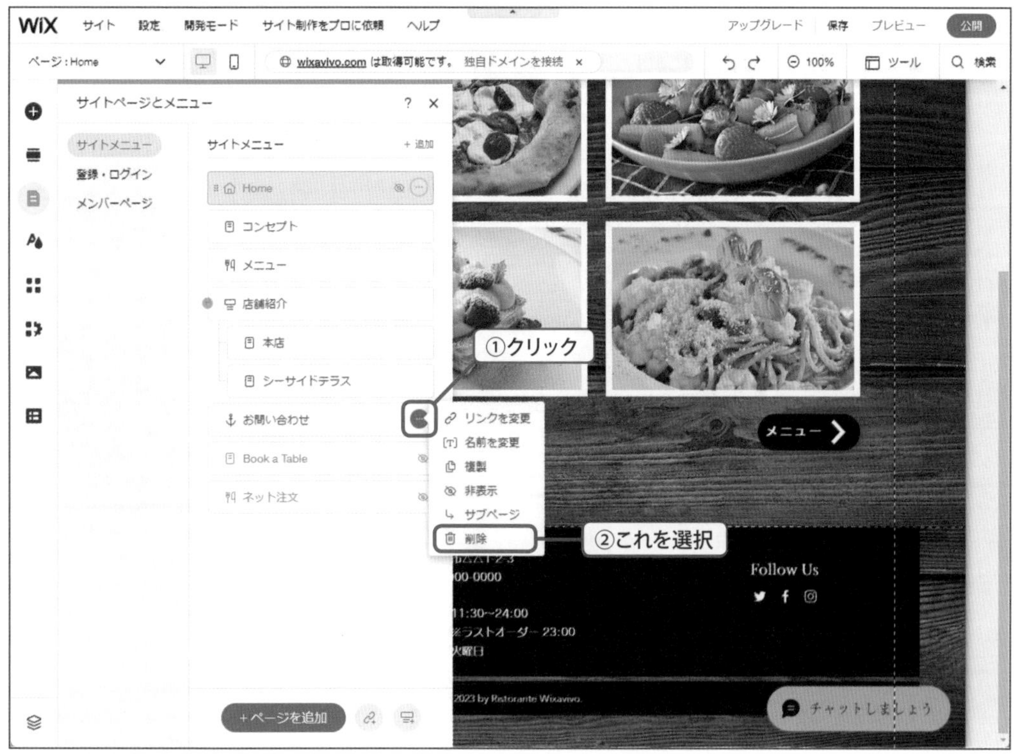

4 メニューに表示するリンクの追加

前ページで解説したように、「ページ内の特定のセクション」へ移動するリンクを「メニュー」に追加することも可能です。「メニュー」にリンクを追加するときは、以下のように操作します。

（1）［**ページ・メニュー**］のアイコンをクリックします。続いて、［**リンクを追加**］のアイコンをクリックします。

（2）リンク先を指定する画面が表示されます。「**セクションまたはアンカー**」を選択し、リンク先の**ページ**と**セクション**を指定します。

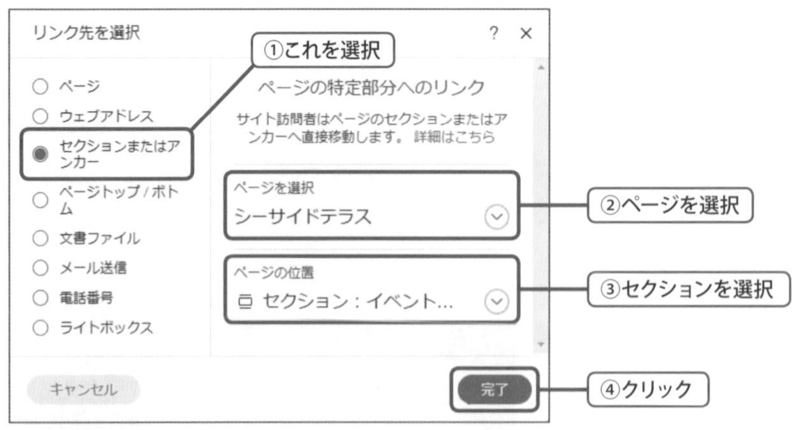

ポイント

リンク先に指定するセクションには、あらかじめ適切なセクション名を付けておく必要があります。セクション名の変更方法は、P87～88で解説しています。

（3）リンクが追加されるので、リンクの**文字を修正**し、**並び順を変更**します。

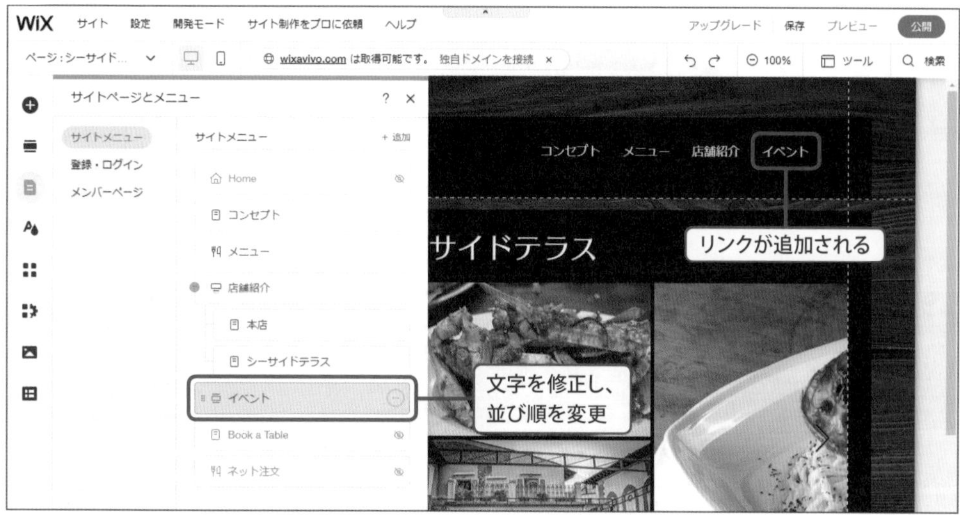

（4）画面を**プレビュー**に切り替えた後、先ほど追加したリンクをクリックすると、指定したリンク先へ移動することを確認できます。

このように、ページとの関係性が1対1になっていない「メニュー」を作成することも可能です。少しだけ複雑ですが、よく仕組みを理解しておいてください。

・「メニュー」に表示しないページ ………………… **非表示に設定**
・特定の位置へ移動するリンク ……………………… **リンクを追加**

Googleマップ

店舗やオフィスなどの所在地を地図で示したいときは、「Googleマップ」を利用すると便利です。続いては、ページに「Googleマップ」を追加する方法を紹介します。

1 Googleマップの追加と位置情報の指定

Wixには、ページ内に**Googleマップ**を手軽に追加できるパーツも用意されています。ページにGoogleマップを追加するときは、以下のように操作します。

（1）あらかじめGoogleマップを配置するためのスペースを確保しておきます。その後、［**パーツを追加**］のアイコンをクリックし、「**フォーム**」を選択します。続いて、**地図の種類を選択**し、好きなデザインの**Googleマップをドラッグ&ドロップ**します。

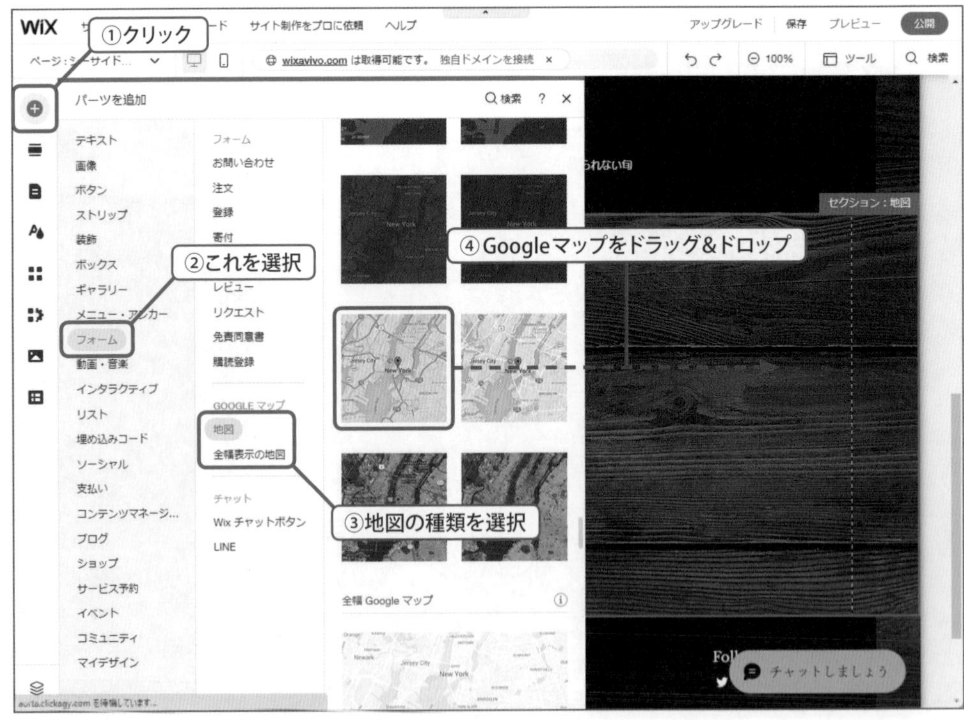

チェック

Webサイトの雰囲気に合わせて地図を表示できるように、WixのGoogleマップは40種類以上のデザイン・バリエーションが用意されています。標準的なデザインのGoogleマップは、一覧を下へスクロールしていくと見つけられます。

（2）サンフランシスコに**ピン**が刺さった地図が追加されるので、このピンの位置を修正します。［**地図を管理**］**ボタン**をクリックし、ピンで示したい場所の**住所を入力**します。

（3）ピンの位置が「指定した住所」に変更されます。続いて、**タイトルを入力**すると、それに合わせて**ピンの文字**が変更されます。

2 Googleマップの設定

ページに追加したGoogleマップは、その位置やサイズを自由に変更できます。[**ストレッチ**]のアイコンで全幅表示を指定する、[**デザインを変更**]のアイコンでデザインを指定しなおす、といった操作も行えます。

また、[**設定**]**ボタン**をクリックすると、「**Googleマップ設定**」**ダイアログ**が表示され、「初期表示の縮尺」や「訪問者が操作できる機能の有効/無効」を指定できるようになります。

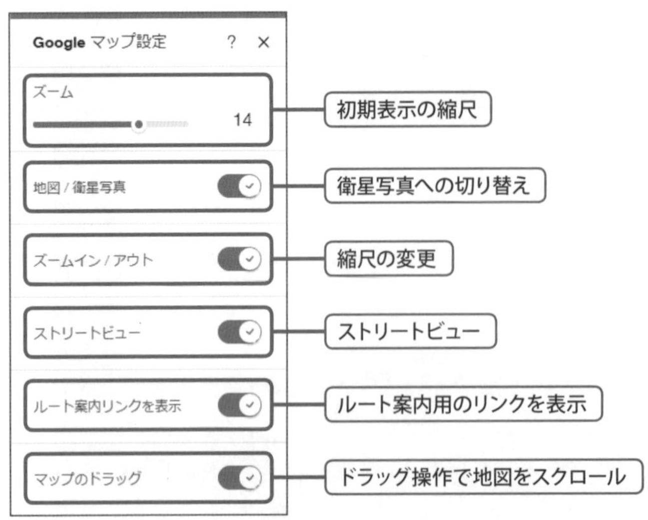

第2章 パーツの編集

動画・音楽

Wixには「動画」や「音楽」を配置するためのパーツも用意されています。この機能を使ってYouTubeの動画などをWebページ内に埋め込むことも可能です。

1 YouTubeビデオの追加

「**動画・音楽**」のパーツを利用すると、ページに動画や音楽を配置できるようになります。まずは、**YouTubeの動画**をページ内に埋め込むときの操作手順を解説します。

（1）［**パーツを追加**］のアイコンをクリックし、「**動画・音楽**」を選択します。続いて、**YouTube**の動画プレーヤーをドラッグ＆ドロップします。

ポイント

YouTubeで配信されている動画をページに埋め込むときは、その動画のURLを確認しておく必要があります。ブラウザで動画の再生ページを開き、そのURLを［Ctrl］＋［C］キーであらかじめコピーしておくとよいでしょう。

(2) ページに「動画プレーヤー」が追加されます。[**動画を変更**] **ボタン**をクリックして「**動画設定**」**ダイアログ**を開き、このプレーヤーで再生する**動画のURLを入力**します。

(3) 以上で動画の変更は完了です。四隅のハンドルをドラッグして「動画プレーヤー」のサイズを変更し、配置を調整します。

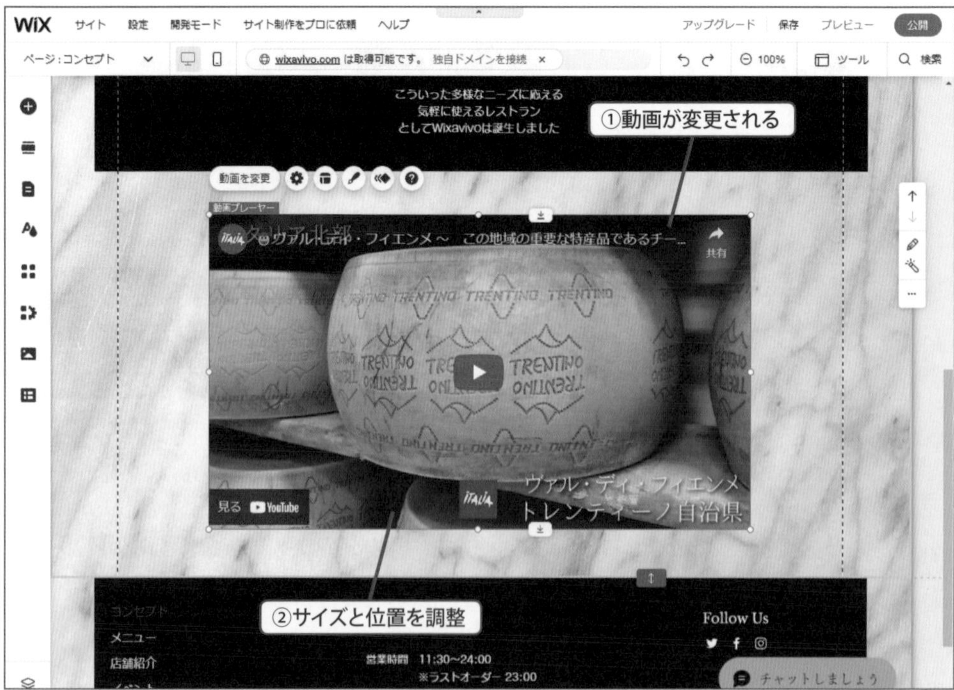

第2章 パーツの編集

なお、「動画プレーヤー」を選択して［**設定**］のアイコンをクリックすると、先ほどと同じ「**動画設定」ダイアログ**が表示されます。この画面を下へスクロールして、**自動再生**や**ループ再生**などの設定を変更することも可能です。

2 動画をアップロードして追加

自分で撮影した動画などをWebページに掲載することも可能です。この場合は「**動画ボックス**」というパーツを利用します。

(1) ［**パーツを追加**］のアイコンをクリックし、「**動画・音楽**」を選択します。続いて、「**動画ボックス**」を選択し、好きな**動画ボックスをドラッグ&ドロップ**します。

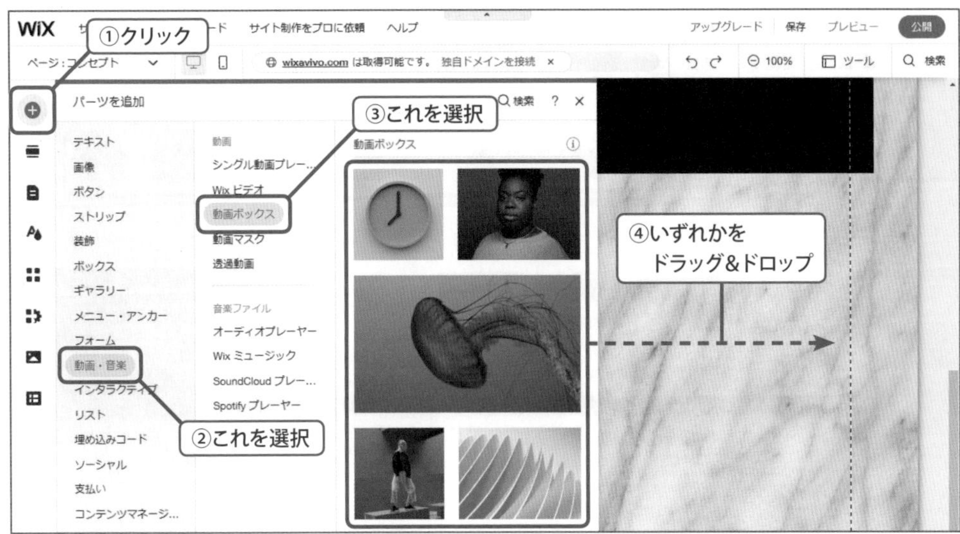

(2) ページに「**動画ボックス**」が追加されるので、[**動画を変更**] **ボタンをクリック**します。

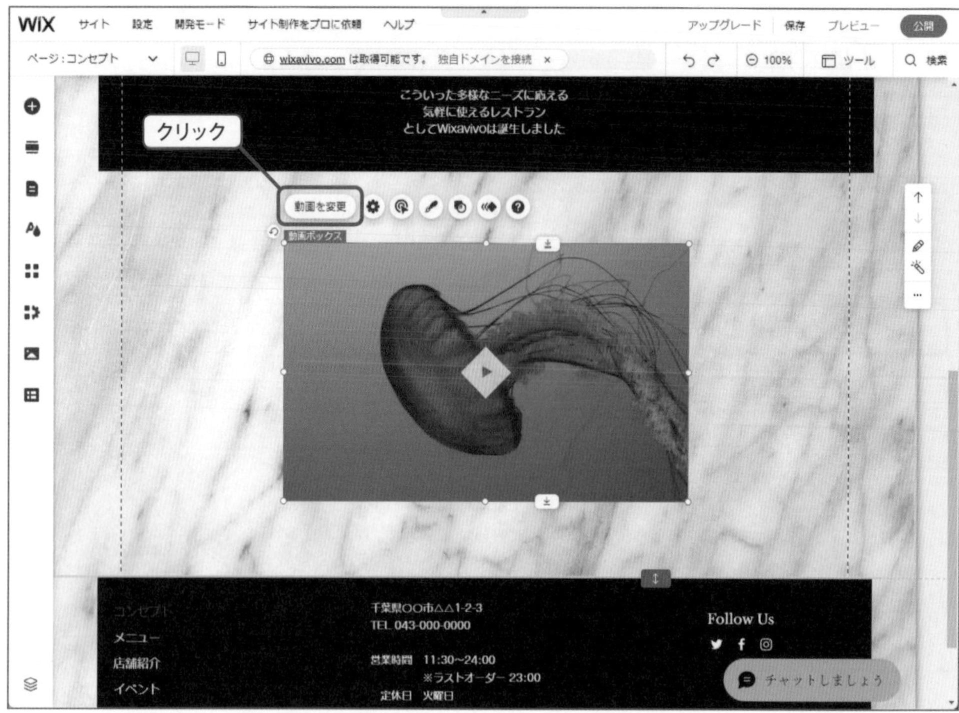

(3) ファイルの選択画面が表示されます。「**サイトファイル**」を選択し、**動画ファイルをドラッグ&ドロップ**してアップロードします。

(4) 少し待つとファイルのアップロードが完了し、画面に**動画ファイル**が表示されます。「動画ボックス」で再生する**動画ファイルを選択**し、[**ページに追加**] **ボタン**をクリックします。

(5) 以上で動画の変更は完了です。四隅のハンドルをドラッグして「動画ボックス」のサイズを変更し、配置を調整します。

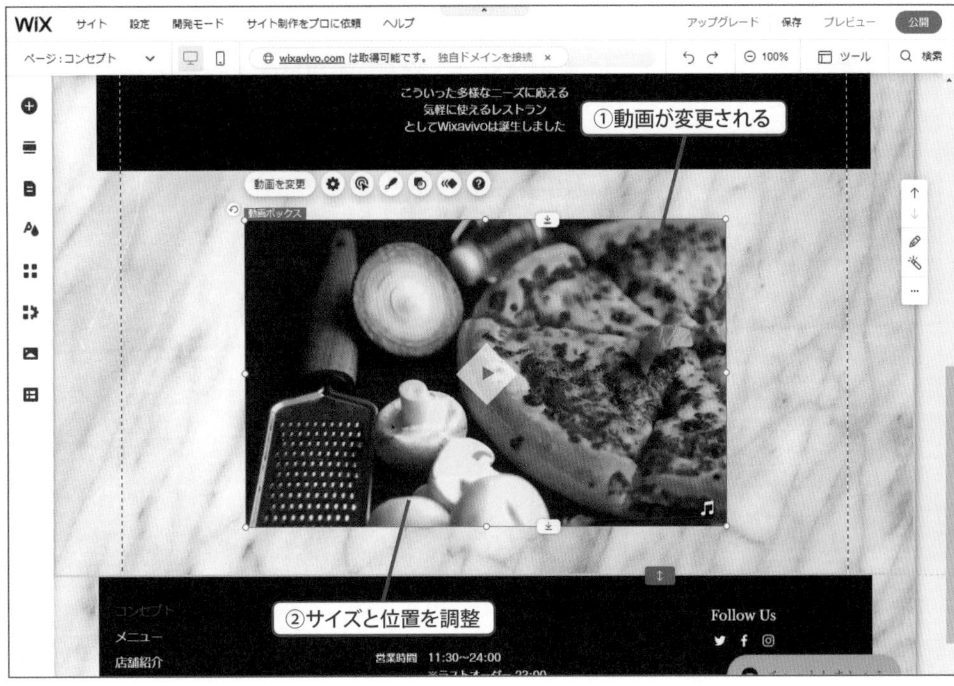

15 動画・音楽

なお、動画の再生方法などの設定は、［**アクション**］のアイコンをクリックすると変更できます。

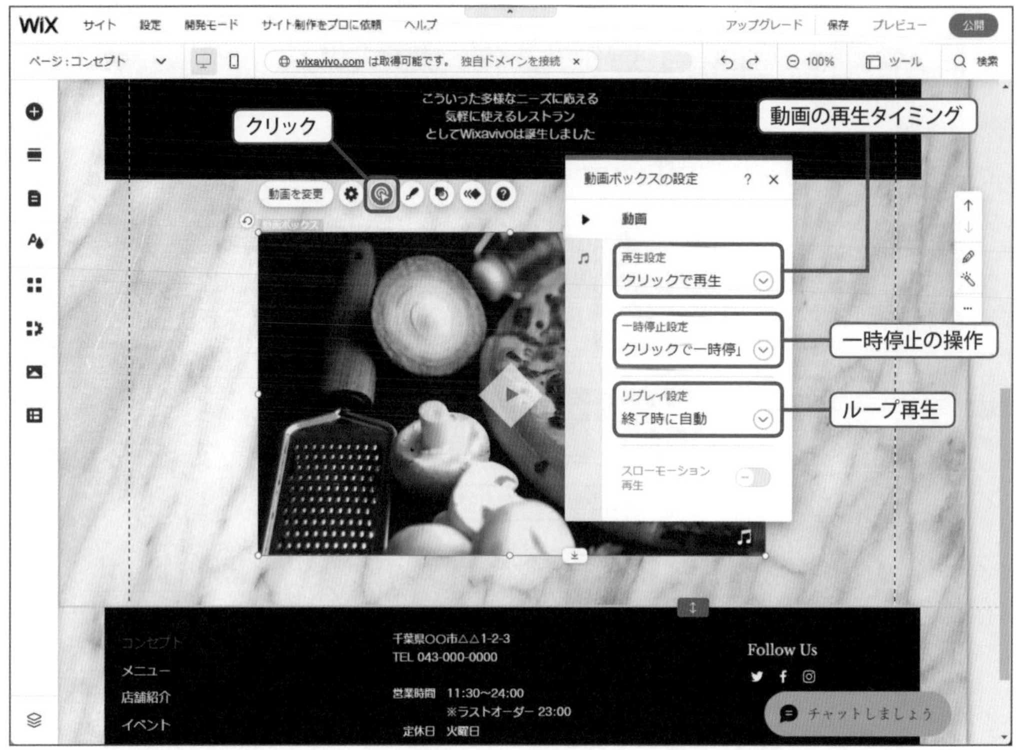

ポイント

Wixには、「チャンネルの作成」や「ライブ配信」などを行える、Wix独自の動画配信システムも用意されています。このシステムを使ってWebサイトに動画を掲載するときは、「Wixビデオ」の分類にあるパーツを利用します。1つの動画プレーヤーで「複数の動画」を再生することも可能なので、気になる方は試してみてください。

3 音楽プレーヤーの追加

Webページ上で音楽を再生できる「オーディオプレーヤー」も用意されています。音楽ファイルをページに配置するときは、「**オーディオプレーヤー**」の中から好きなデザインの**プレーヤーをドラッグ&ドロップ**します。

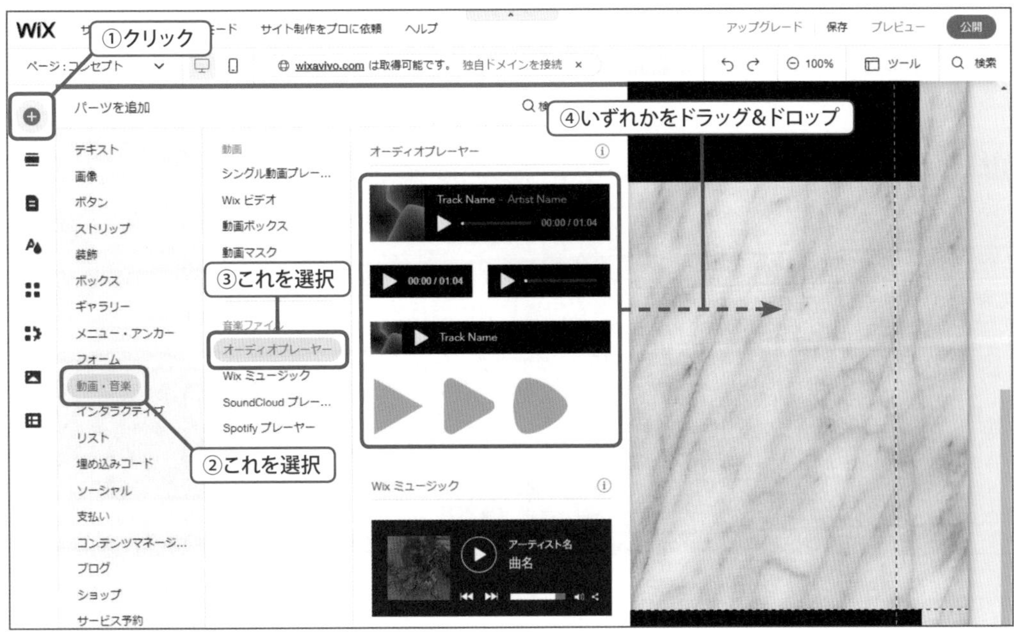

続いて、［**楽曲を変更**］**ボタン**をクリックし、音楽ファイルのアップロード、アーティスト名・曲名の変更、画像の変更などを行うと、ページ上で音楽を再生できるようになります。

16 ソーシャル（SNS）

自身のSNSへ誘導するリンクを作成したり、「いいね！」や「フォローする」といったボタンを配置したりすることも可能です。この場合は、「ソーシャル」の分類にあるパーツを利用します。

1 ソーシャルバーの追加

Webサイトから自身のSNS（TwitterやInstagram、Facebookなど）へ誘導するリンクを作成したいときは、**「ソーシャルバー」**を利用すると便利です。テンプレートによっては、フッターなどに初めから「ソーシャルバー」が配置されている場合もあります。

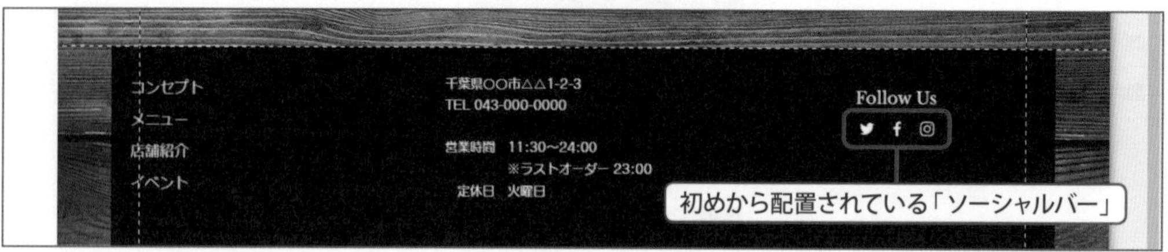

これをそのまま利用（編集）しても構いませんし、いちど削除してから別のデザインの「ソーシャルバー」を追加しても構いません。フッターなどに「ソーシャルバー」を追加するときは、以下のように操作します。

2 ソーシャルバーの編集

「ソーシャルバー」には、各SNSのアイコンがいくつか表示されています。続いては、「自身が利用しているSNS」に合わせてアイコンを追加／削除したり、リンク先を指定したりする方法を解説します。「ソーシャルバー」を選択し、［**ソーシャルリンクを設定**］**ボタン**をクリックします。

以下の図のような設定画面が表示されるので、不要なアイコンを一覧から削除します。また、この画面で各アイコンをドラッグすると、アイコンの並び順を変更できます。

［**アイコンを追加**］**ボタン**をクリックすると、以下の図のような画面が表示されます。ここでSNSの**アイコンを選択**し、［**ギャラリーに追加**］**ボタン**をクリックすると、そのアイコンを一覧に追加できます。

続いて、各アイコンの**リンク先**を自身のSNSに合わせて修正していきます。**アイコンを選択**し、「**アイコンのリンク先**」をクリックします。

リンク先を指定する画面が表示されます。「ウェブアドレス」（URL）の項目に**自身のSNSのURL**を入力し、[**完了**]**ボタン**をクリックします。

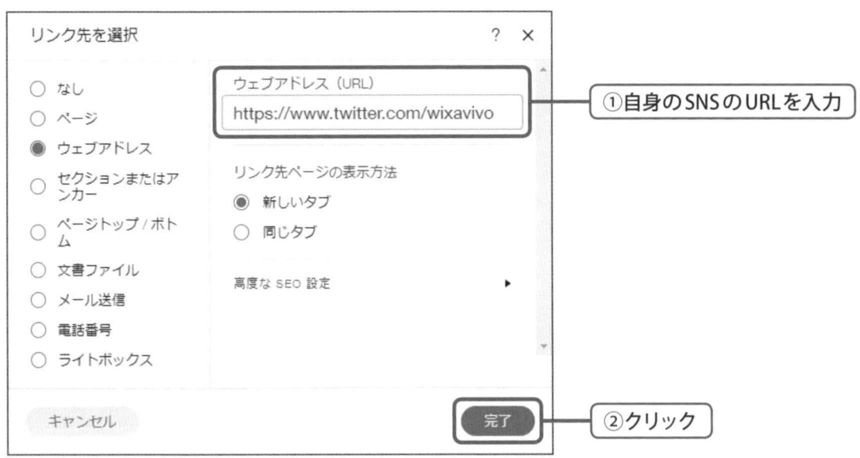

すべてのアイコンでリンク先の変更を済ませると、「ソーシャルバー」が正しいリンクとして機能するようになります。そのほか、[**レイアウト**]のアイコンをクリックして、アイコンのサイズや配置をカスタマイズすることも可能です。

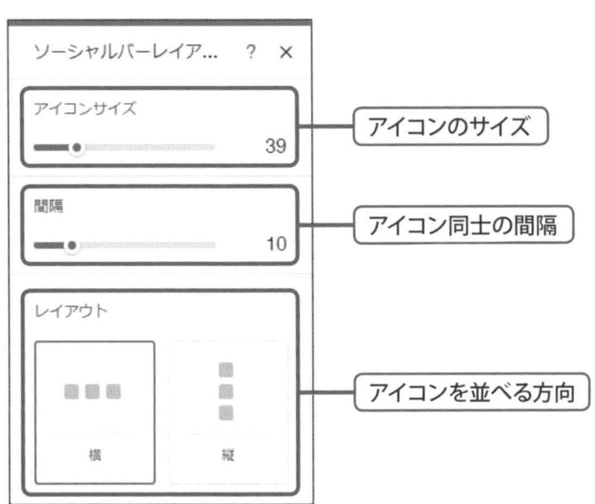

16 ソーシャル（SNS）

3 「いいね！」や「フォローする」などのボタン

「ソーシャル」の分類には、Facebookの「いいね！」やTwitterの「フォローする」などのボタンを作成するパーツも用意されています。これらのボタンも簡単な設定を済ませるだけで利用できます。以下に設定画面の例を紹介しておくので参考にしてください。

■ Facebookの「いいね！」ボタン

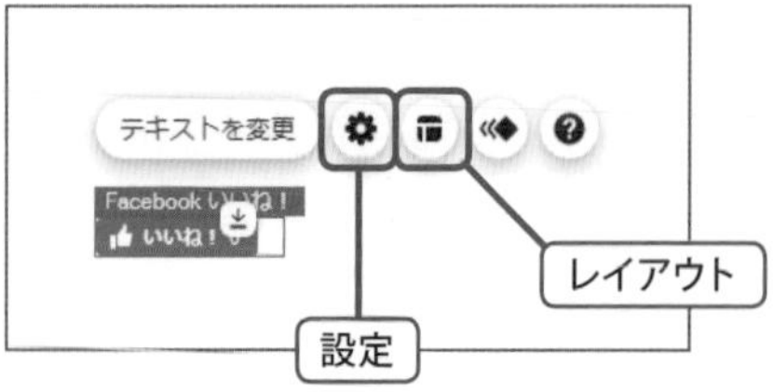

■ Twitterの「フォローする」ボタン

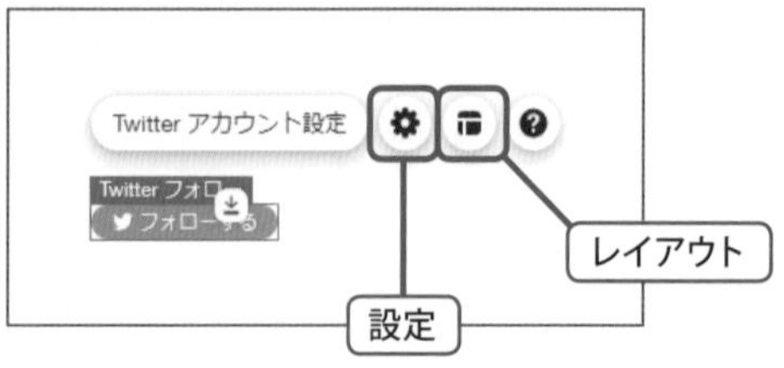

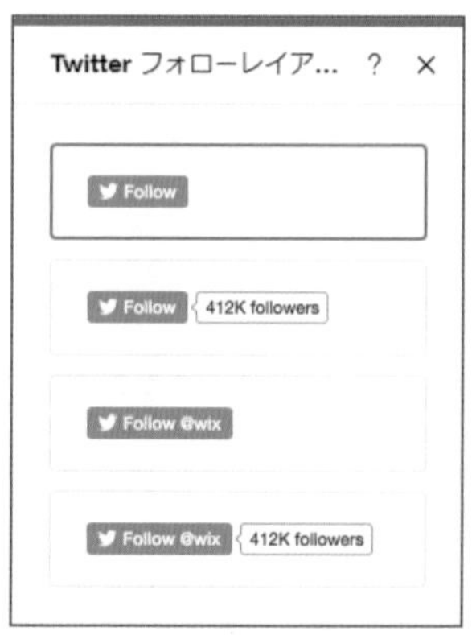

第2章 パーツの編集

リスト（リピーター）

「リスト」（リピーター）は、同じデザインのアイテムを何個も並べて配置したいときに活用できるパーツです。続いては「リスト」の使い方を解説します。

1 リストの追加

同じデザインのアイテムを何個も並べて配置したいときは、**「リスト」**の分類にあるパーツを利用すると便利です。リスト内のアイテムは自動連携するように設計されているため、各アイテムを個別にデザインしていく場合よりも効率よく作業を進められます。ページに「リスト」を追加するときは、以下のように操作します。

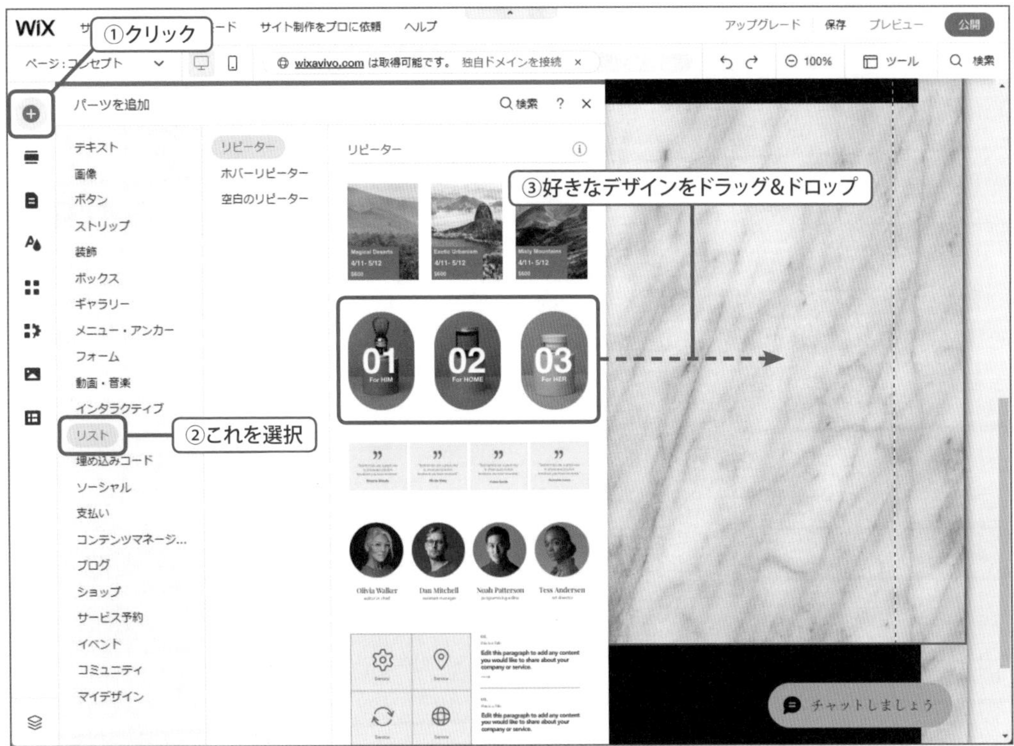

ポイント

「ホバーリピーター」の分類にあるパーツは、ホバー時（アイテムの上へマウスを移動したとき）にアニメーションなどの演出を行う設定が施されています。

2 アイテムの追加と削除

前ページで解説した手順で「リスト」を配置すると、「**リピーター**」というパーツがページに追加されます。ここには、通常3～4個のアイテムが並んでいます。このアイテムの数を増やしたり、減らしたりすることも可能です。アイテム数を変更するときは、[**アイテムを管理**] **ボタン**をクリックします。

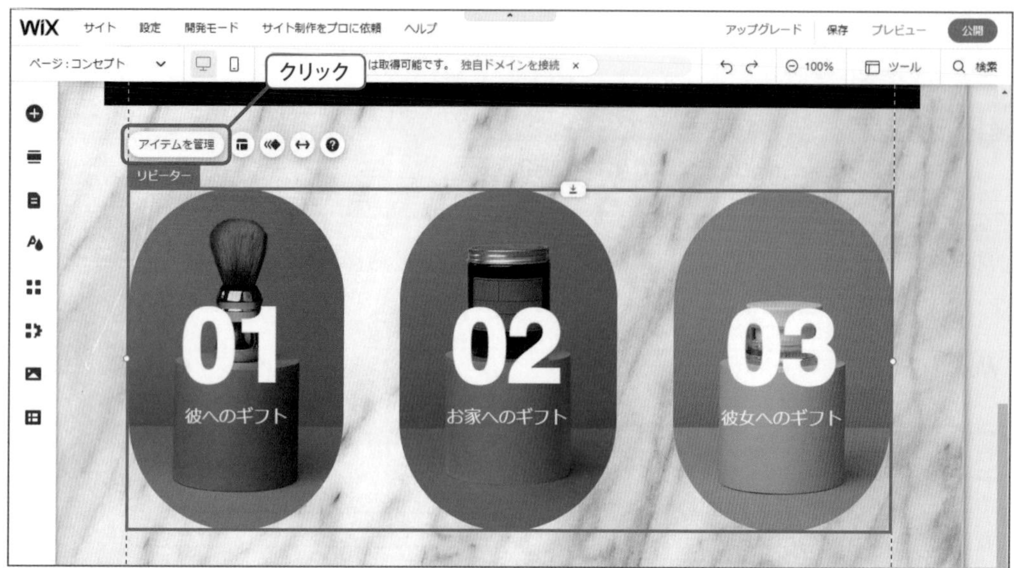

すると、「**アイテムを管理**」**ダイアログ**が表示されます。ここでアイテムを選択し、[**アイテムを複製**] **ボタン**をクリックすると、そのアイテムが複製され、アイテムの数を1つ増やすことができます。

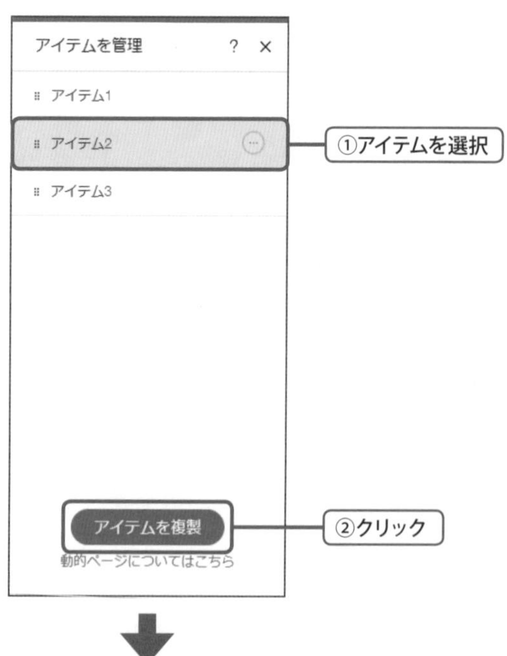

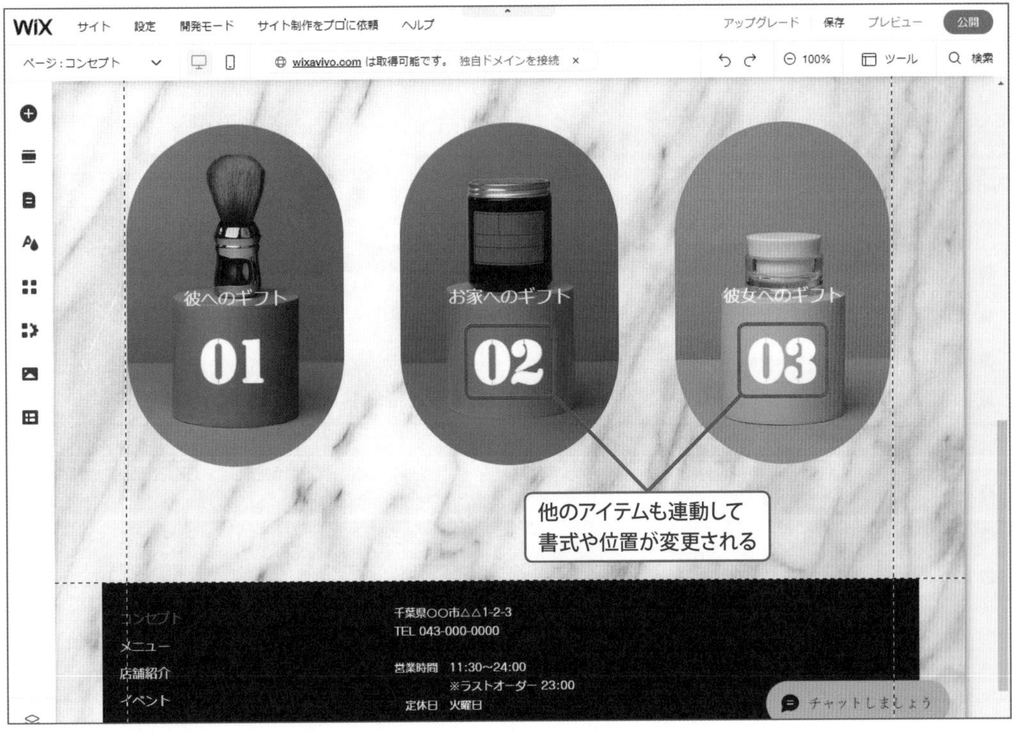

このため、1回の操作で全アイテムのデザインを変更することが可能です。ただし、**コンテナの背景**だけは、個別に変更できる仕組みになっています。背景を変更するときは、「**コンテナ**」を選択し、［**背景を変更**］**ボタン**をクリックします。

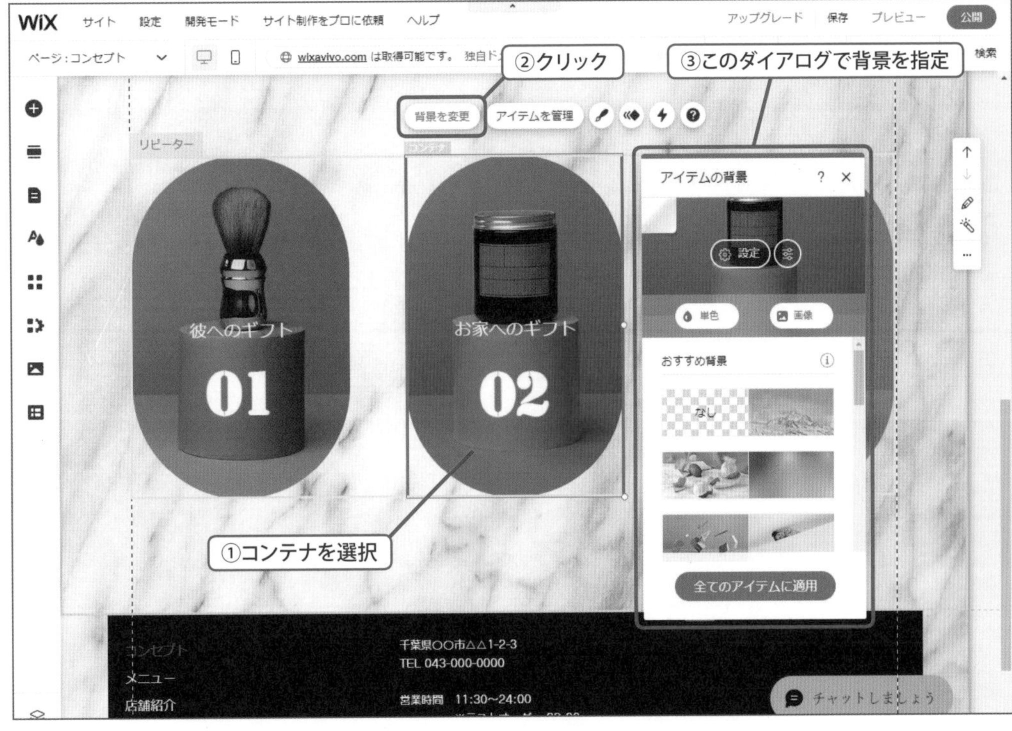

4 デザインのカスタマイズ

各コンテナのデザインをカスタマイズする機能も用意されています。この場合は、「コンテナ」を選択し、[**デザインを変更**]のアイコンをクリックします。

すると、**枠線**、**角丸**、影の書式を自由に変更できるダイアログが表示されます。

枠線の書式

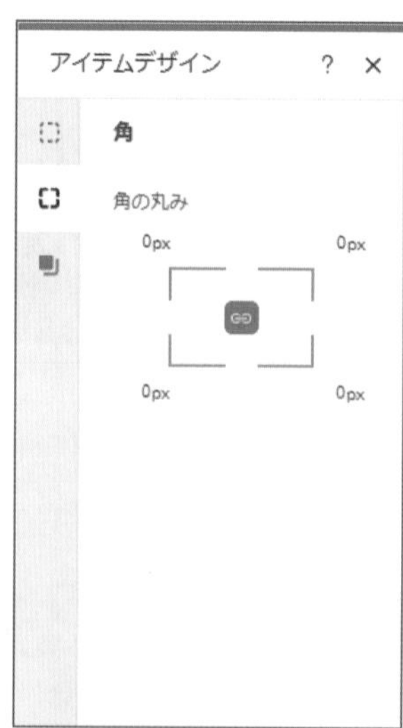

角丸の書式

影の書式

なお、これらの書式も他の「コンテナ」と連動する仕組みになっています。このため、いずれかの「コンテナ」で書式を変更すると、他の「コンテナ」にも同じ書式が自動指定されます。

5 ストレッチの指定

「リピーター」のサイズは、幅だけを自由に変更できる仕様になっています。**高さ**はアイテムの配置に応じて自動決定されるため、各自で指定することはできません。

なお、画面の幅に合わせて「リピーター」を表示する**ストレッチ**も用意されています。この機能をONにすると「リピーター」は全幅で表示されます。このとき、**左右の余白**を指定することも可能です。

6 サイズ調整とレイアウト

アイテムを追加したときに、以下の図のようにアイテムが折り返して配置される場合もあります。このような場合は、以下のような手順で編集作業を進めていくと、すべてのアイテムを横一列に並べられます。

(1)「コンテナ」を選択し、**ハンドルをドラッグ**して「コンテナ」のサイズを小さくします。

ポイント

「コンテナ」の中にある「テキスト」などが障害物となり、「コンテナ」のサイズを小さくできない場合もあります。このような場合は、先に「テキスト」などのパーツを移動してから「コンテナ」のサイズを小さくします。

(2) 他のアイテムも同じサイズに変更されます。続いて、「**リピーター**」を選択し、[**レイアウト**]のアイコンをクリックします。

（3）「**マルチレイアウト**」**ダイアログ**が表示されるので、**アイテムの間隔**を小さくします。

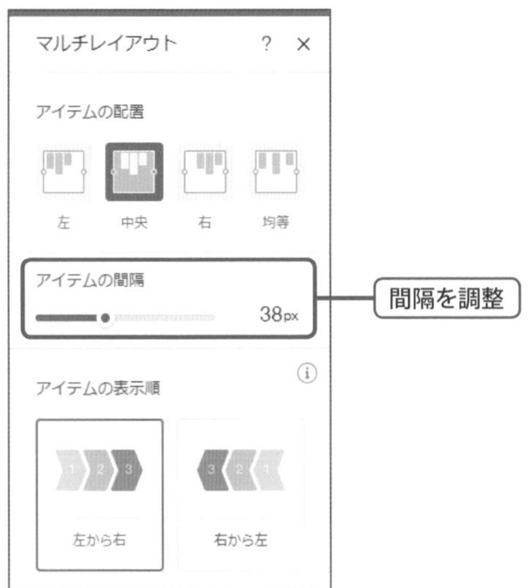

このダイアログで「アイテムの配置方法」や「表示順」を変更することも可能です。

（4）手順（1）～（3）を繰り返して、「各アイテムの幅と間隔」が「リピーターの幅」に収まるように調整すると、アイテムを横一列に並べられます。

18 インタラクティブ

「インタラクティブ」の分類にあるパーツを利用すると、スライドショーやライトボックスなどの「動きのあるコンテンツ」を作成できます。続いては、これらのパーツの作成方法を解説します。

1 インタラクティブで作成できるパーツ

Webサイトを閲覧していると、**スライドショー**や**ライトボックス**などの「動きのあるコンテンツ」をよく見かけます。このようなコンテンツをWixで作成することも可能です。

■ スライドショー

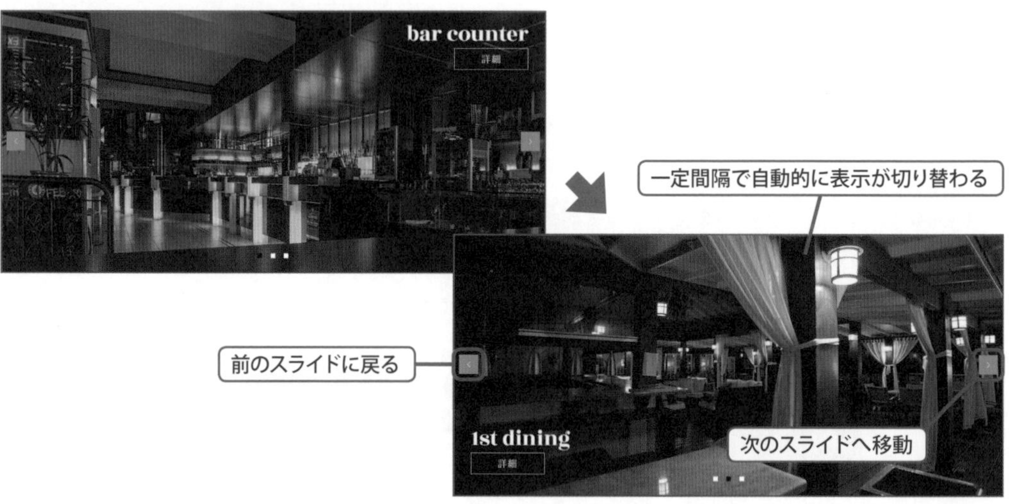

■ ライトボックス

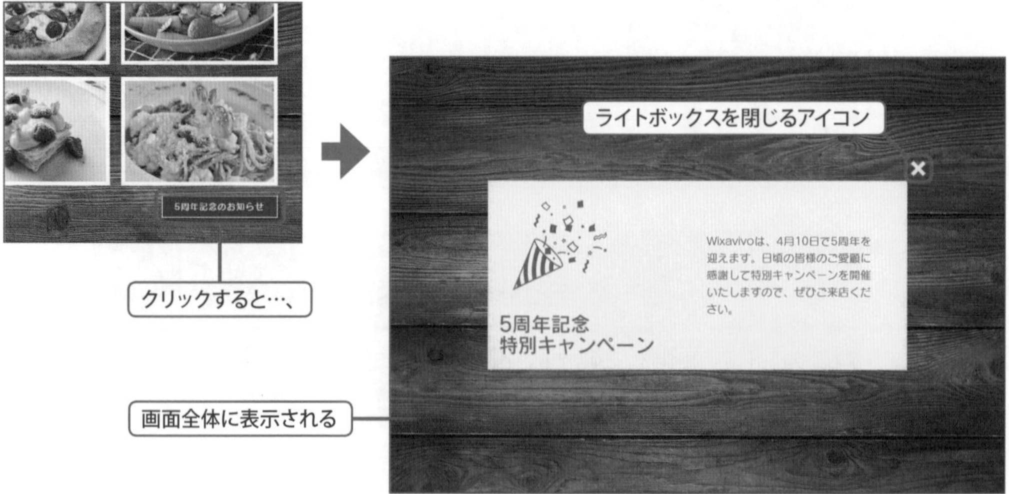

2 スライドショー

まずは、スライドを次々と表示していく**スライドショー**の作成方法を解説します。ページにスライドショーを追加するときは、以下のように操作します。

「スライドショー」のパーツには、複数枚のスライドが用意されています。最初は「1枚目のスライド」が表示されているので、これを自身のWebサイトに合わせて編集していきます。もちろん、スライド内にあるパーツを削除したり、自分で新しいパーツを追加したりしても構いません。

ここでは、以下の図のように「1枚目のスライド」を編集しました。続いて、「2枚目のスライド」を編集します。編集するスライドを切り替えるときは、スライド全体を選択し、< や > をクリックします。

「2枚目のスライド」が表示されるので、こちらも自身のWebサイトに合わせて編集していきます。

スライドの枚数を増減したり、スライドを切り替える**タイミング**などを変更したりすることも可能です。これらの設定は、以下のボタンやアイコンをクリックして指定します。

［**スライドを管理**］**ボタン**をクリックすると、以下のようなダイアログが表示されます。ここでは、スライドを複製してスライドの枚数を増やす、不要なスライドを削除する、などの**スライドの枚数**を管理する作業を行えます。

［**設定**］のアイコンをクリックすると、自動再生のON／OFF、次のスライドに切り替えるまでの時間（秒）、切り替え時のアニメーション（エフェクト）などを指定できます。

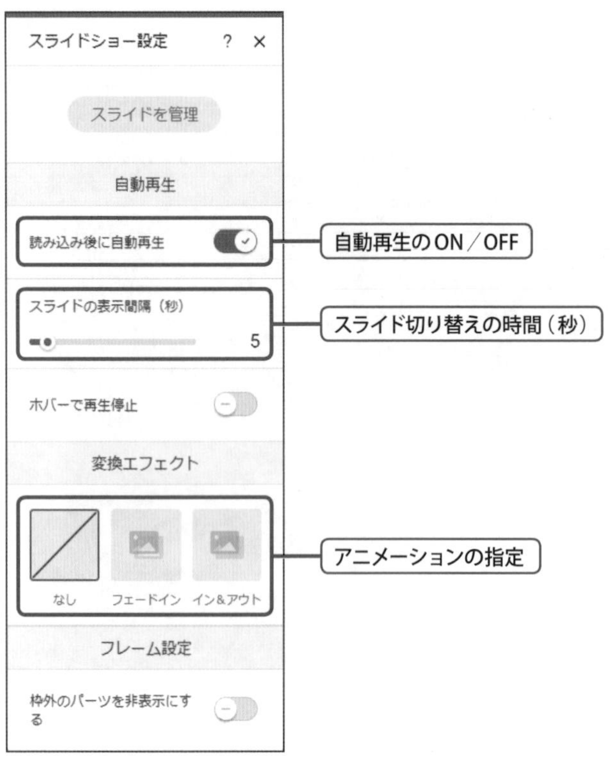

［**レイアウト**］のアイコンをクリックすると、以下のようなダイアログが表示されます。ここでは、**矢印ボタン**の表示／非表示、**スライドボタン**の配置などを指定できます（各ボタンの内容は次ページの下の図を参照）。

第2章 パーツの編集

［**デザインを変更**］のアイコンは、**矢印ボタン**や**スライドボタン**のデザイン（書式）を変更するときに利用します。

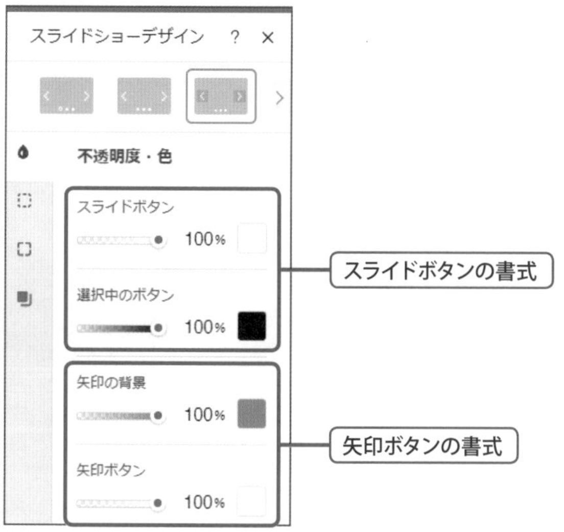

これらの設定をカスタマイズして、スライドショーの表示を以下のように変更することも可能です。

なお、「スライドショーが実際にどのように動作するか？」は、画面を**プレビュー**に切り替えると確認できます。

3 ライトボックス

画面全体にメッセージなどを表示する**ライトボックス**を作成するパーツも用意されています。Webサイトにライトボックスを追加するときは、以下のように操作します。

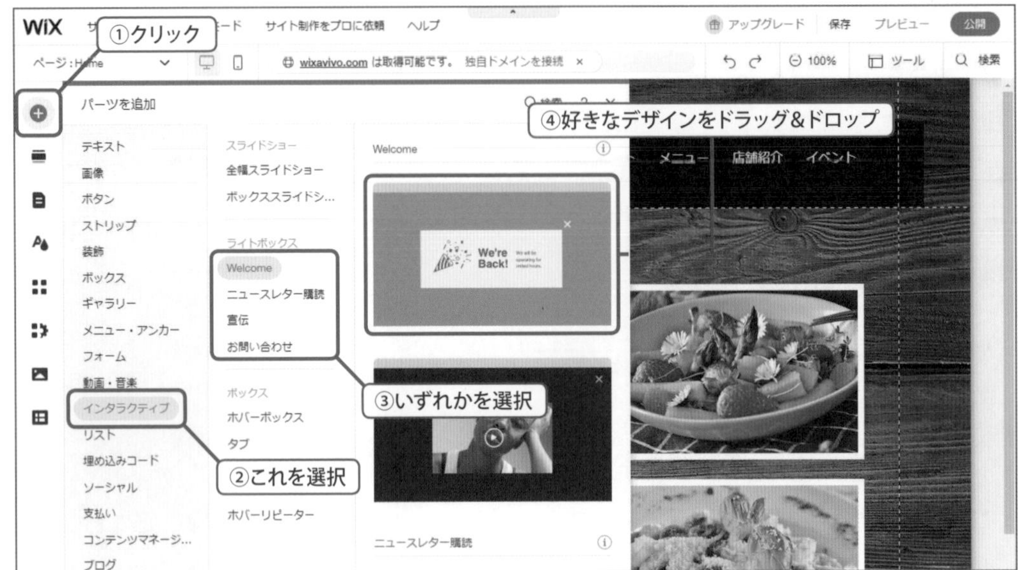

編集画面が**ライトボックスモード**に切り替わるので、「テキスト」や「画像」、「ボタン」などのパーツを自分のWebサイトに合わせて修正していきます。

ここでは、以下の図のようにライトボックスを編集しました。ライトボックスの編集が済んだら[**モードを終了**]**ボタン**をクリックし、通常の編集画面に戻ります。

念のため、ライトボックスを再編集するときの操作手順も紹介しておきます。[**ページ・メニュー**]のアイコンをクリックし、「**ライトボックス**」を選択します。すると作成済みのライトボックスが一覧表示されるので、この中から編集する**ライトボックス**をクリックします。すると、そのライトボックスの編集画面（ライドボックスモード）に切り替えられます。

続いては、作成したライトボックスの管理方法について解説します。ライトボックスの設定を変更するときは[…]をクリックし、「**設定**」を選択します。なお、ここで「**削除**」を選択すると、そのライトボックスを削除できます。

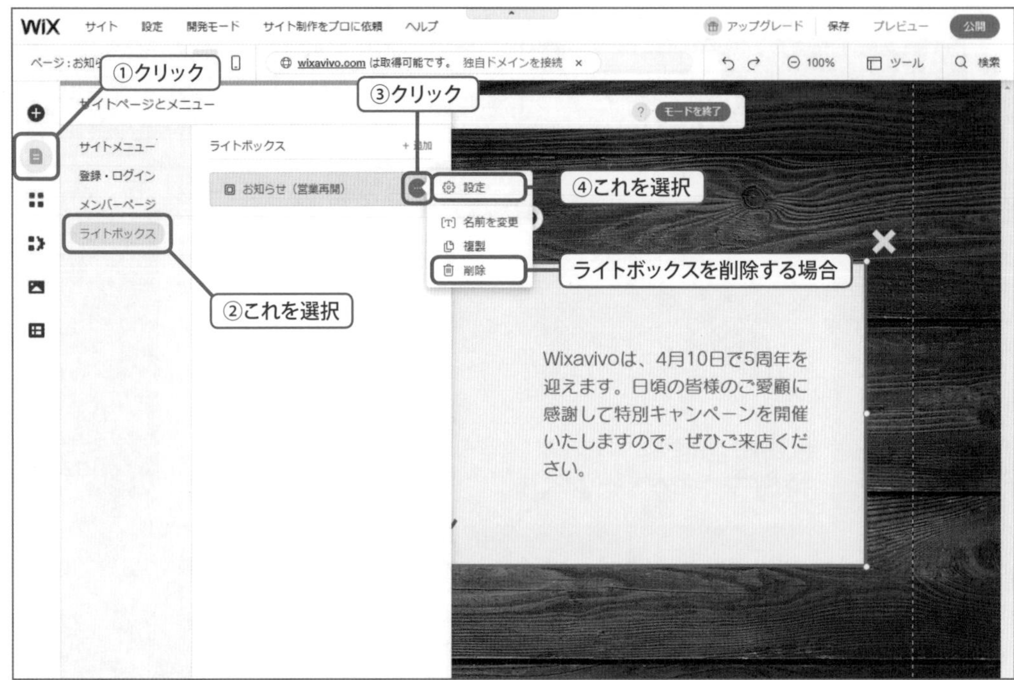

「**ライトボックスの設定」ダイアログ**が表示されるので、ライトボックスの名前、表示タイミング、ライトボックスを閉じる方法を指定します。

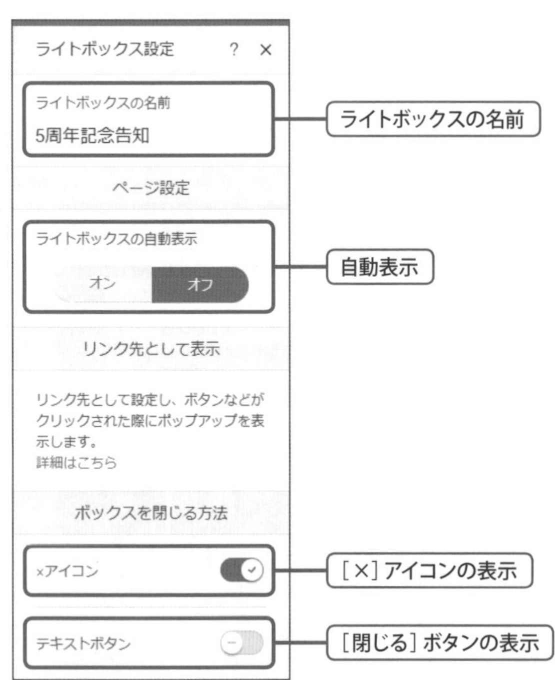

自動表示をオンにした場合は、「どのページに移動したときにライトボックスを表示するか？」を指定しておく必要があります。

自動表示をオフにした場合は、ライトボックスを表示するためのリンクを「テキスト」や「ボタン」などのパーツで作成しておく必要があります。

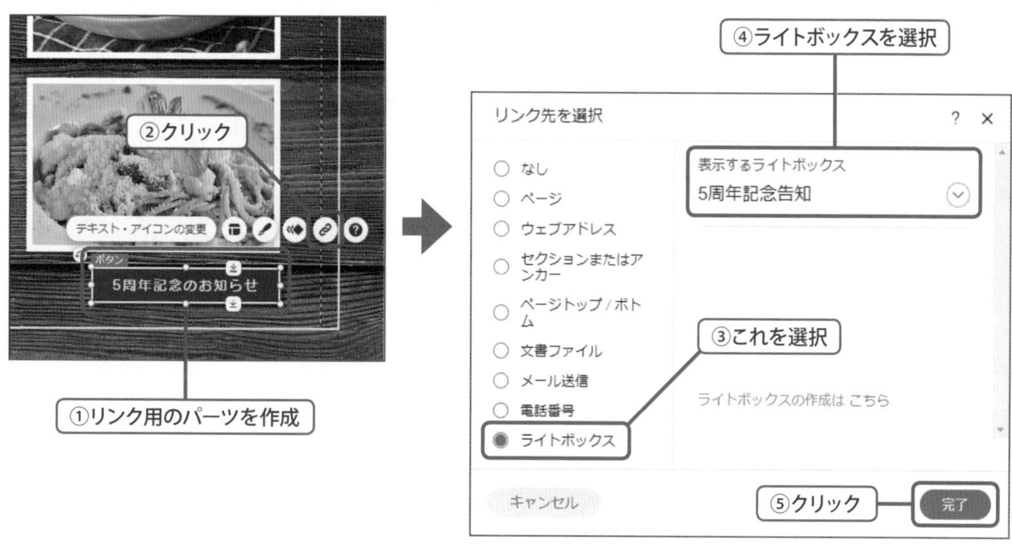

これらの設定を済ませたら**ライトボックスモードを終了**します。続いて、画面を**プレビュー**に切り替えると、ライトボックスが動作する様子を確認できます。

4 ホバーボックス

「インタラクティブ」の「**ホバーボックス**」の分類にあるパーツは、マウスの移動（ホバー）に応じて表示内容を変化させるパーツを作成するときに利用します。

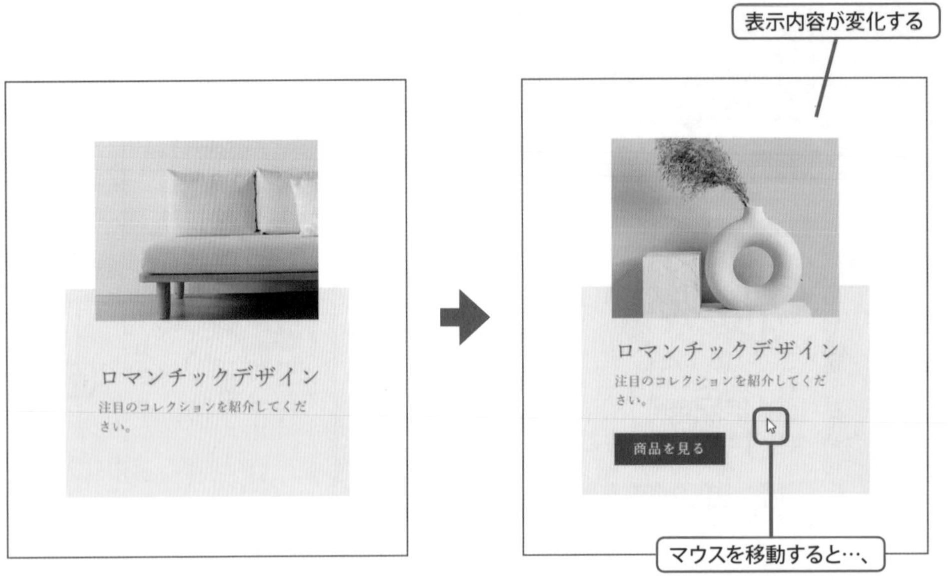

それぞれの表示内容は、パーツの左上にあるタブを切り替えて編集します。ホバー時の編集画面では、**エフェクト**や**時間調整**などを指定することも可能です。

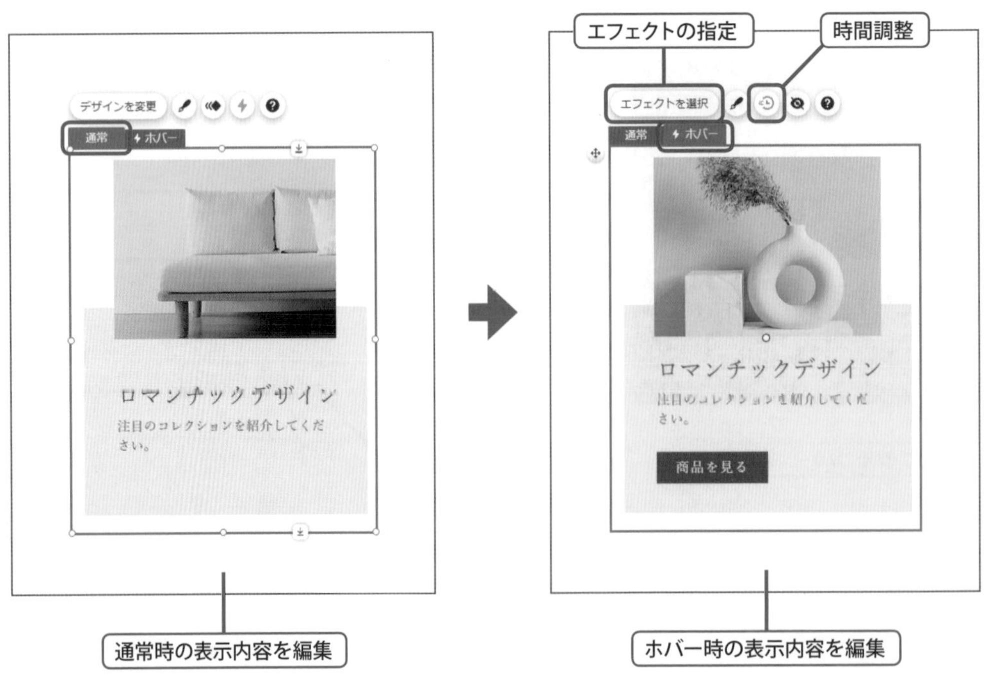

5 タブ

「インタラクティブ」の「**タブ**」の分類にあるパーツは、選択したタブに応じて表示内容が変化するパーツを作成するときに利用します。

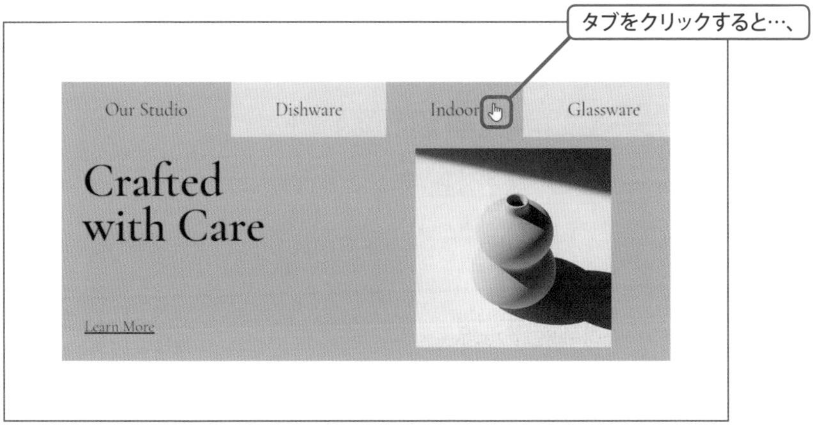

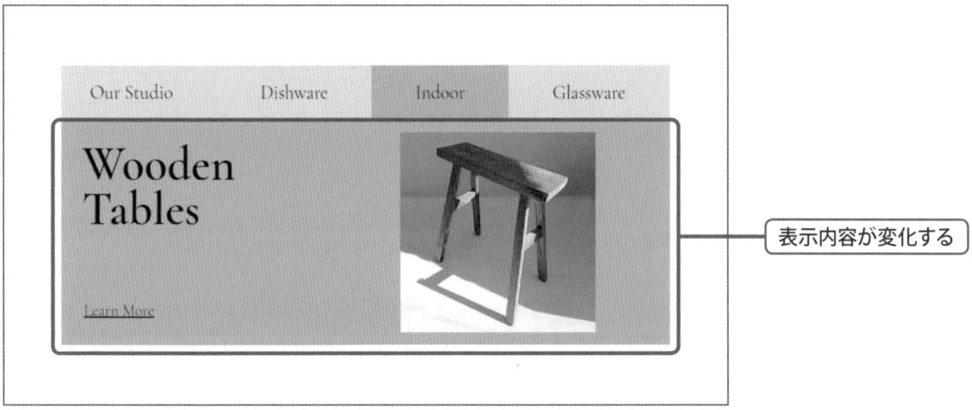

タブをクリックすると…、

表示内容が変化する

それぞれの表示内容は、パーツの左上にあるセレクトボックスを切り替えて編集します。

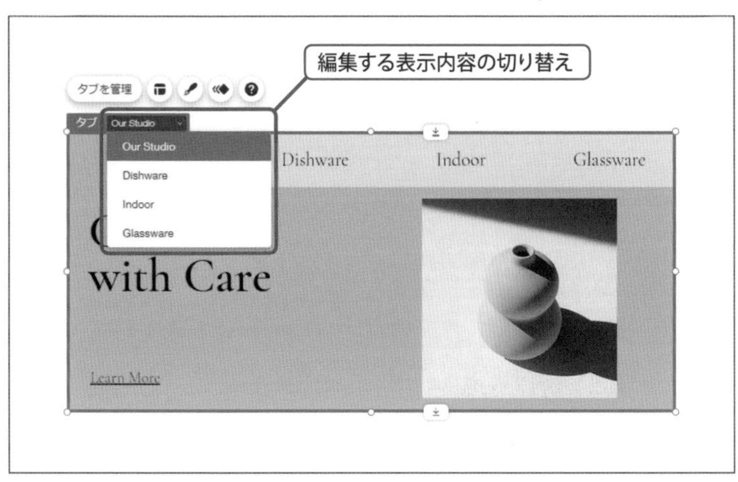

また、［**タブを管理**］**ボタン**をクリックして「タブの数」や「各タブの名前」を変更することも可能です。

第3章

Wixアプリの活用

Wixには、特定の機能を実現する「アプリ」が用意されています。アプリを活用することで、訪問者からの問い合わせを受け付ける「フォーム」を作成したり、Webサイト内に「ブログ」を開設したりすることが可能となります。続いては、Wixアプリの使い方を紹介します。

アプリの基本操作

フォームやブログ、レストランメニューの作成、ショップ機能など、Wixには特定の機能を実現するアプリが豊富に用意されています。まずは、アプリの基本操作について解説します。

1 使用しているアプリの確認方法

Wixでは、Webサイトで活用できる「さまざまな機能」が**アプリ**という形で提供されています。これらを使って、よりインタラクティブ（双方向型）なWebサイトを構築することも可能です。

アプリは自分で追加（インストール）して使用するのが基本ですが、知らないうちにアプリが自動インストールされている場合もあります。実は、P122～131で紹介した「**ギャラリー**」も「**Wixプロギャラリー**」というアプリにより機能が実現されています。

現時点でWebサイトに追加（インストール）されているアプリは、以下のように操作すると確認できます。

2 アプリの追加

自身のWebサイトに**新しいアプリを追加**することも可能です。アプリを追加するときは、以下のように操作します。

（1）［**アプリ**］のアイコンをクリックし、**キーワード**または**カテゴリ**でアプリを検索します。

（2）該当するアプリが一覧表示されるので、気になる**アプリをクリック**します。

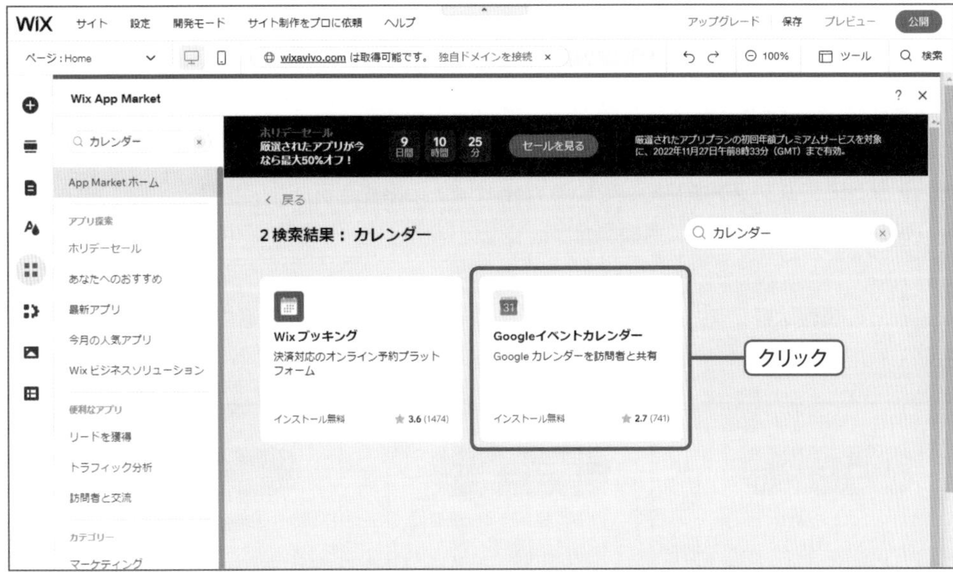

（3）そのアプリの詳細が表示されます。［**サイトに追加**］**ボタン**をクリックすると、そのアプリを自身のWebサイトに追加できます。

※ アプリの詳細が英語で表示される場合もあります。

アプリを追加すると、現在のページに「アプリのパーツ」が配置され（※）、そのアプリの機能を使用できるようになります。ただし、使い方はアプリ毎に異なるため、必ずしも誰でもすぐに使えるとは限りません。

※ アプリによっては、「パーツ」ではなく「アプリのページ」が追加される場合もあります。

また、有料のアプリがあることにも注意しなければなりません。アプリは大きく分けて以下の3種類に分類できます。

- ・**無料**で使えるアプリ
- ・**プレミアムプランを契約**しているWebサイトのみ使用可能なアプリ
- ・使用するために別途、**月額料金**が必要なアプリ

これらの情報は各アプリの詳細画面に記されています。アプリを追加する前に、よく確認しておいてください。

3 アプリの削除

Webサイトに追加（インストール）されているアプリのうち、使う予定がないものは削除しても構いません。たとえば、Webサイトの右下に「**チャットしましょう**」というボタンが配置されている場合もあります。これは「**Wixチャット**」というアプリにより自動追加されたパーツで、訪問者とリアルタイムにチャット（文字の会話）するための機能となります。

ただし、チャット機能を実際に活用するには、24時間365日、チャットに対応できる人員を確保しておく必要があります。チャットの受付時間を制限することも可能ですが、そのためには**Ascendプラン**にアップグレードする必要があります。よって、実際にはチャット機能を活用できない（対応できない）というケースが少なくありません。このような場合は、「Wixチャット」のアプリを削除しても構いません。

チェック

「Wixチャット」のアプリを削除すると、右下に表示されていた「チャットしましょう」のボタンも一緒に削除されます。「Wixチャット」を再インストールすると、再び「チャットしましょう」のボタンが表示され、チャット機能を使用できるようになります。

Webサイトから**アプリを削除**するときは、P178に示した手順で「**アプリの管理画面**」を開き、不要なアプリの[…]をクリックして「**削除**」を選択します。

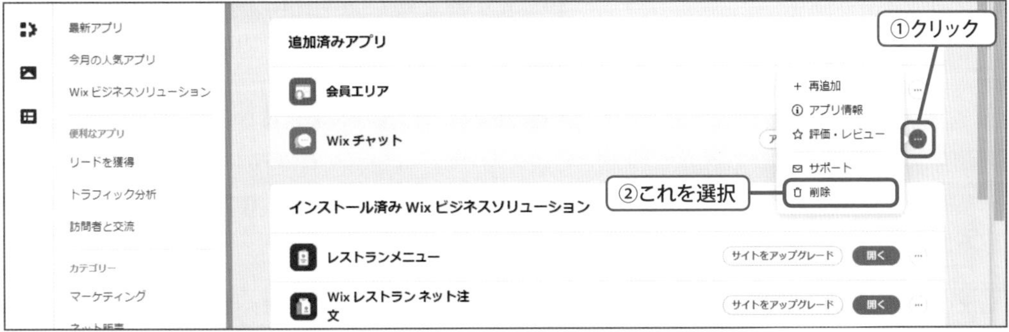

続いて、**アプリを削除する理由**を選択し、［**アプリを削除**］ボタンをクリックします。

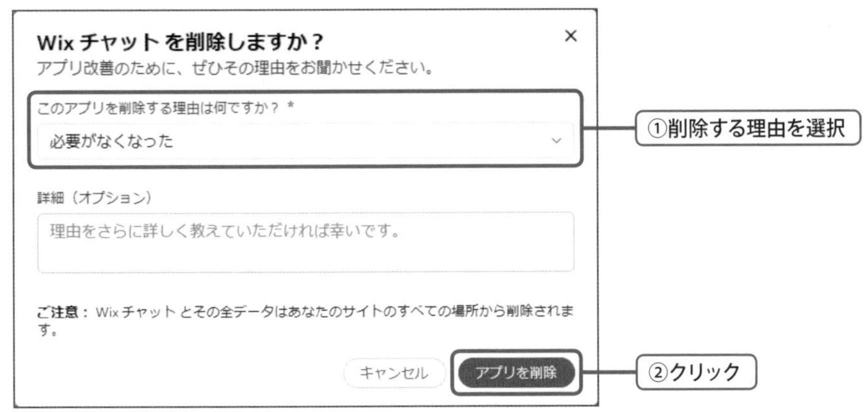

レストランメニュー

「レストランメニュー」は、レストランなどのメニューページを作成・管理できるアプリです。商品名と商品写真、価格、説明文で構成されるページを手軽に作成できるため、レストラン以外のWebサイトで商品の一覧を作成する場合にも応用できます。

1 レストランメニューの追加

サイトの種類に「レストラン」を指定してWebサイトを準備した場合は、**「Menu」**や**「Menus」**という名前のページが作成されているのが一般的です。このページは**「レストランメニュー」**というアプリにより作成されたページです。すでに**ページ名**を変更している場合は、🍴のアイコン表示を参考にしながら確認してみてください。

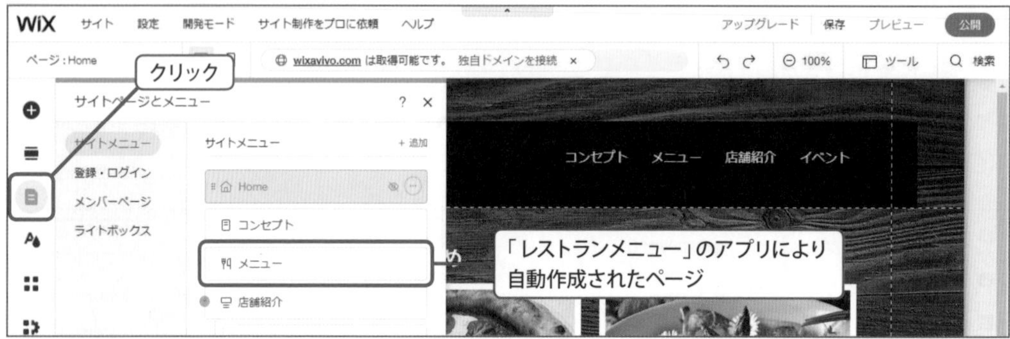

該当するページが見つからないときは、P179〜180に示した手順で**「レストランメニュー」のアプリを追加**すると、Webサイトに「menus」のページを追加できます。

⚠ 注意

レストランメニューのページを削除してしまった場合は、いちど「レストランメニュー」のアプリを削除した後、もういちど「レストランメニュー」のアプリを再インストールすると、「Menus」のページを追加できます。

2 メニューの管理画面の操作

それでは、「レストランメニュー」のアプリの使い方を解説していきましょう。Webサイトの編集画面で「レストランメニューのページ」を選択すると、現在のページ状況が表示されます。

このページに「テキスト」などのパーツが配置されている場合もあります。これらは通常のパーツなので、これまでに解説してきた方法と同じ手順で編集できます。不要な場合は削除しても構いません。

「レストランメニュー」のアプリにより作成されている部分は、「Menus」という名前のパーツで表示されています。このパーツを選択し、[**メニューを管理**]**ボタン**をクリックします。

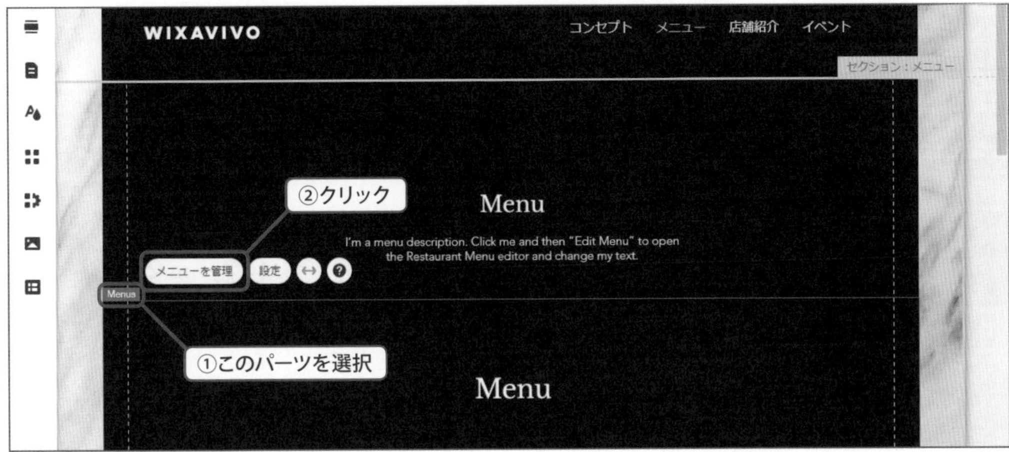

ダッシューボードが開き、**レストランメニューの管理画面**が表示されます。最初は「Menu」などの名前で**メインカテゴリー**が表示されています。これをクリックします。

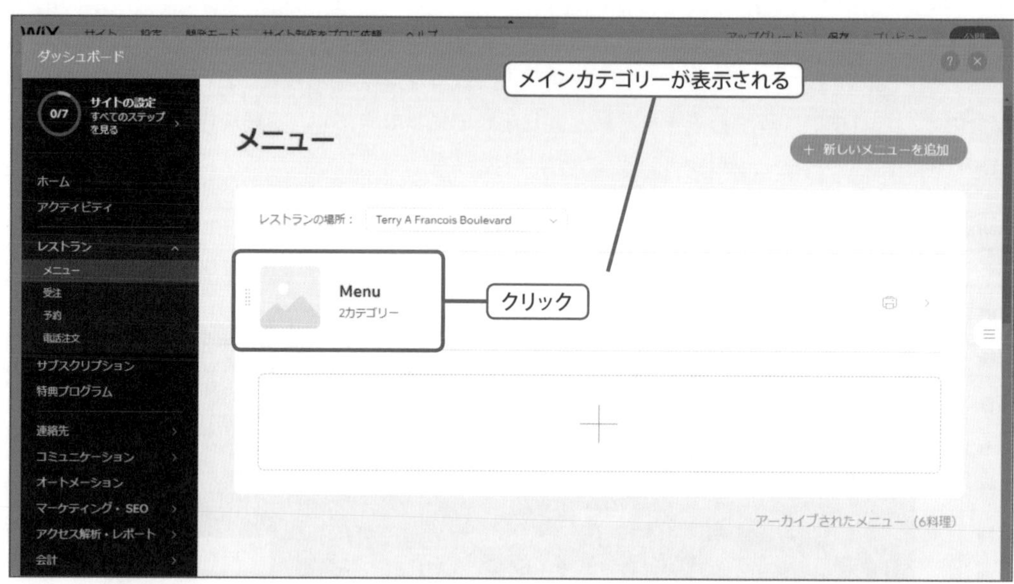

チェック

「レストランの場所」に表示されている文字は、住所の登録情報と連動しています。ダッシューボードで住所の情報（場所の名称）を修正すると、好きな文字に変更できます（詳しくはP244～246を参照）。

その中に含まれる**サブカテゴリー**が一覧表示されます。続いて、サブカテゴリーの名前をクリックします。

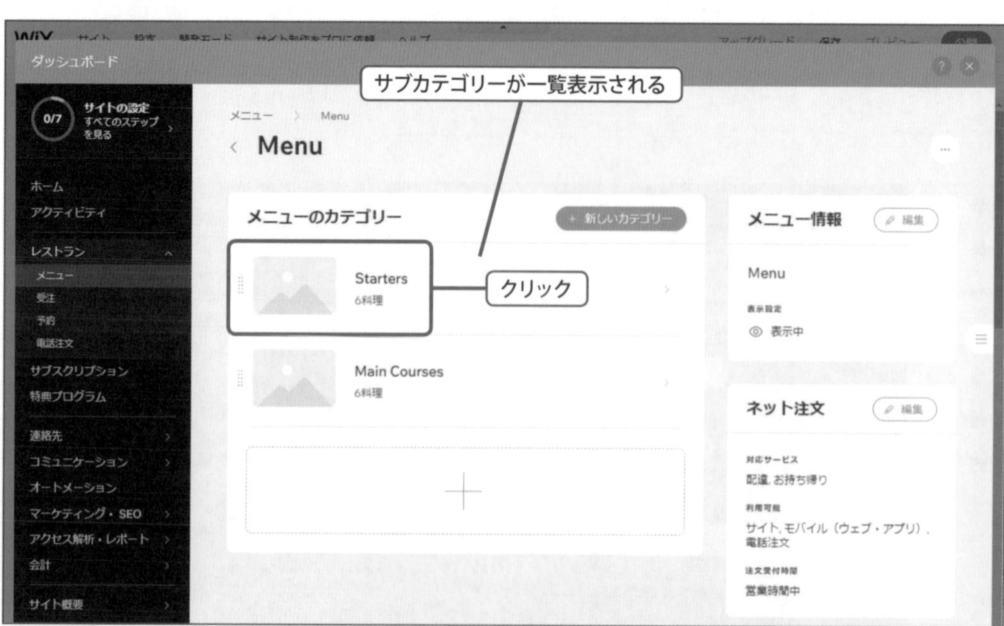

サブカテゴリー内に登録されている**料理**が一覧表示されます。最初は、いくつかのサンプルが登録されているはずです。これを自身のWebサイトに合わせて修正していくと、正しいメニューページに仕上げることができます。

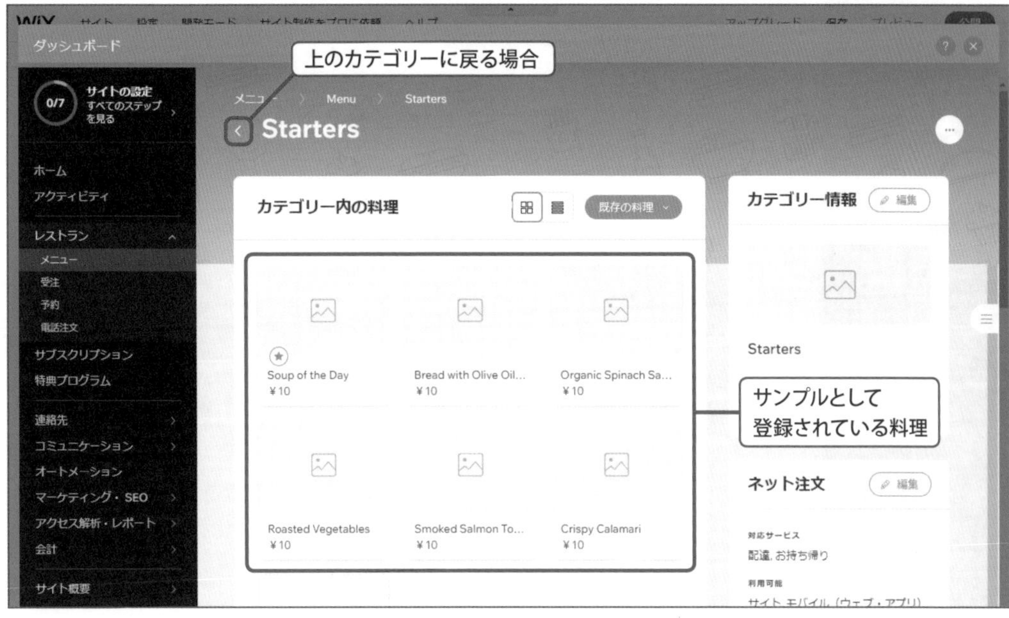

3 カテゴリーの管理

料理の編集方法を解説する前に、**カテゴリー名**を修正したり、**カテゴリーを追加**／**削除**したりする方法を解説しておきます。

カテゴリー名は、そのカテゴリー内へ移動した後の画面で修正する仕組みになっています。たとえば、メインカテゴリーの名前を変更するときは、サブカテゴリーの一覧画面へ移動する必要があります。

続いて、画面右上の「**メニュー情報**」の項目にある［**編集**］**ボタン**をクリックします。

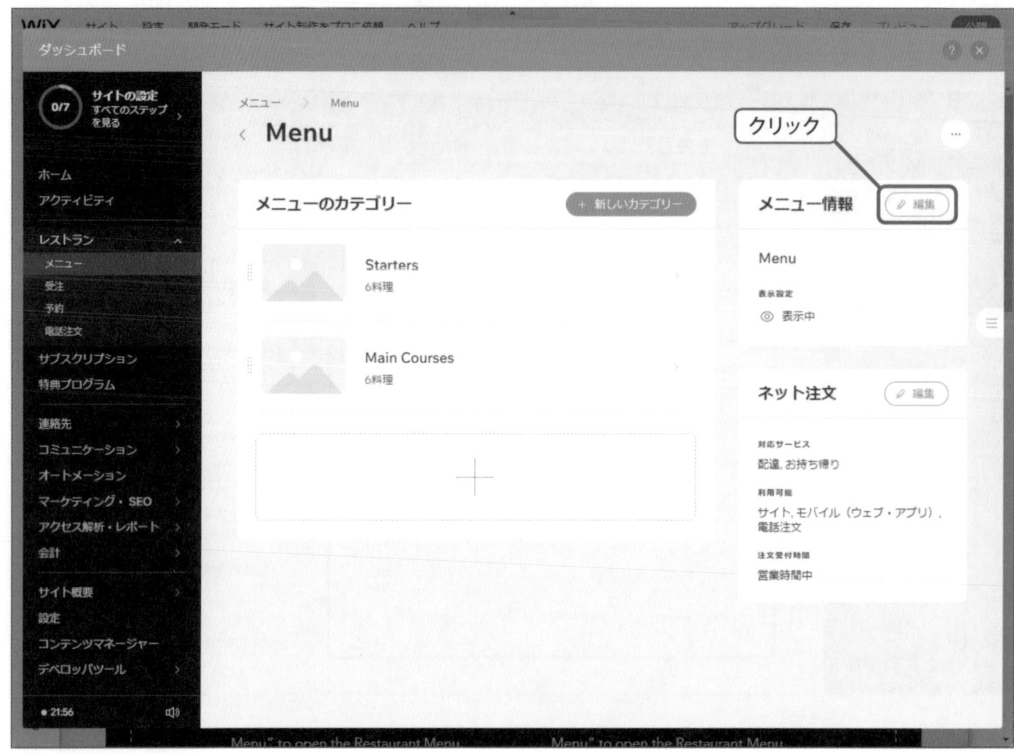

カテゴリーの情報を編集する画面が表示されるので、名前の文字を変更し、［**保存**］**ボタン**をクリックします。このとき、そのカテゴリーの説明文を「詳細」に入力することも可能です。

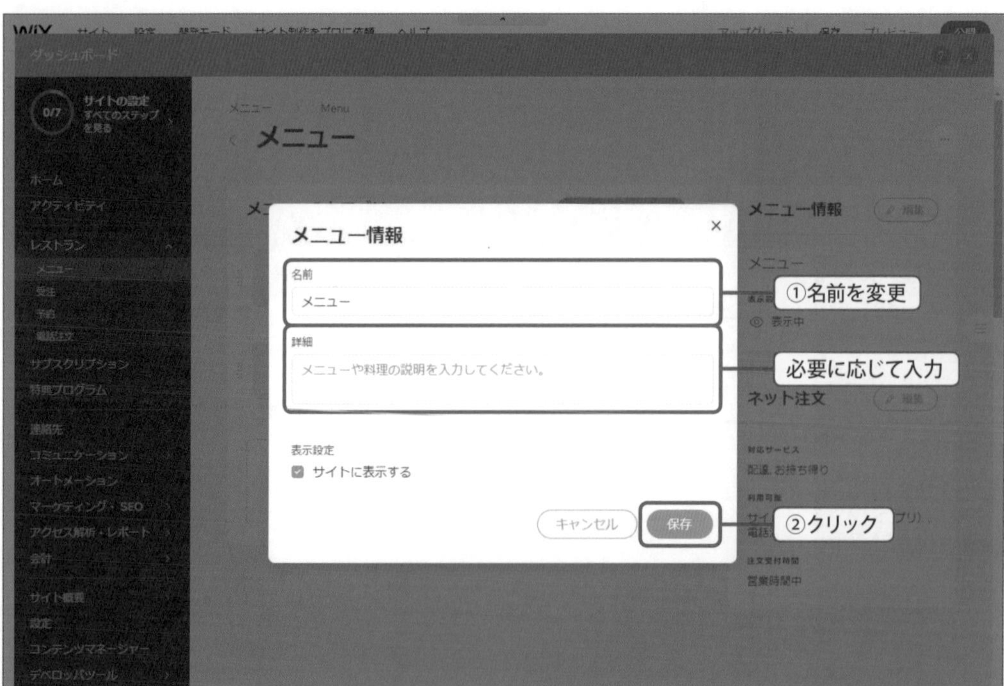

第3章 Wixアプリの活用

同様に、サブカテゴリーの名前を変更するときは、料理の一覧画面へ移動してから名前の変更作業を行います。

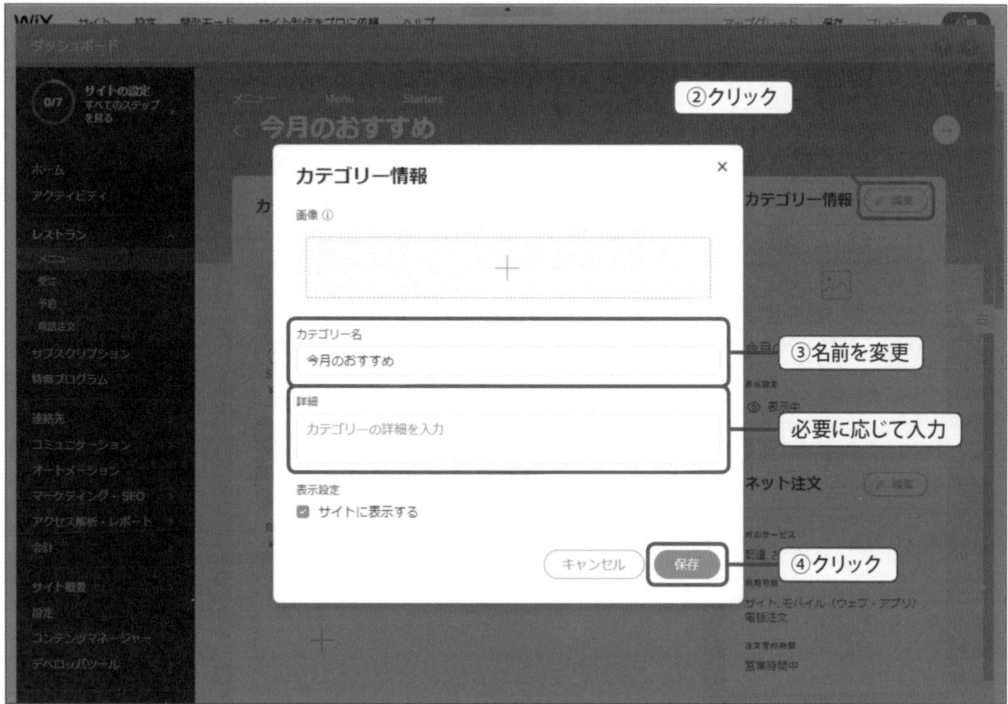

もちろん、新たに**カテゴリーを作成**することも可能です。この場合は、各画面にある「＋」をクリックし、カテゴリーの名前などを入力します。

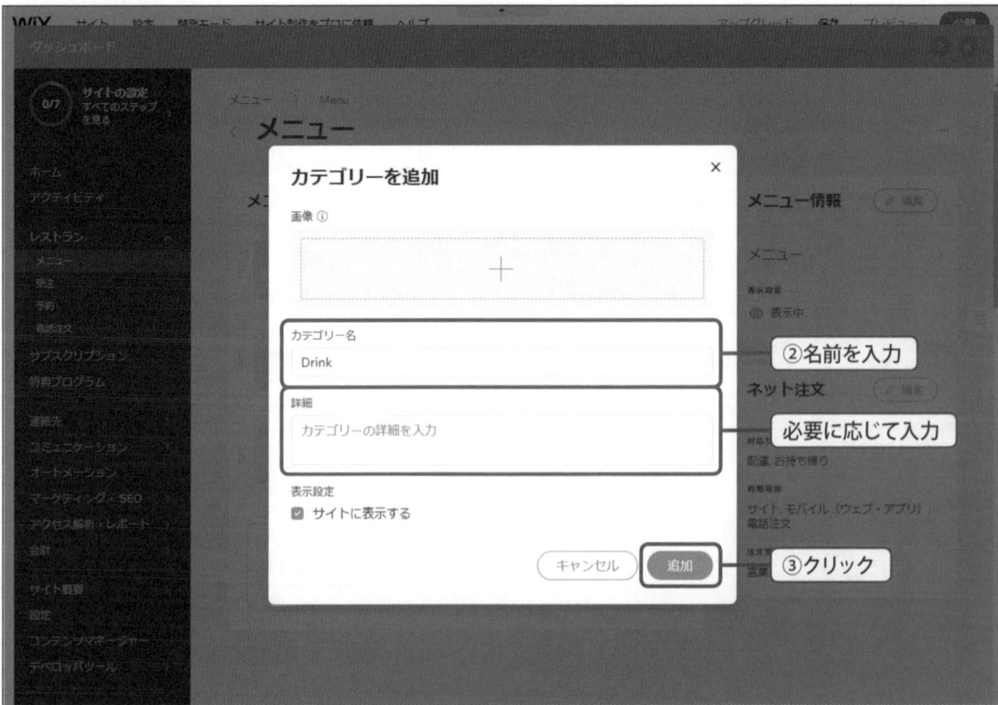

カテゴリーの並び順を変更することも可能です。並び順を変更するときは、**カテゴリーを上下にドラッグ**します。

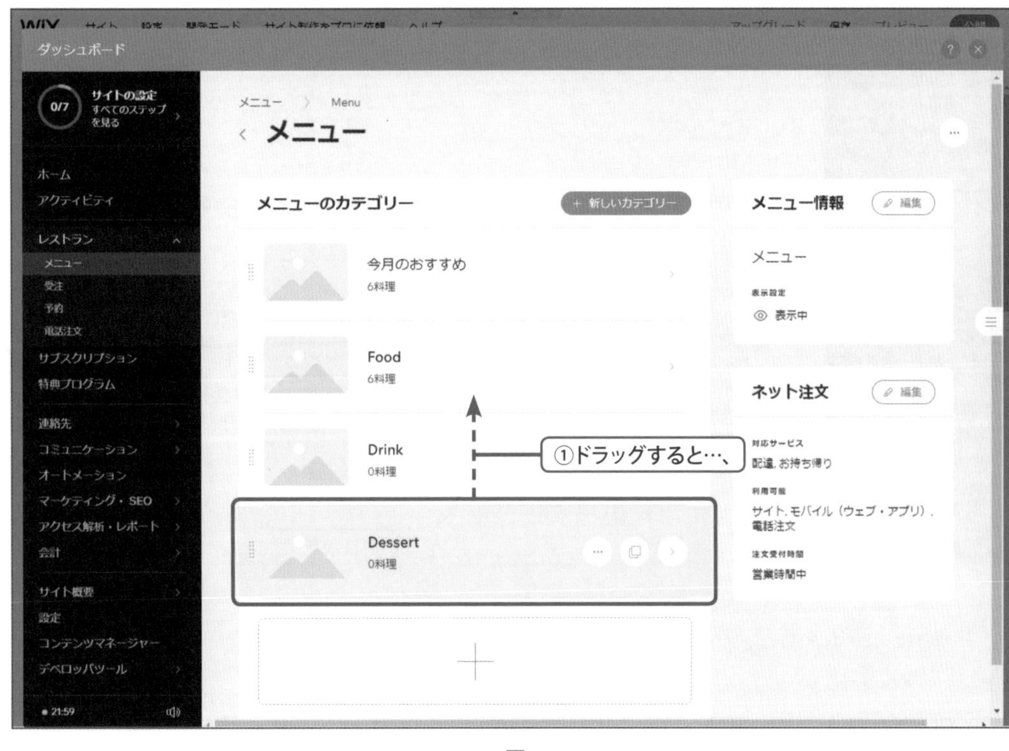

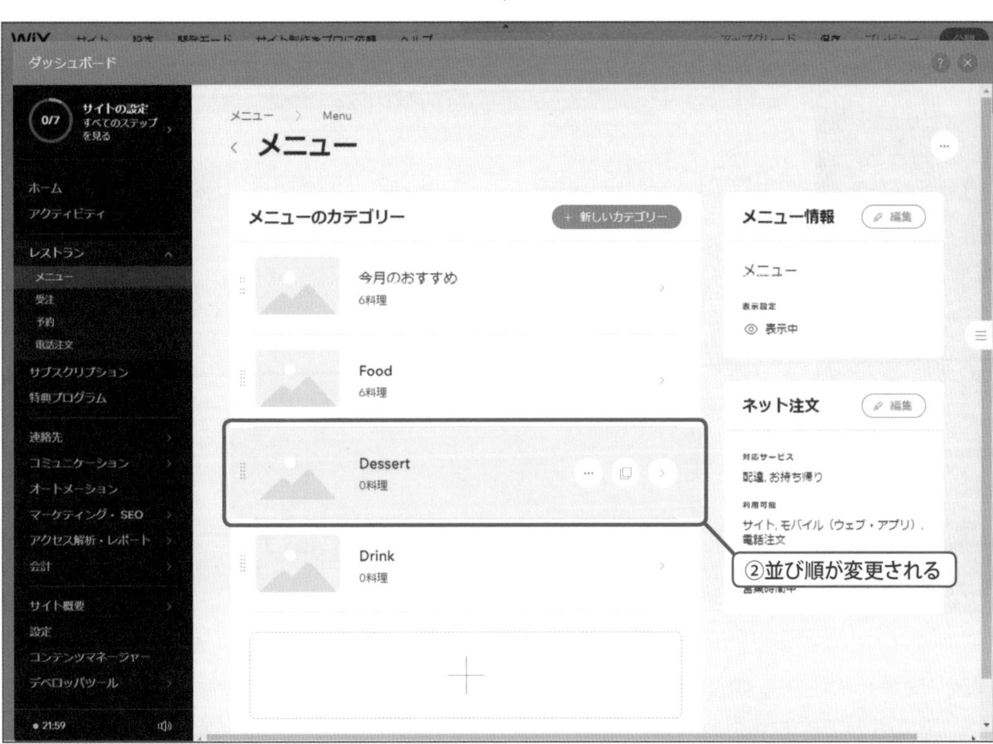

なお、**カテゴリーを削除**するときは、そのカテゴリーの上へマウスを移動して[…]をクリックし、「**非表示**」または「**アーカイブ**」を選択します。

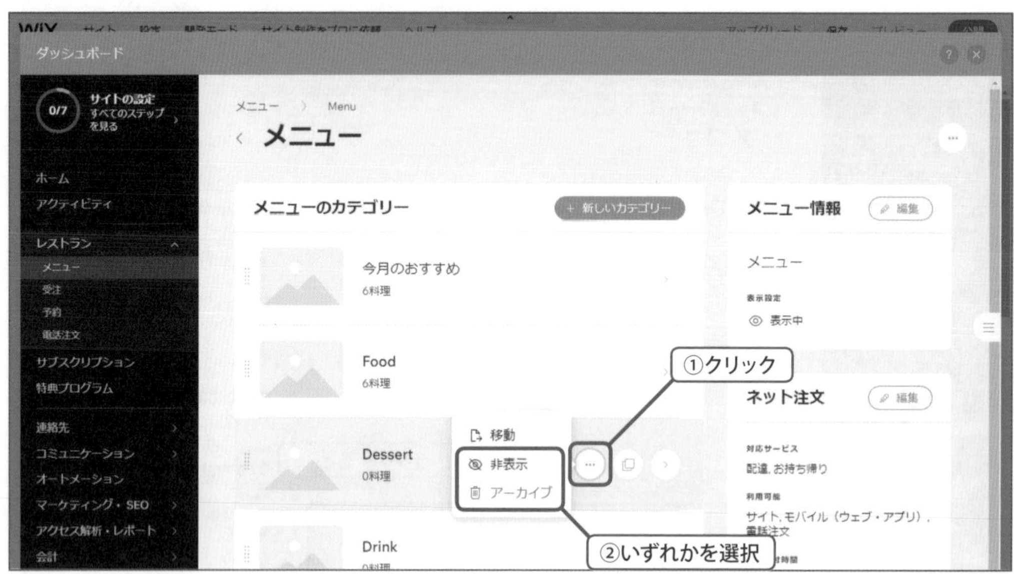

「**非表示**」を選択すると、そのカテゴリー（カテゴリー内の料理を含む）がメニューページに表示されなくなります。

「**アーカイブ**」を選択した場合は、そのカテゴリーがアーカイブへ移動され、メニューページから除外される仕組みになっています。アーカイブされている内容を確認したいときは、メインカテゴリーの画面を表示し、「**アーカイブされたメニュー**」をクリックします。

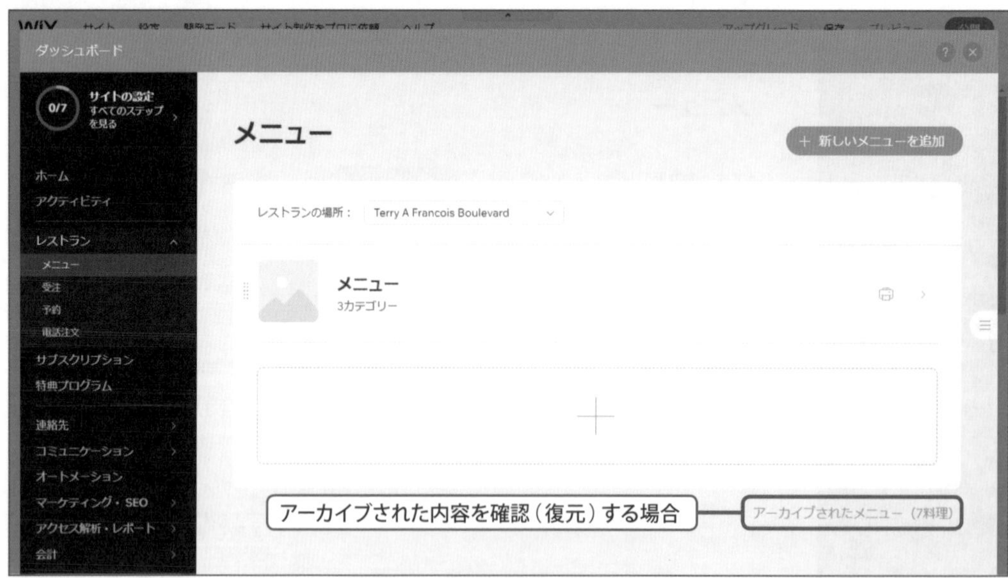

続いて、カテゴリー（または料理）を選択して[↺]をクリックすると、そのカテゴリー（料理）を復元することができます。

4 料理の追加と編集

続いては、サブカテゴリー内にある**料理を編集**するときの操作手順を解説します。既存の料理を編集するときは、以下のように操作します。

（1）サブカテゴリーをクリックして料理の一覧画面を開きます。編集する料理の上へマウスを移動し、［**編集**］**ボタン**をクリックします。

（2）「料理の情報」が表示されるので、画面の右上にある［**編集**］**ボタン**をクリックします。

20 レストランメニュー

(3) 料理の**名前**、**価格**、**消費税**、**説明文**を入力し、**ラベル**(スペシャル/ヴィーガン/ベジタリアン/グルテンフリーなど)を選択します。続いて、**写真**を登録する場合は、カメラのアイコンをクリックします。

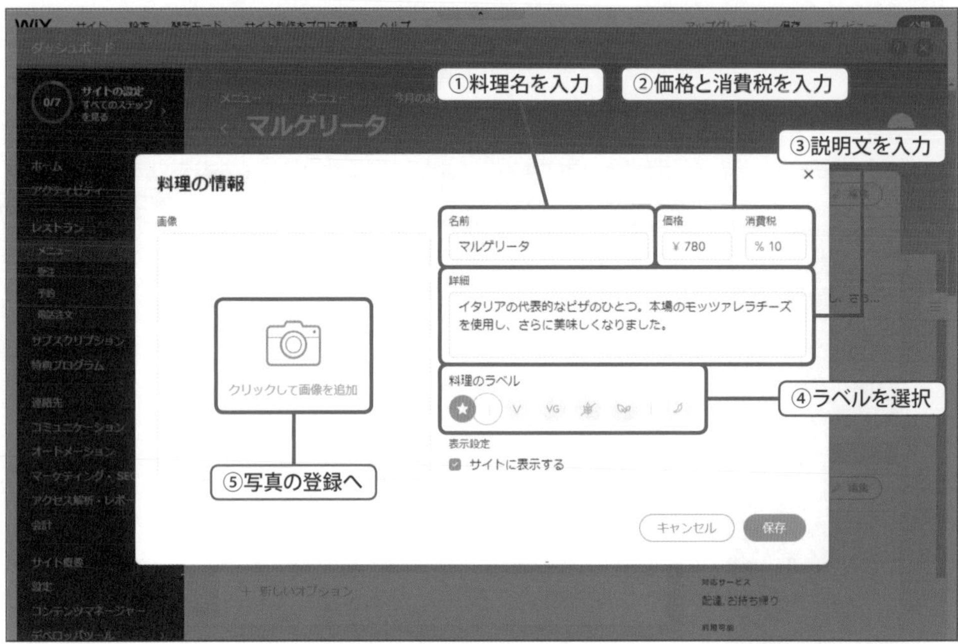

(4) 料理の**写真を選択**し、**[ページに追加]ボタン**をクリックします。この料理写真は、あらかじめWixにアップロードしておく必要があります。

（5）料理の情報が更新されていることを確認し、［**保存**］**ボタン**をクリックします。

なお、サブカテゴリー内に**新しい料理を追加**するときは、［**既存の料理**］**ボタン**をクリックし、「**新しい料理**」を選択します。

すると、前ページの手順（3）と同じ画面が表示され、新しい料理を登録できるようになります。

ポイント

［既存の料理］ボタンにある「料理を選択」の選択肢は、他のカテゴリーに登録されている料理を複製して登録する場合に利用します。

同様の操作を繰り返して各カテゴリーに料理を登録していくと、料理の登録作業が完了します。逆に、メニューページから料理を削除するときは、その料理の上へマウスを移動し、…から「**非表示**」または「**アーカイブ**」を選択します。

一時的に表示をやめる場合は「非表示」を選択します。今後、再表示する予定がない場合は「アーカイブ」を選択するとよいでしょう。

チェック

Wixには、オンラインで注文を受けて料理を配達（または店頭受取）するためのアプリ「Wixレストラン ネット注文」も用意されています。ただし、この機能を使うにはダッシュボードの「レストラン」→「受注」で各種設定を済ませておく必要があります。さらに、それぞれの「料理の情報」でネット注文への対応状況を設定しておく必要もあります。

なお、ネット注文に対応する予定がない場合は、P181に示した手順で「Wixレストラン ネット注文」のアプリを削除しても構いません。

5 メニュー表示のカスタマイズ

料理の登録が済むと、その登録内容に合わせてメニューページの表示が変化します。続いては、メニューの表示をカスタマイズする方法を解説していきます。「**Menus**」のパーツを選択し、[**設定**]ボタンをクリックします。

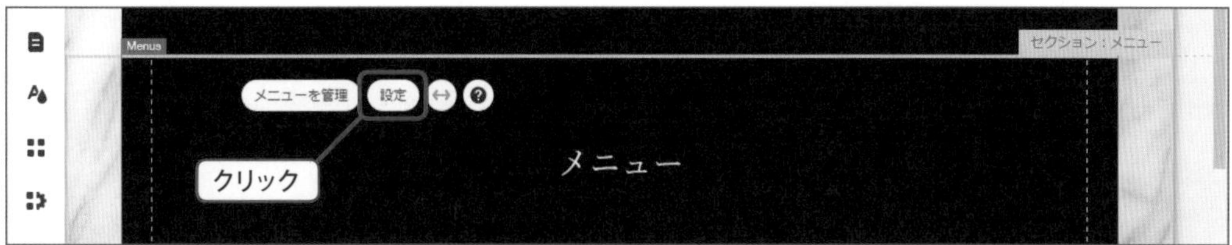

すると、「レストランメニュー」の設定画面が表示されます。「**基本情報**」には、メニューの管理画面を開いたり、新しいメニューページを追加したりするボタンが用意されています。

「**設定**」には、メニューページに表示する項目を選択するチェックボックスが用意されています。

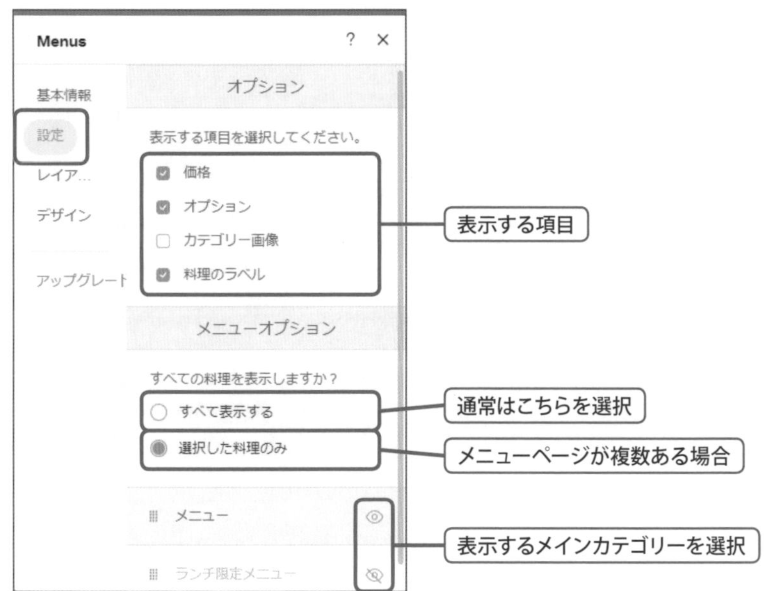

その下にある「メニューオプション」は、複数のメニューページを作成した場合に利用します。ここで「選択した料理のみ」を選択し、各メインカテゴリーの表示/非表示を指定すると、それぞれのメニューページに異なる内容を表示できるようになります。ただし、この場合は2つ以上のメインカテゴリーを作成しておく必要があります。

「**レイアウト**」には、以下の図のような9種類のレイアウトが用意されています。ここで選択したレイアウトに応じてメニューページの表示が変化します。各料理を写真付きで表示したい場合は、「フォト」または「カタログ」のレイアウトを選択します。

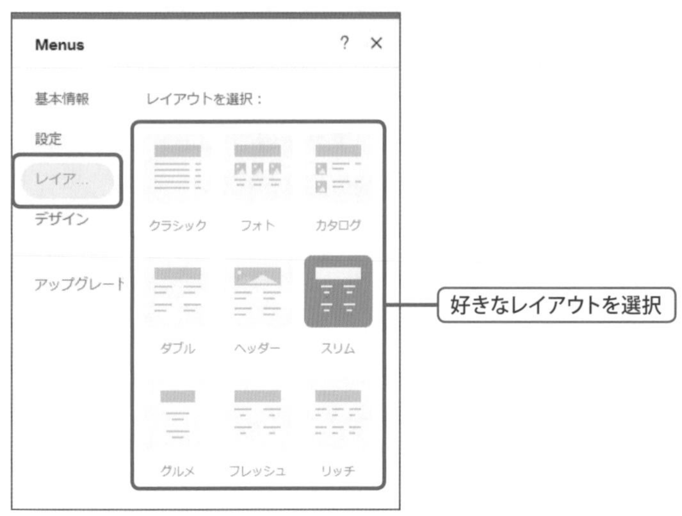

「カタログ」のレイアウトを指定した場合

「**デザイン**」には、カテゴリーや料理の「文字の書式」を変更したり、「ラベルのアイコン」を変更したりする設定項目が用意されています。

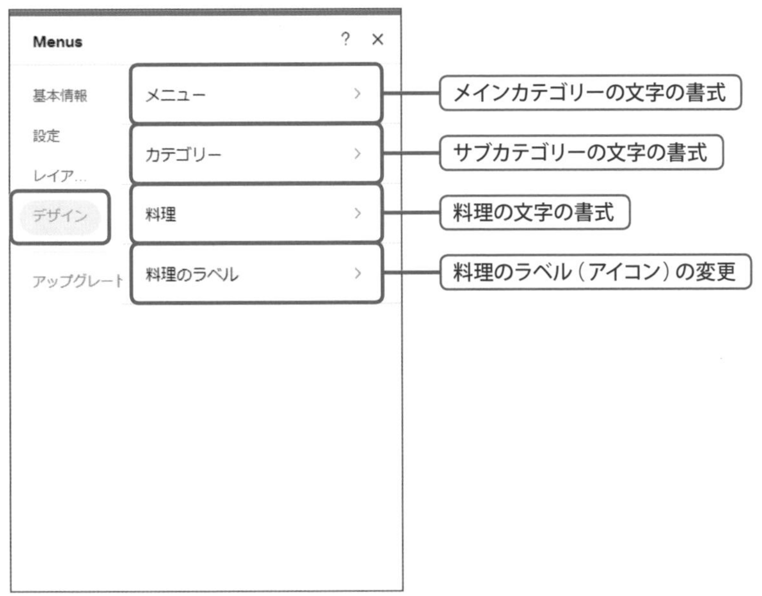

文字の書式の設定画面

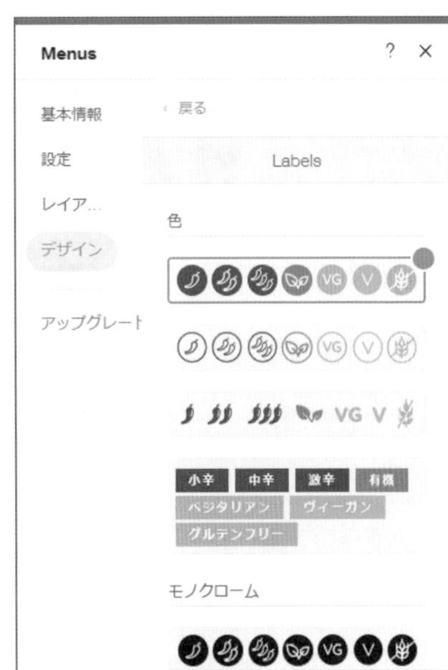

料理のラベルの設定画面

これらの設定を変更して、メニューページの表示をカスタマイズしていくことも可能です。

ブログ

Wixには、Webサイト内にブログを作成できる「Wix ブログ」というアプリも用意されています。このアプリを使うと、他のブログサービスを利用しなくても自身のブログを開設できるようになります。

1 ブログの追加

Webサイト内に**ブログのページ**を作成して、日々の出来事やキャンペーン情報、セール情報などを発信していくことも可能です。こういったブログ機能を実現してくれるアプリが「**Wix ブログ**」です。

Webサイトの編集画面を開いて［**パーツを追加**］のアイコンをクリックすると、「**ブログ**」という項目が用意されているのを確認できると思います。この項目を選択して、ブログの利用を開始することも可能です。この場合は、自分で「Wix ブログ」のアプリをインストールする必要はありません。

数十秒ほど待つと「Wix ブログ」の自動インストールが完了し、以下のような画面が表示されます。とりあえずは、この画面を閉じて、Webサイトがどのように変化しているかを確認してみましょう。

チェック

ヘッダーに「Wix Site Search」という検索欄が追加されている場合もあります。これが不要な場合は、各自で削除しておいてください。

Webサイトのメニューを見ると、「**ブログ**」というリンクが追加されているのを確認できると思います。これがブログページへ移動するためのリンクとなります。もちろん、ページの一覧にも「ブログ」という名前のページが追加されています。

2 ブログ記事の作成

ここからは、ブログの具体的な使い方を解説しています。まずは、ブログに**記事を投稿**するときの操作手順です。新しい記事を作成して投稿するときは、以下のように操作します。

(1) [**マイビジネス**] のアイコンをクリックし、「Wix ブログ」を選択します。続いて、「**記事を作成**」をクリックします。

(2) ブログ記事の編集画面が表示されます。「タイトルを入力してください」と表示されている部分をクリックし、記事の**タイトルを入力**します。

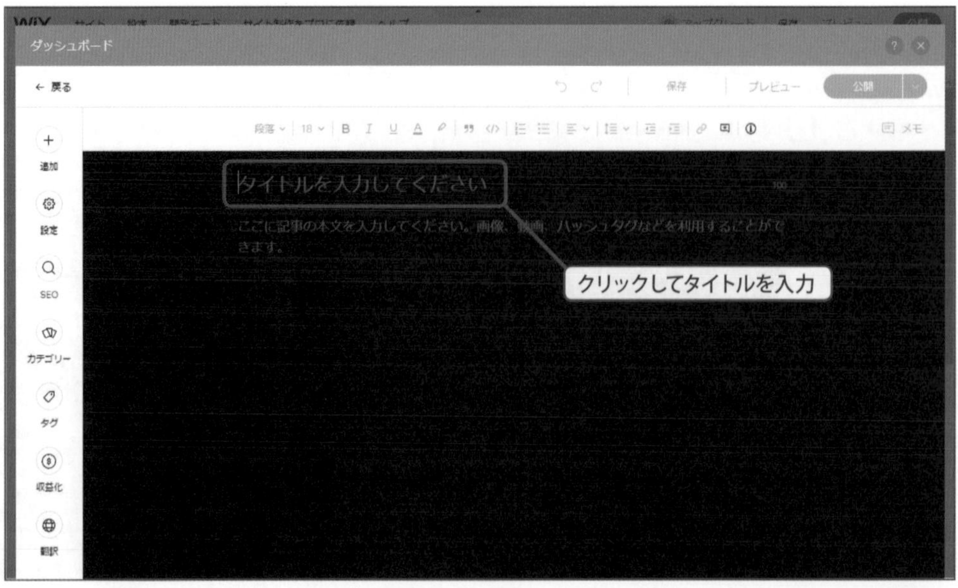

(3) 続いて、記事の**本文を入力**していきます。

(4) 編集画面の上部には、**文字の書式**を指定するためのツールバーが配置されています。これを使って、各文字の書式を変更することも可能です。

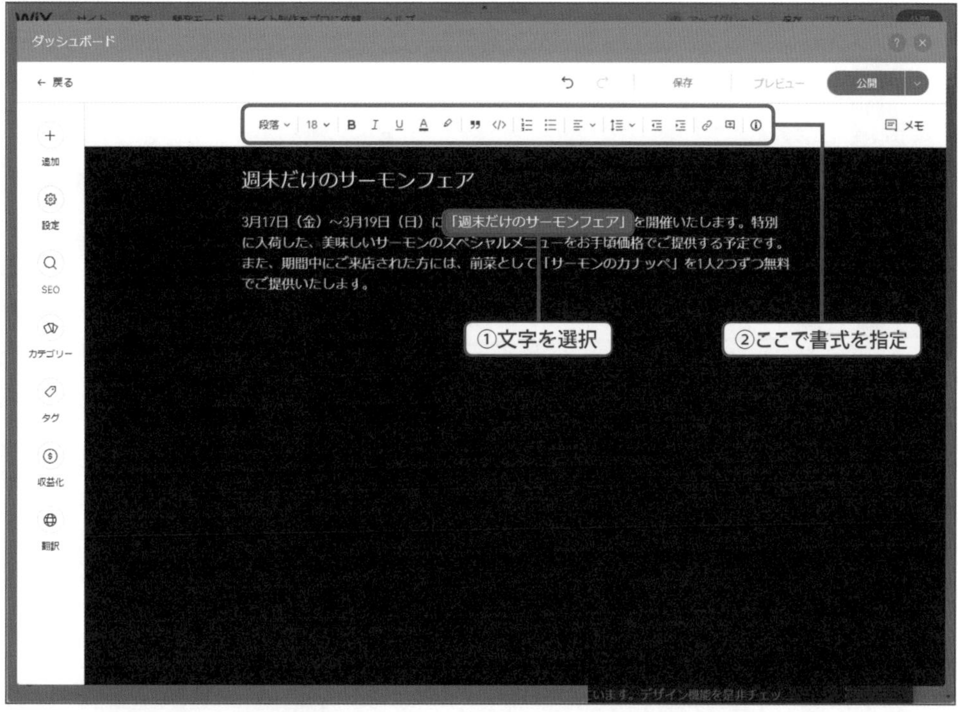

（5）本文に画像を追加するときは、画面の左側にある［**追加**］のアイコンをクリックし、「**画像**」を選択します。

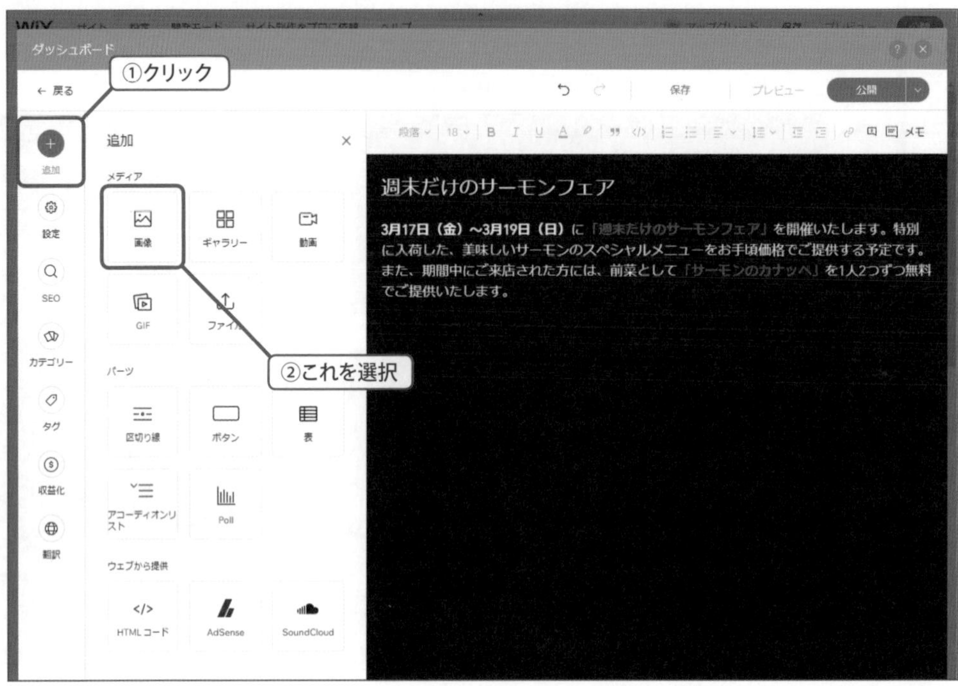

（6）画像の選択画面が表示されるので、ブログ記事に追加する**画像を選択**し、［**ページに追加**］**ボタン**をクリックします。

（7）ブログ記事に画像が追加されます。画像のサイズを変更するときは、左右にある**ハンドルをドラッグ**します。また、画像の上に表示される**ツールバー**を使って、配置やリンクなどを指定することも可能です。

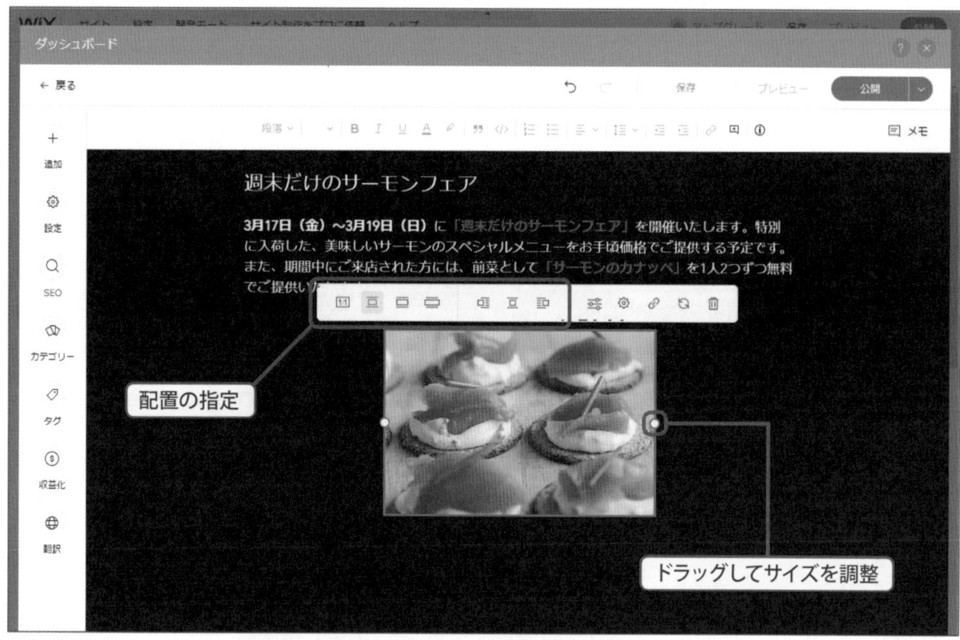

（8）このような操作を繰り返して、ブログの記事を作成していきます。記事が完成したら［**公開**］**ボタン**をクリックして、記事を「ブログ」のページに掲載（投稿）します。

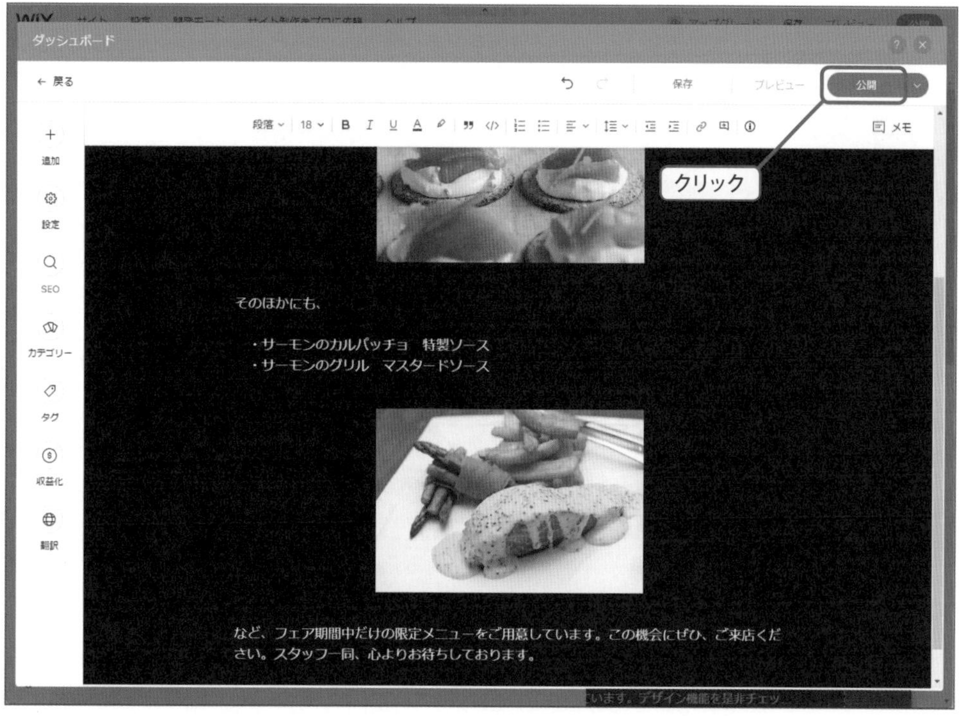

なお、記事を即座に投稿するのではなく、**下書きとして保存**したり、**日時を指定して投稿**したりすることも可能です。この場合は**［公開］ボタンの**▾をクリックします。

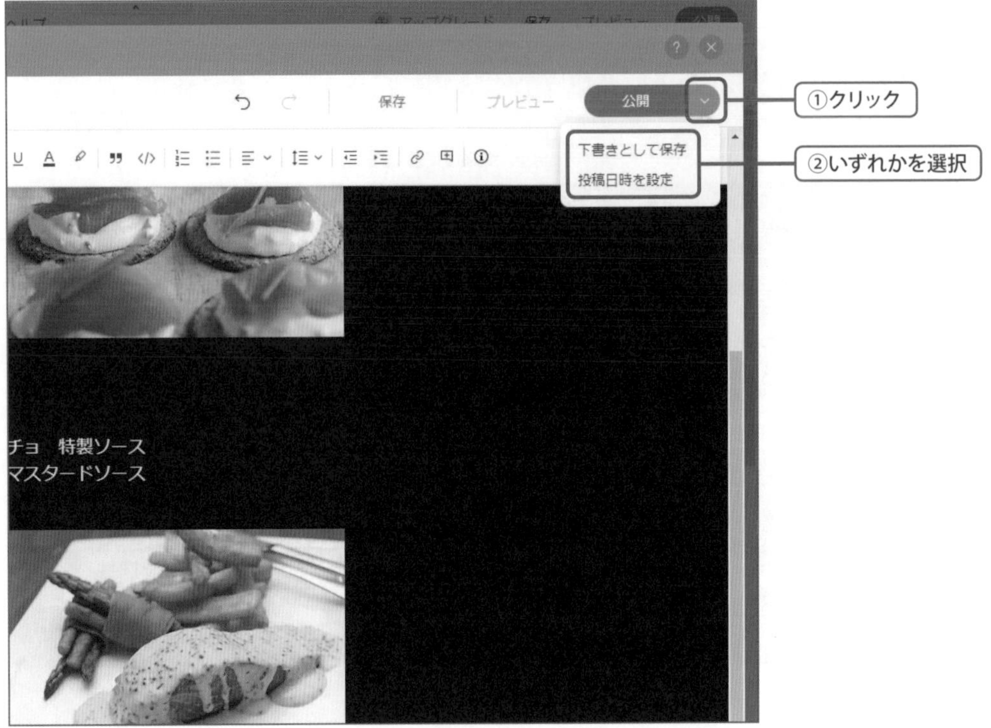

「**下書きとして保存**」を選択した場合は、「ブログ」のページに記事が掲載されることはありません。「下書きの記事」として保存・管理されます。

「**投稿日時を設定**」を選択した場合は、以下のような画面が表示されます。ここで日時を指定すると、その日時になったときに自動的に記事が投稿（掲載）されます。

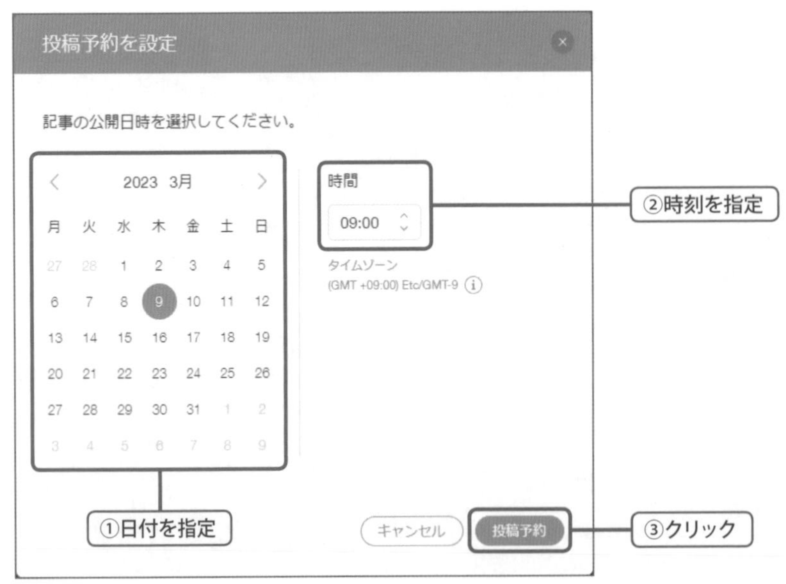

3 ブログ記事の管理

Webサイトの編集画面で「ブログ」のページを表示してみると、自分で投稿した記事のほかに、いくつかのサンプル記事が掲載されているのを確認できると思います。

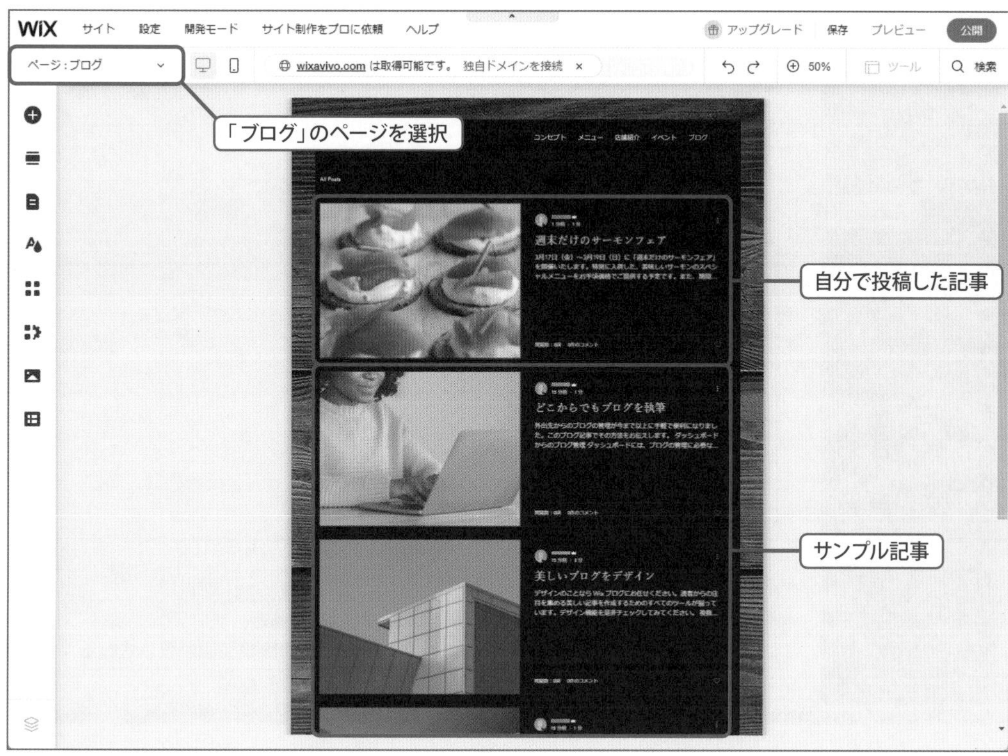

これらのサンプル記事を残しておく必要はないので、速やかに削除しておくとよいでしょう。ブログの記事を管理するときは、以下のように操作して管理画面を開きます。

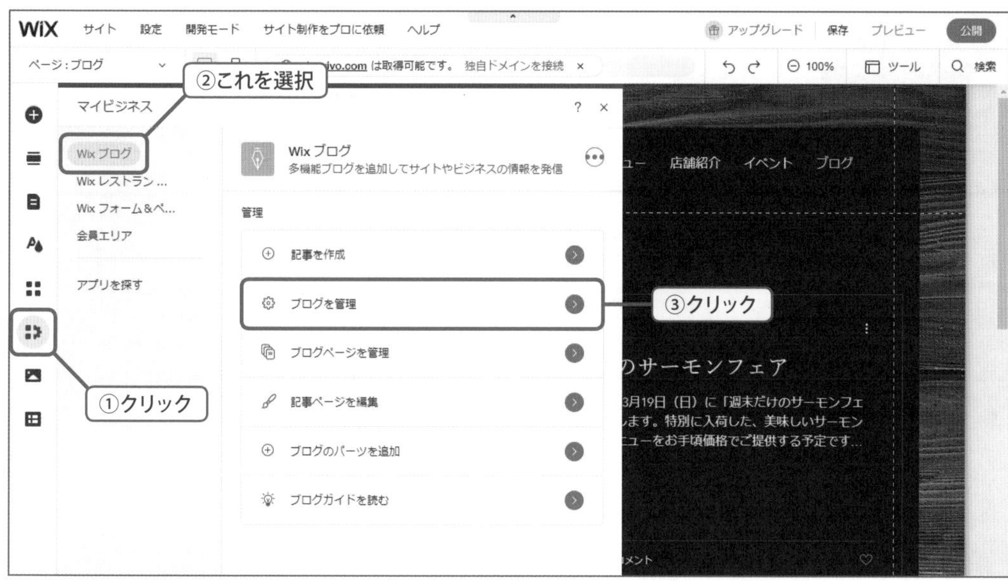

ダッシュボードが表示されるので、「**ブログ**」の項目にある「**記事を管理**」を選択します。すると、「すでに掲載されている記事」が一覧表示されます。各記事をクリックすると、その記事の編集画面を開くことができます。

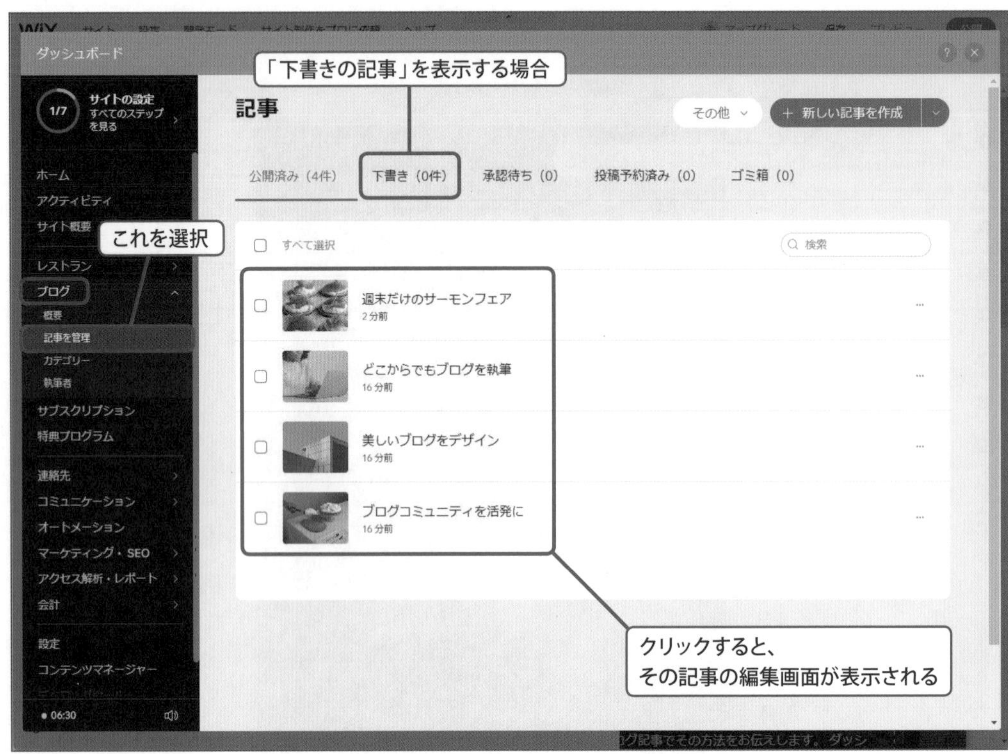

記事を**削除**したり、**下書き**に戻したりするときは、各記事の右端にある[…]をクリックします。

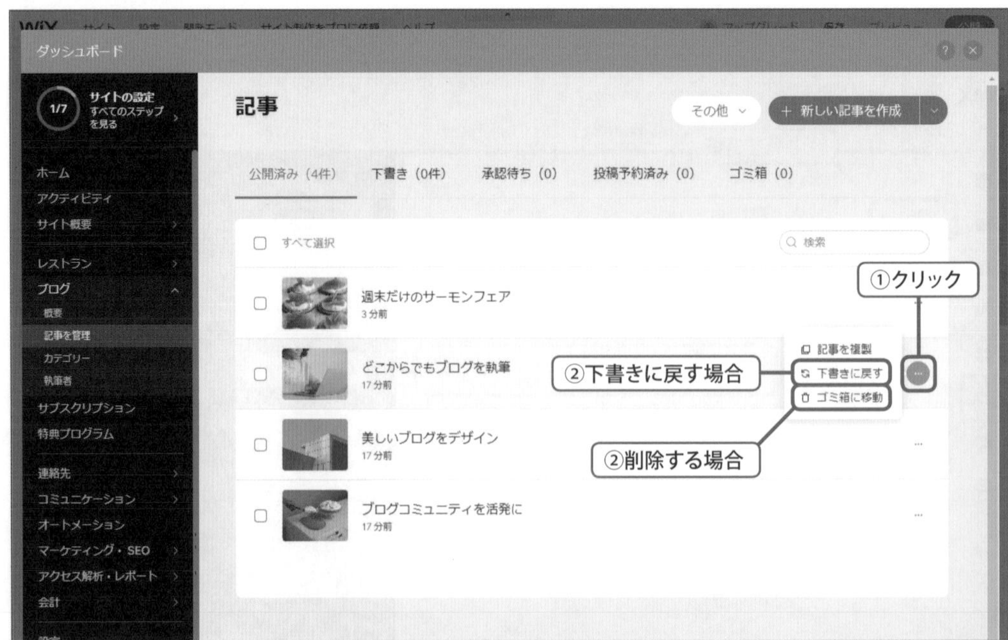

4 カテゴリー、タグ、SEOの指定

それぞれのブログ記事を**カテゴリー**に分類したり、**タグ**を付けて管理したりする機能も用意されています。これらの設定は各記事の編集画面で指定します。

■ カテゴリーの指定

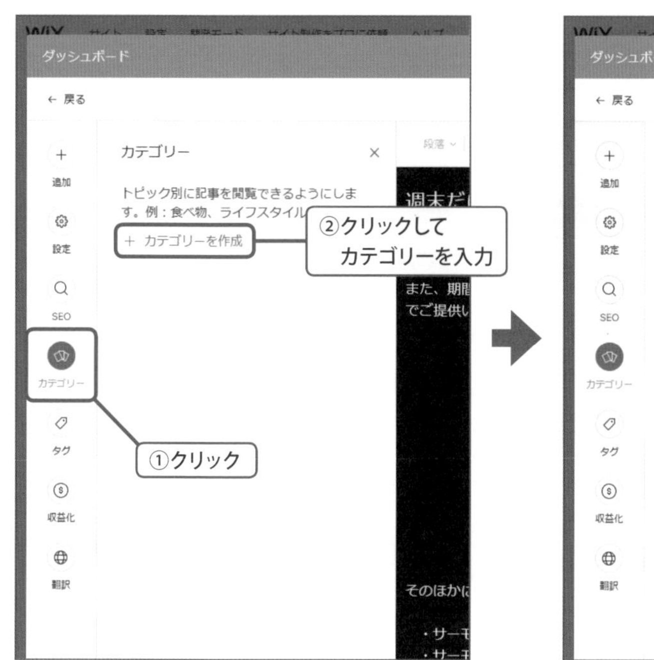

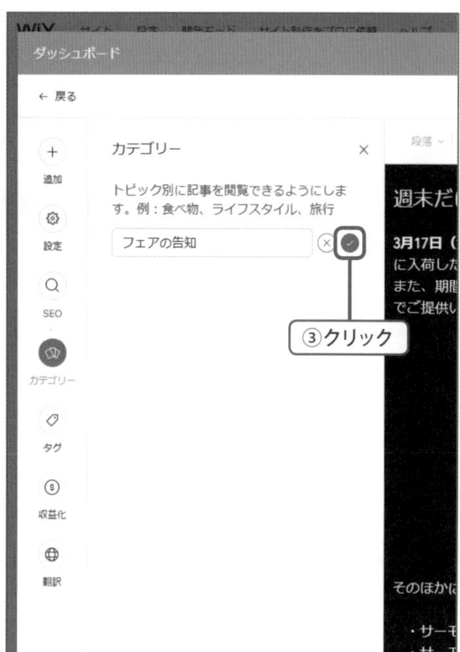

■ タグの指定

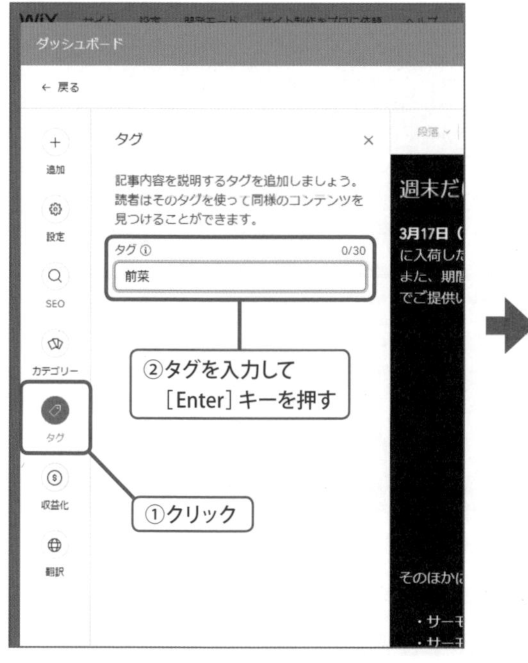

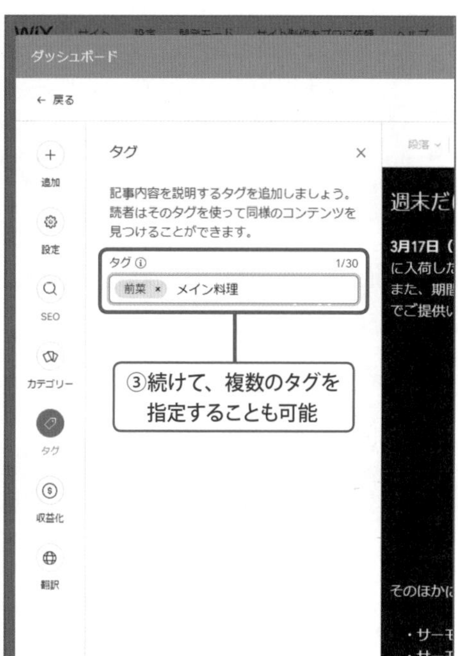

また、SEO（検索エンジン対策）のための設定項目も用意されています。SEOに詳しい方は、これらも必要に応じて修正しておくとよいでしょう。

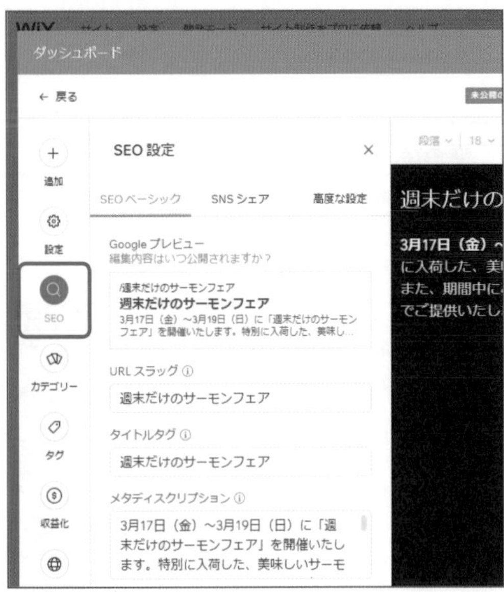

5 ブログのレイアウト

「ブログ」ページの表示方法などを変更する設定画面も用意されています。ブログの設定を変更するときは、「ブログ」のパーツを選択し、［設定］ボタンをクリックします。

ブログの設定画面が表示されます。「**メイン**」には、新しい記事を作成したり、記事の管理画面を開いたりするボタンが配置されています。

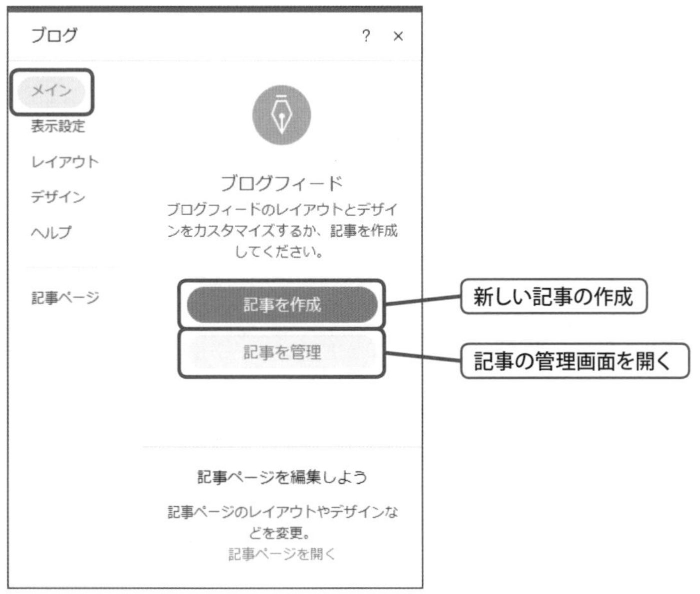

「**表示設定**」には、フィード（記事の一覧画面）に表示する項目を選択するチェックボックスなどが用意されています。

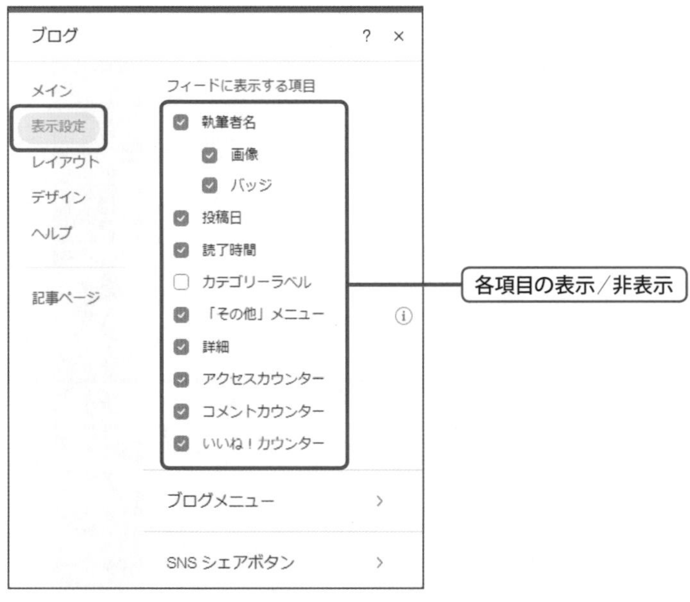

「**レイアウト**」には、以下の図のような6種類のレイアウトが用意されています。ここで選択したレイアウトに応じて、「ブログ」ページの表示が変化します。

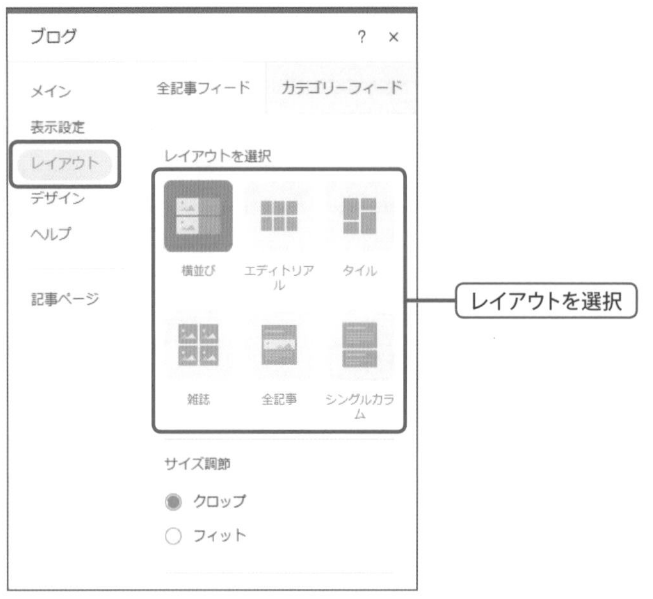

「タイル」のレイアウトを選択した場合

また、それぞれの「**記事**」**のページ**へ移動したときの表示項目やデザインをカスタマイズできる設定画面も用意されています。この設定を変更するときは、「**記事**」**のページへ移動**してから［**設定**］**ボタン**をクリックします。

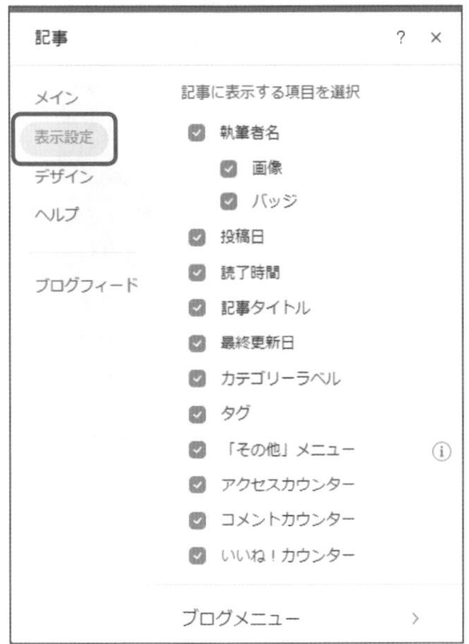

フォーム

訪問者から問い合わせを受け付けたり、簡単なアンケートなどを実施できる「Wixフォーム&ペイメント」というアプリも用意されています。続いては、Webサイトにフォームを設置する方法を解説します。

1 フォームの追加

訪問者が意見や感想などを送信できる「お問い合わせ」フォームをWebサイトに設置することも可能です。これを実現してくれるアプリが「**Wix フォーム&ペイメント**」です。

Webサイトの編集画面を開いて［**パーツを追加**］のアイコンをクリックすると、「**フォーム**」という項目が用意されているのを確認できると思います。この項目を選択し、最も適した形式の**フォームをドラッグ&ドロップ**すると、ページにフォームを追加できます。

なお、この場合は「Wix フォーム&ペイメント」のアプリが自動インストールされるため、自分でアプリをインストールする必要はありません。

2 項目の追加と削除

追加されたフォームには、いくつかの質問項目が配置されています。ここに**質問項目を追加**するときは、「**Wixフォーム**」のパーツを選択し、[**新しい項目を追加**]**ボタン**をクリックします。

続いて、質問項目を選択すると、その項目をフォームに追加できます。また、「**基本的な項目**」を選択して**テキストボックス**や**ラジオボタン**などをフォームに追加することも可能です。

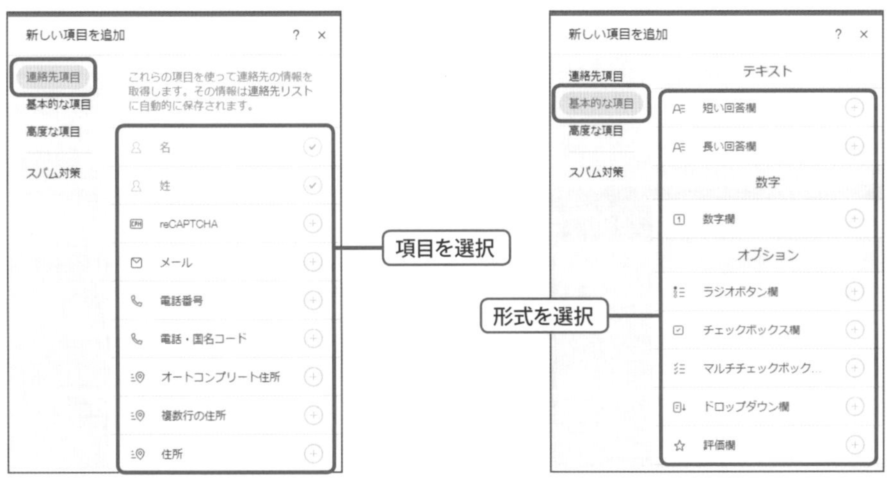

逆に、フォームから**質問項目を削除**するときは、その質問項目のパーツを選択し、[Delete]**キー**を押します。

3 各項目の編集

それぞれの質問項目に表示されている**タイトル**（見出し）を変更することも可能です。この場合は、**質問項目のパーツ**を選択し、［**項目を編集**］**ボタン**をクリックします。

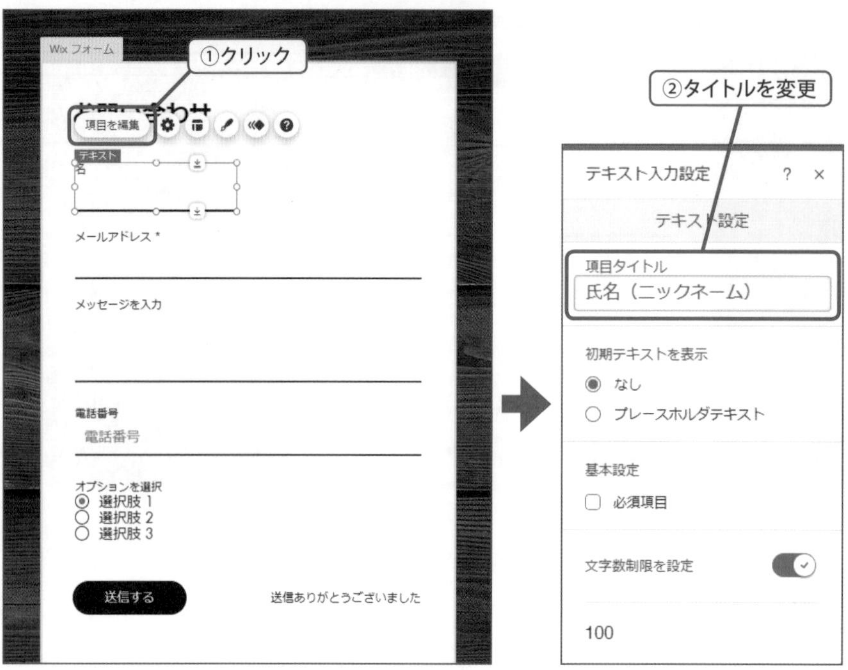

ラジオボタンや**ドロップダウン**の選択肢を変更するときは、そのパーツを選択し、［**選択肢を管理**］**ボタン**をクリックします。

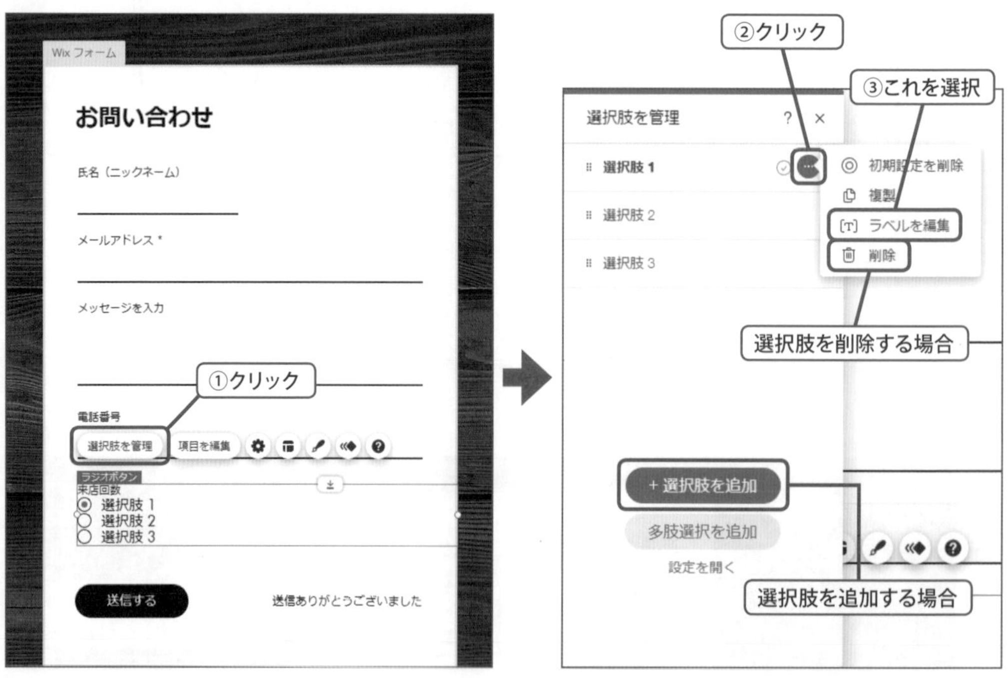

4 項目の並べ替えと整列

自分で新たに追加した質問項目は、フォームの末尾に追加される仕組みになっています。この**並び順**を変更したいときは、それぞれの**質問項目を上下にドラッグ**して配置を調整します。このとき、各項目をきれいに整列させる必要はありません。質問項目をおおよその位置に配置できたら、「**Wix フォーム**」のパーツを選択し、[**レイアウト**]のアイコンをクリックします。

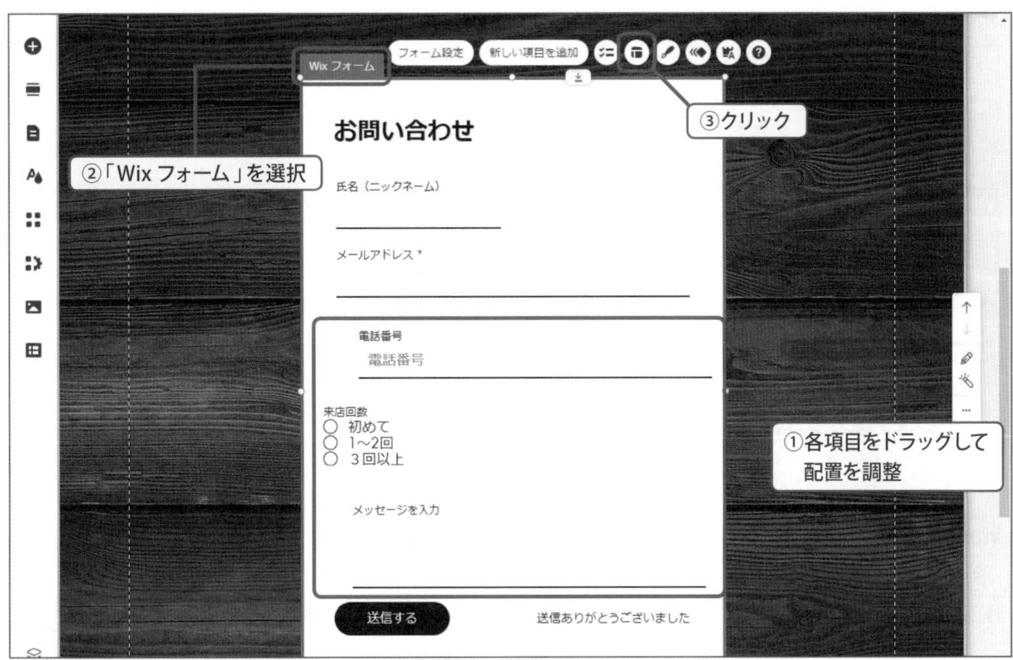

「**フォームレイアウト**」**ダイアログ**が表示されるので、それぞれの値を必要に応じて調整し、画面を下へスクロールします。

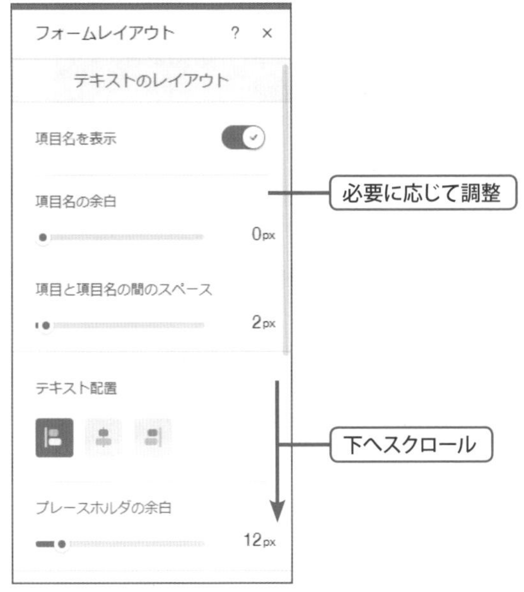

22 フォーム

続いて、「**レイアウトを選択**」の設定を変更すると、質問項目を自動整列させることができます。なお、それぞれの質問項目の間隔は「**行間**」の値で調整します。

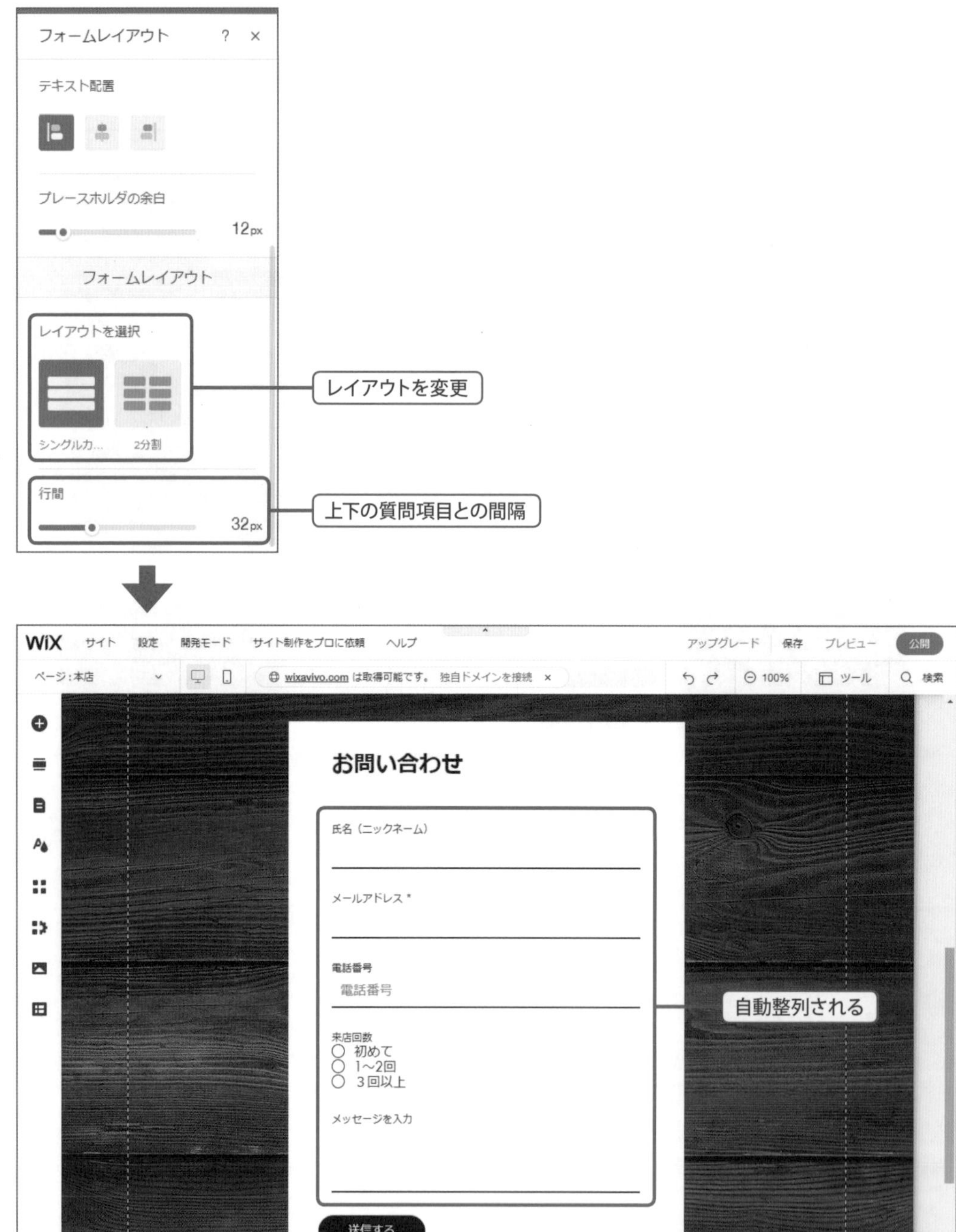

5 フォームの設定

質問項目の配置が済んだら、フォームの設定を確認しておきます。「**Wix フォーム**」のパーツを選択し、［**フォーム設定**］**ボタン**をクリックします。

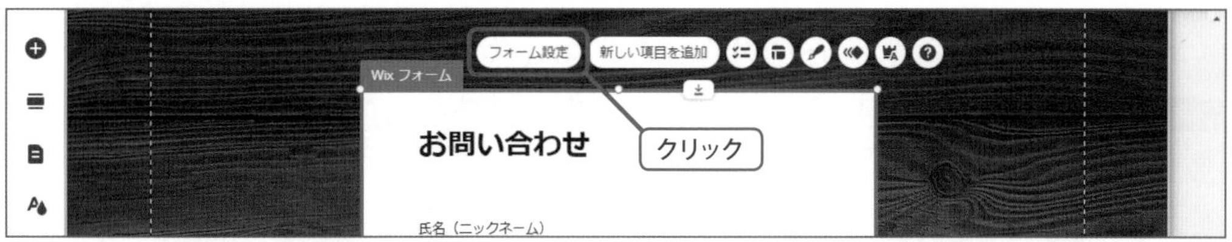

ここでは、**通知メール**の宛先を確認しておくのが基本です。訪問者がフォームから送信した内容は、この宛先にメールで届きます。また、フォームを送信した直後に表示される**送信メッセージ**の内容も確認しておきます。

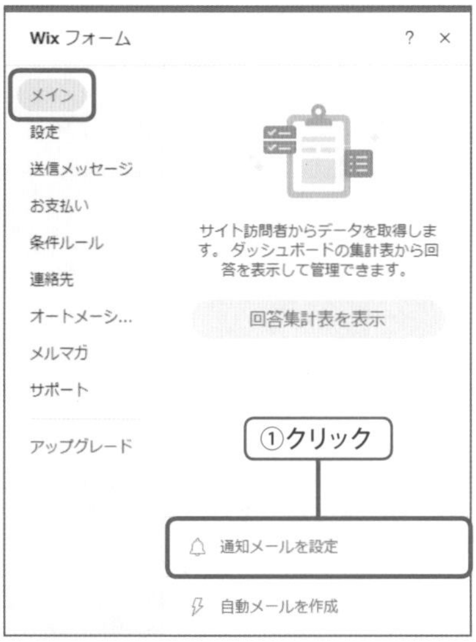

Wix フォーム
メイン
設定
送信メッセージ
お支払い
条件ルール
連絡先
オートメーシ...
メルマガ
サポート
アップグレード
サイト訪問者からデータを取得します。ダッシュボードの集計表から回答を表示して管理できます。
回答集計表を表示
①クリック
通知メールを設定
自動メールを作成

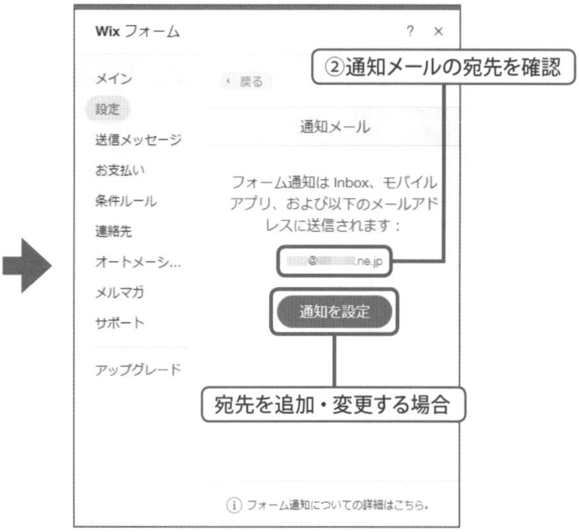

Wix フォーム
メイン
設定
送信メッセージ
お支払い
条件ルール
連絡先
オートメーシ...
メルマガ
サポート
アップグレード
戻る
②通知メールの宛先を確認
通知メール
フォーム通知は Inbox、モバイルアプリ、および以下のメールアドレスに送信されます：
@ne.jp
通知を設定
宛先を追加・変更する場合
フォーム通知についての詳細はこちら。

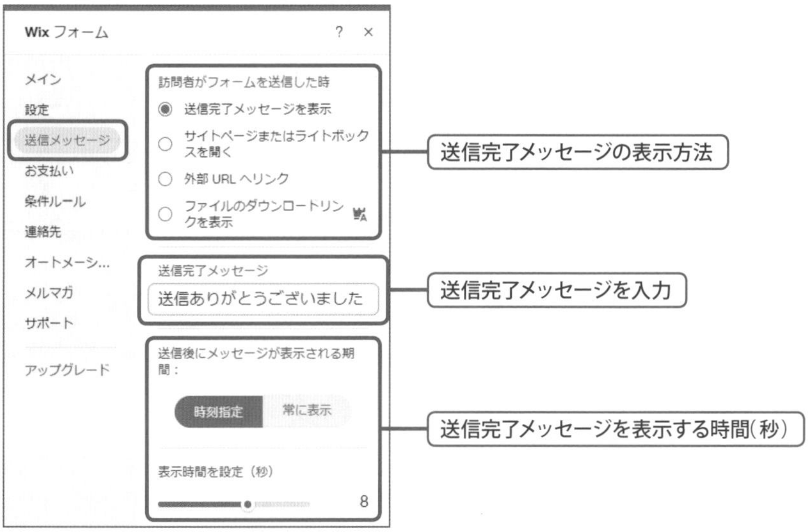

Wix フォーム
メイン
設定
送信メッセージ
お支払い
条件ルール
連絡先
オートメーシ...
メルマガ
サポート
アップグレード
訪問者がフォームを送信した時
送信完了メッセージを表示
サイトページまたはライトボックスを開く
外部 URL へリンク
ファイルのダウンロードリンクを表示
送信完了メッセージの表示方法
送信完了メッセージ
送信ありがとうございました
送信完了メッセージを入力
送信後にメッセージが表示される期間：
時刻指定
常に表示
表示時間を設定（秒）
8
送信完了メッセージを表示する時間(秒)

6 フォームの動作テスト

フォームを作成できたら、**フォームの動作テスト**を実施しておくとよいでしょう。ただし、フォームの動作を確認するときは、インターネットに**Webサイトを公開**しておく必要があります。

アップグレード
保存
プレビュー
公開
100%
ツール
検索
クリックして
Webサイトを公開
サイト公開
「公開」をクリックして編集内容を公開します。
サイトを見る
モバイルサイトを見る
クリックして
Webサイトへ移動

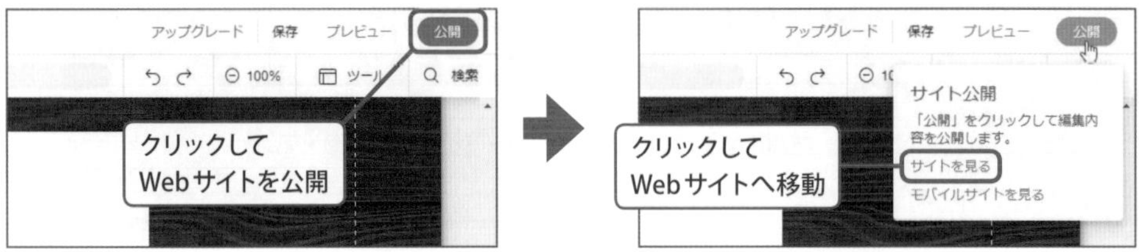

その後、公開したWebサイトへ移動し、フォームにテスト用の文字を入力して送信すると、その内容がメールで届いているのを確認できます。

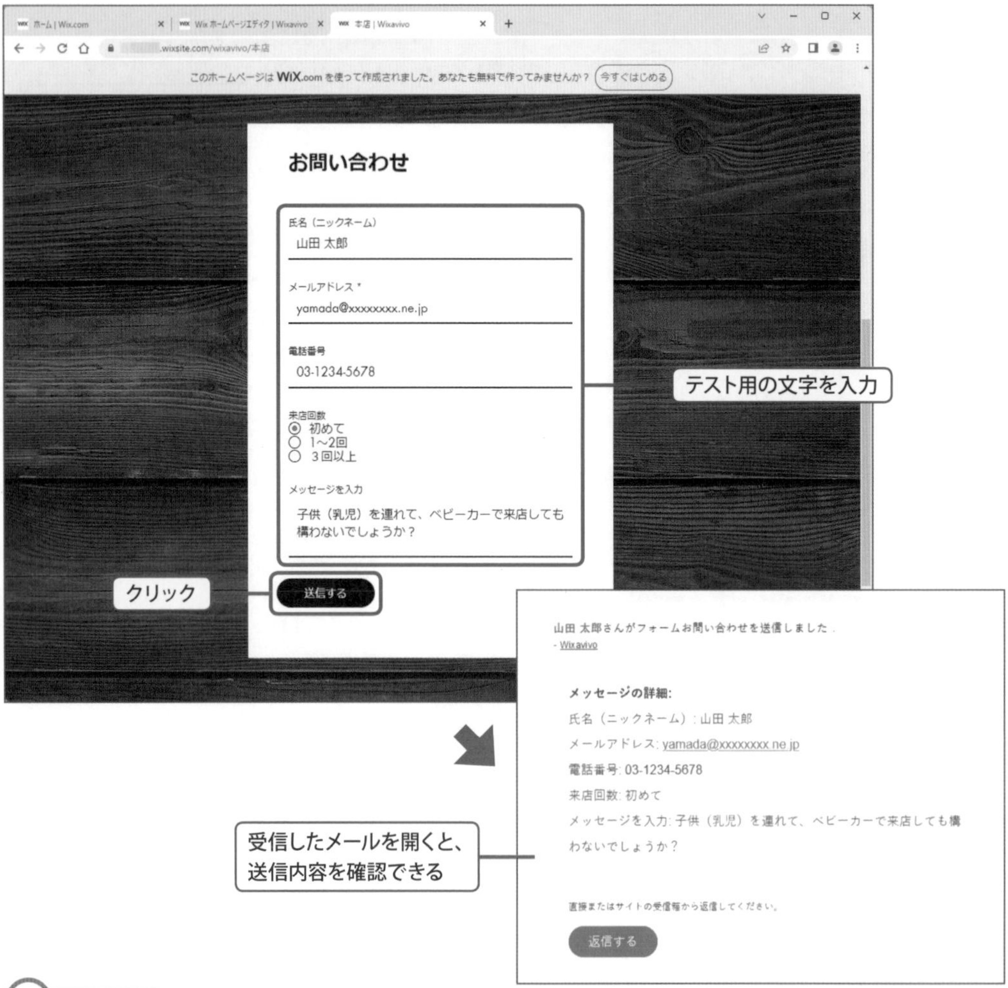

このホームページは WiX.com を使って作成されました。あなたも無料で作ってみませんか？ 今すぐはじめる
お問い合わせ
氏名（ニックネーム）
山田 太郎
メールアドレス *
yamada@xxxxxxxx.ne.jp
電話番号
03-1234-5678
来店回数
初めて
1〜2回
３回以上
メッセージを入力
子供（乳児）を連れて、ベビーカーで来店しても構わないでしょうか？
送信する
テスト用の文字を入力
クリック
山田 太郎さんがフォームお問い合わせを送信しました
- Wixavivo
メッセージの詳細:
氏名（ニックネーム）: 山田 太郎
メールアドレス: yamada@xxxxxxxx.ne.jp
電話番号: 03-1234-5678
来店回数: 初めて
メッセージを入力: 子供（乳児）を連れて、ベビーカーで来店しても構わないでしょうか？
直接またはサイトの受信箱から返信してください。
返信する
受信したメールを開くと、
送信内容を確認できる

チェック

まだWebサイトが完成していない場合は、フォームの動作を確認した後、Webサイトを「未公開」に戻しておく必要があります。この操作手順はP242〜243で解説しています。

第4章

モバイルサイトの編集

Wixには、スマートフォン向けのモバイルサイトを編集する機能も用意されています。Webサイトがスマートフォンで閲覧される場合に備えて、必ずモバイルサイトの編集も済ませておいてください。

モバイルサイト編集の基本

Wixで Webサイトを作成すると、スマートフォン向けの「モバイルサイト」も自動作成されます。続いては、モバイルサイトを編集するときの基本操作について解説します。

1 編集モードの切り替え

これまでに解説してきたWebサイトの作成手順は、基本的に**パソコンで見たときのWebサイト（PCサイト）**を編集するものとなります。画面の小さいスマートフォンでWebサイトを見たときは、レイアウトが自動調整された**モバイルサイト**が表示されます。

ただし、モバイルサイトが必ずしも最適なレイアウトになっているとは限りません。むしろ、若干の微調整が必要になるのが一般的です。このため、Webサイトを公開する前にモバイルサイトの画面表示を確認し、必要に応じて修正を施しておく必要があります。**モバイルサイトの編集画面に切り替えるときは、以下のように操作します。**

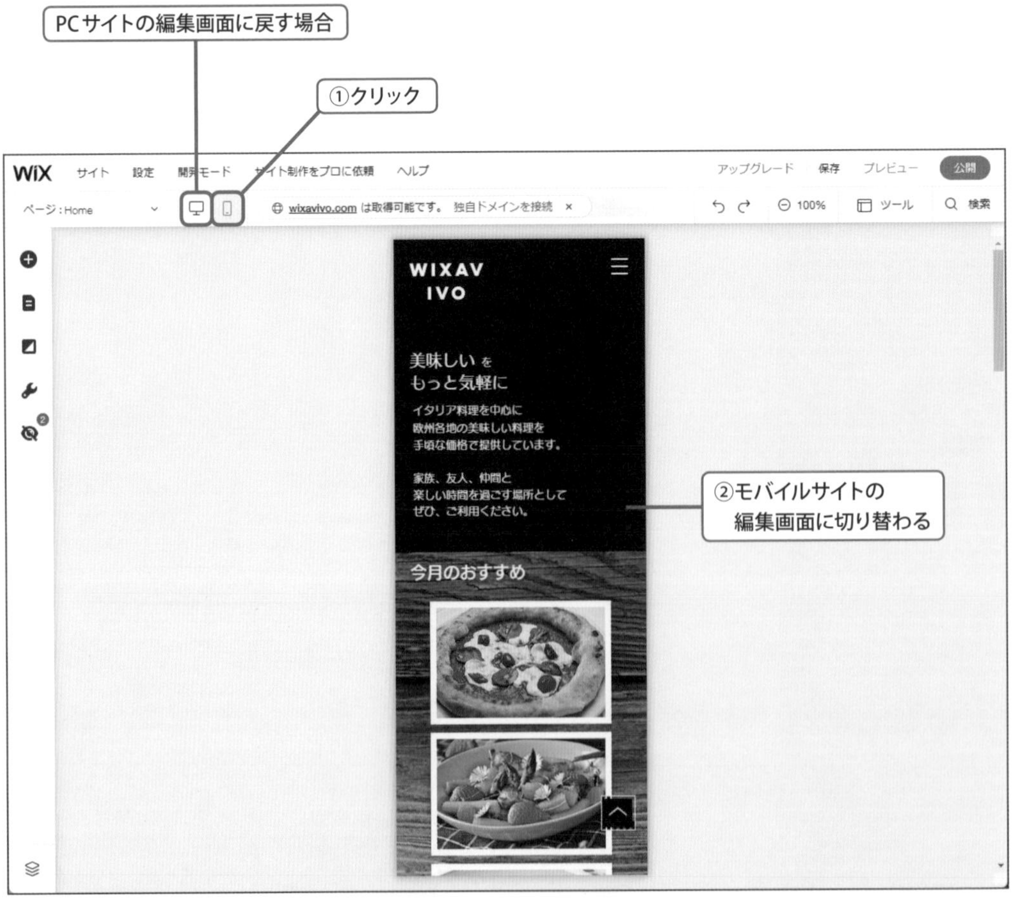

PCサイトの編集画面に戻す場合

①クリック

②モバイルサイトの
編集画面に切り替わる

2 各パーツの配置調整

モバイルサイトの表示を確認した結果、レイアウトの乱れが見つかった場合は、**各パーツのサイズや位置を調整**して見た目を修正します。たとえば、以下の例では、サイト名を表示する「テキスト」の幅が足りないため、文字が2行に折り返して表示されています。このような場合は、パーツのサイズを大きくして、文字が1行で表示されるように調整してあげる必要があります。

また、「画像」の配置が最適でない場合もあります。このような場合は、それぞれの「画像」のハンドルをドラッグして、サイズと位置を調整します。

そのほか、文字サイズが大きすぎる（または小さすぎる）ために、全体のバランスが崩れてしまうケースもあります。このような場合は「テキスト」のパーツを選択し、［**設定**］のアイコンをクリックして**文字の書式**を調整します。

各パーツの編集方法は、これまでに解説してきた操作手順と基本的に同じです。トップページ（Homeのページ）のレイアウトを調整できたら、他のページについても表示を確認し、必要に応じて配置や書式などを調整していきます。編集するページは、以下のように操作すると切り替えられます。

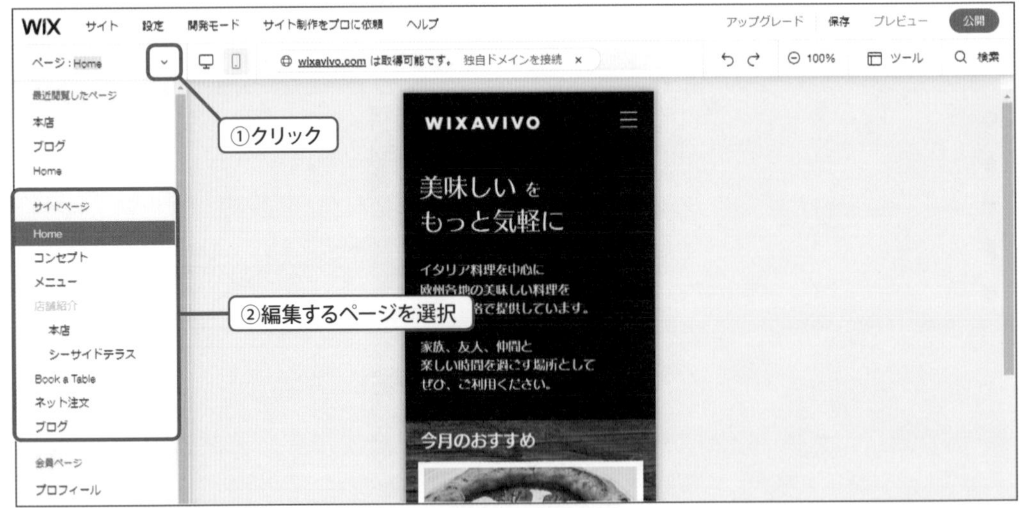

なお、ここで編集した内容は**モバイルサイトにのみ反映される**仕組みになっています。PCサイトは影響を受けません。念のため、覚えておいてください。

3 モバイルサイトのプレビュー

モバイルサイトの編集画面にも**プレビュー**が用意されています。実際にスマートフォンで閲覧したときに近いイメージで各ページの表示を確認したり、リンクなどの動作を確認したりするときに活用してください。

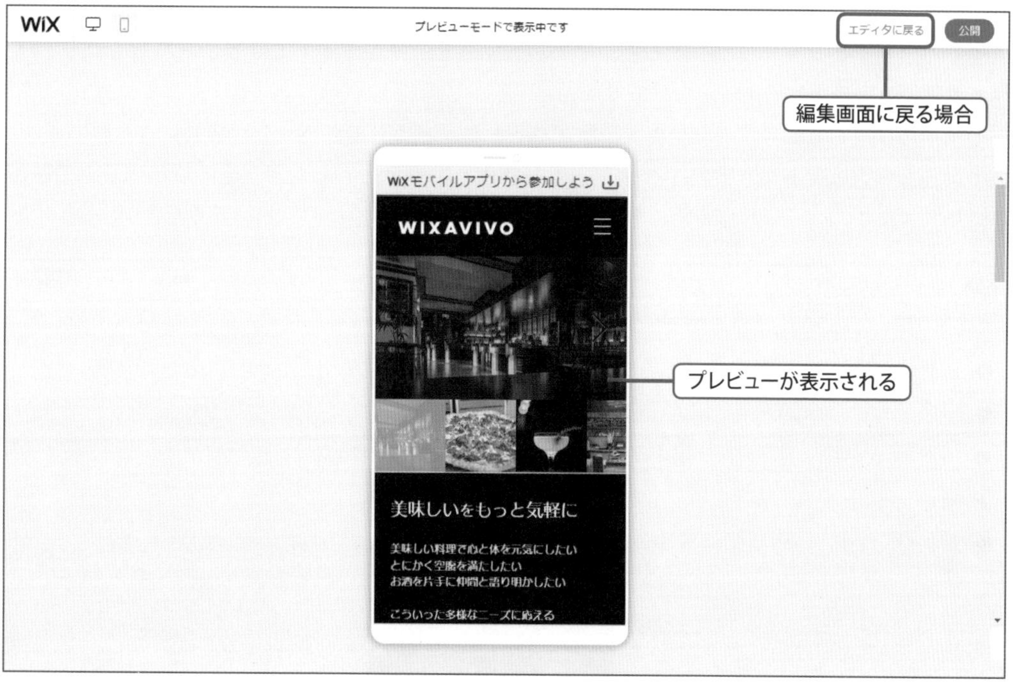

チェック

スマートフォンで閲覧したときにモバイルサイトを表示するには、「モバイル最適化」を有効に設定しておく必要があります。この設定は、メニューバーにある「設定」→「モバイル最適化」を選択すると確認できます。

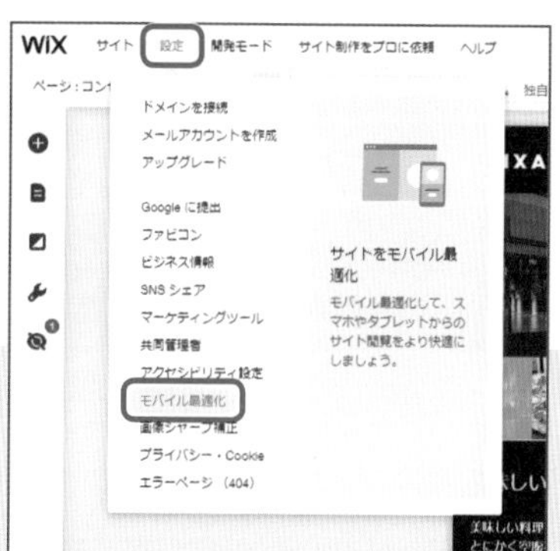

24 モバイルのみ表示／非表示

ページ内にある各パーツの表示／非表示を「PCサイト」と「モバイルサイト」で切り替えることも可能です。続いては、各パーツの表示／非表示について解説します。

1 モバイルサイトで非表示

PCサイトのときは表示、モバイルサイトのときは非表示、という具合に各パーツの表示／非表示を「PCサイト」と「モバイルサイト」で切り替えることも可能です。まずは、**モバイルサイトで非表示にするパーツの指定方法**を解説します。

モバイルサイトの編集画面で各パーツを選択すると、（**非表示にする**）のアイコンが表示されます。このアイコンをクリックすると、そのパーツはモバイルサイトでは表示されなくなり、PCサイトにのみ表示されるようになります。

モバイルサイトでは各パーツが縦に配置されるため、どうしてもページが縦長になりがちです。このような場合は、あまり重要でないパーツを非表示に設定しておくと、そのぶんページの長さを短くできます。ページが長くなりすぎた場合の対処方法として覚えておいてください。

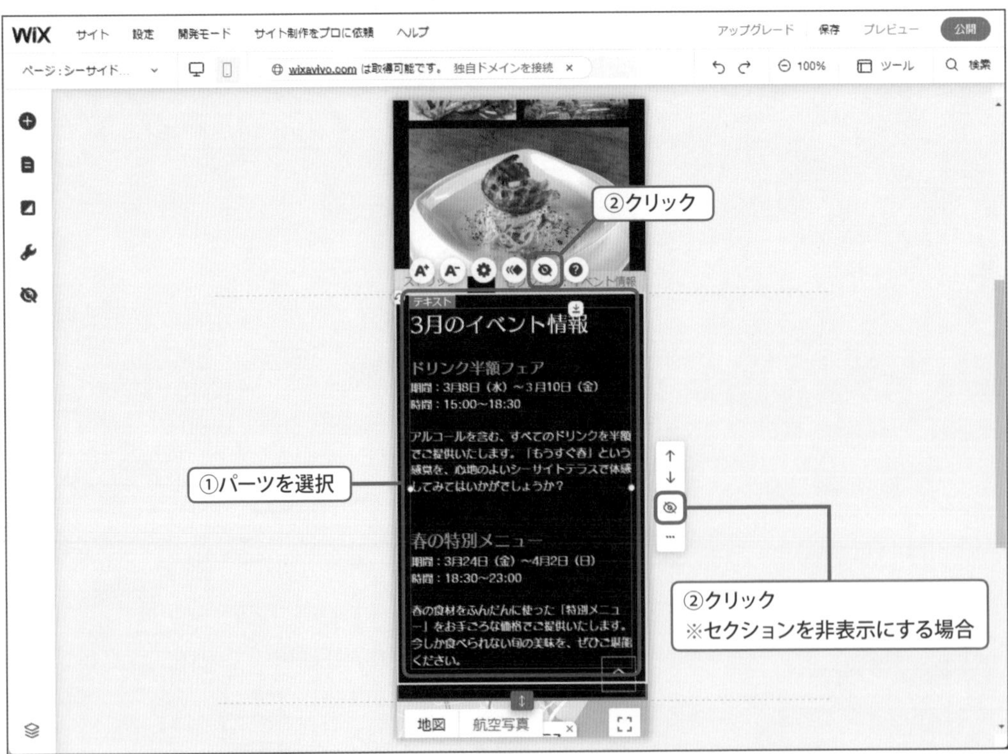

なお、編集画面の左側にある［**モバイル上で非表示**］のアイコンをクリックすると、「非表示」に設定されているパーツの一覧が表示されます。この一覧の右端にある［**表示**］**ボタン**をクリックすると、そのパーツを「表示」の設定に戻すことができます。

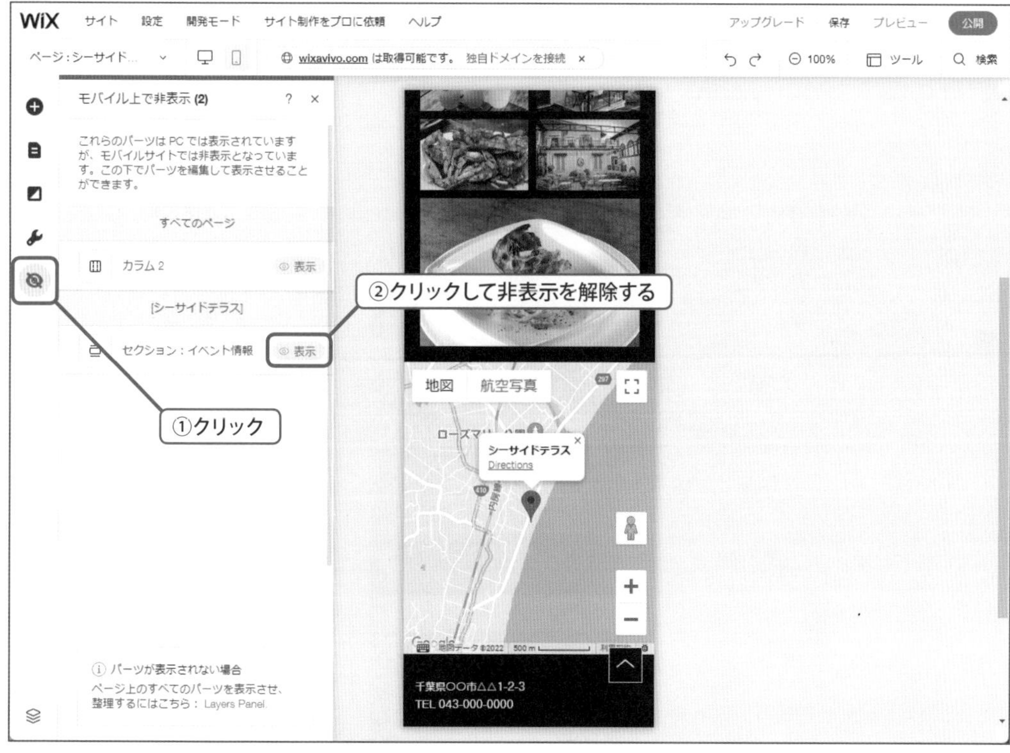

2 モバイルサイトのみ表示

先ほどの例とは逆に、モバイルサイトのときは表示、PCサイトのときは非表示、というパーツを作成することも可能です。この場合は、モバイルサイトの編集画面にある［**モバイルに追加**］のアイコンをクリックし、好きな**パーツをドラッグ&ドロップ**してページに追加します。すると、そのパーツは**モバイルサイトにのみ表示されるパーツ**として扱われます。

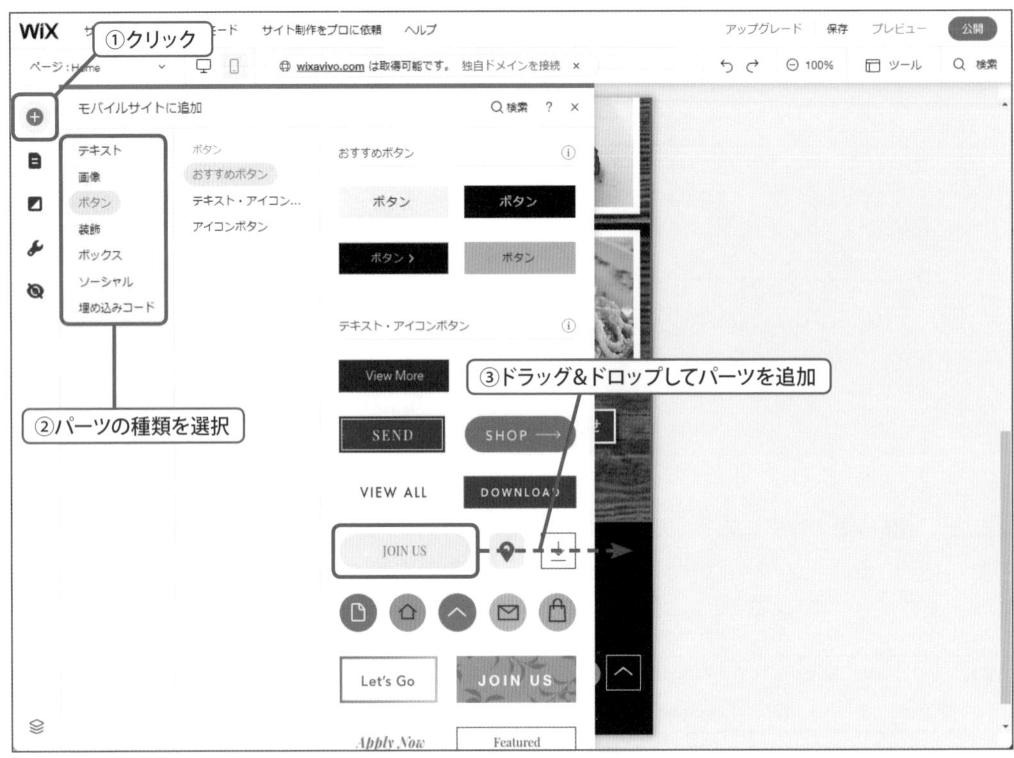

以降の操作手順は、PCサイトにパーツを追加するときと基本的に同じです。これまでに本書で解説してきた手順を参考に編集作業を進めてください。たとえば、「ボタン」のパーツを追加したときは、ボタン内に表示する文字、リンク先、ボタンの書式などを指定します。

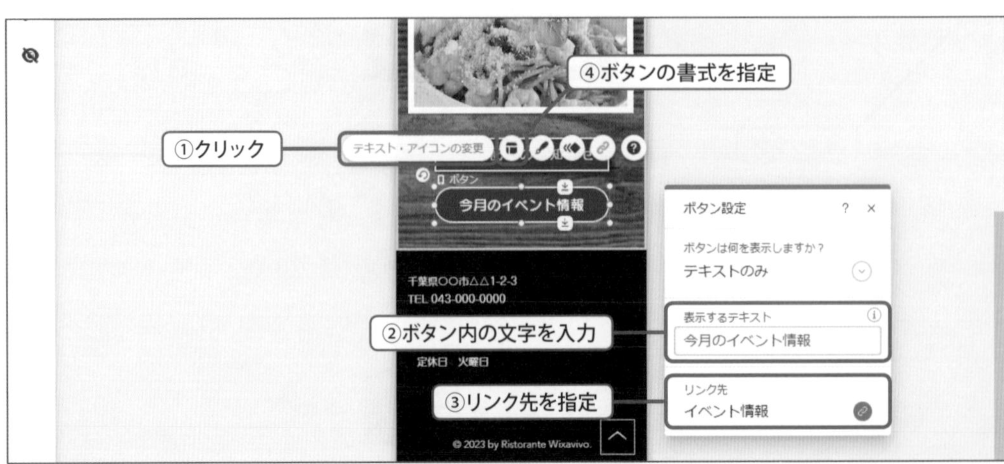

モバイルサイトの背景

モバイルサイトについてのみ、各ページの背景を変更することも可能です。続いては、ページの背景を変更するときの操作手順を解説します。

1 ページ背景の変更

モバイルサイトでは各パーツが幅一杯に表示されることが多く、そのぶん余白部分が小さくなる傾向があります。このため、**ページ背景**に指定した画像がほとんど見えなくなる場合もあります。また、背景画像がページ全体に表示されない、などのトラブルが生じる場合もあります。

このような場合は、モバイルサイトについてのみ、ページの背景を変更しておくのが効果的です。各ページの背景を変更するときは、モバイルサイトの編集画面の左側にある［**背景**］のアイコンをクリックします。

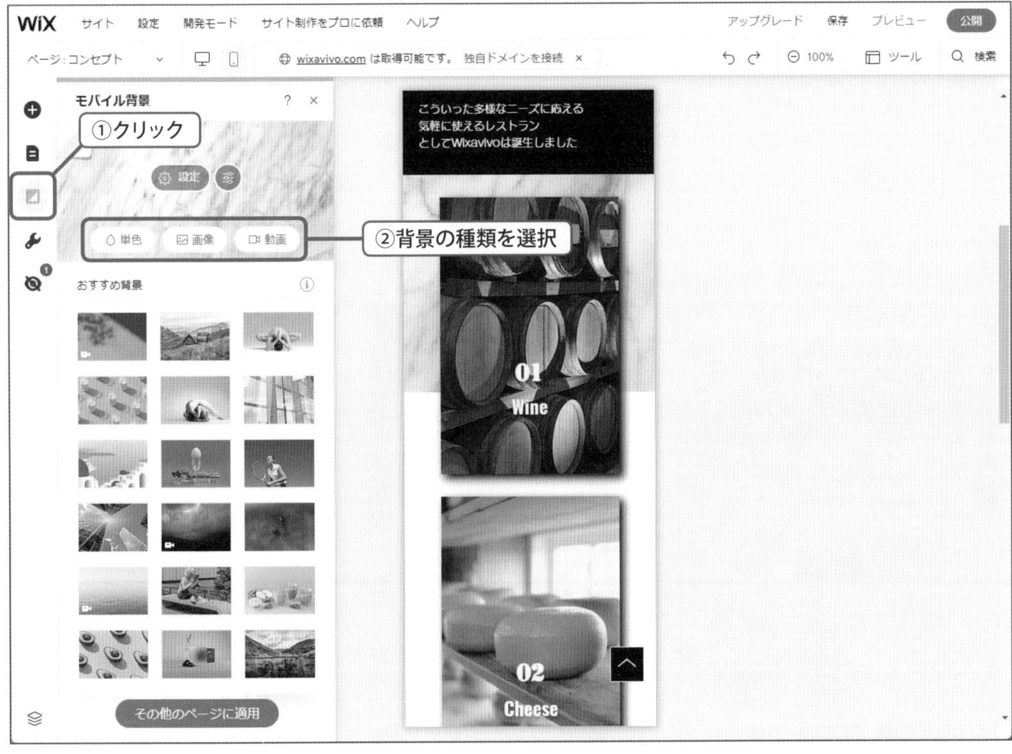

ページ背景の指定方法は、PCサイトのページ背景を指定する場合と同じです。本書のP96～99を参考に操作を進めてください。たとえば、ページ背景を「**単色**」にするときは、次ページの図のように操作します。背景を「単色」に変更するとデータ通信量が少なくなり、Webページが表示されるまでの時間をほんの少しだけ高速化できます。

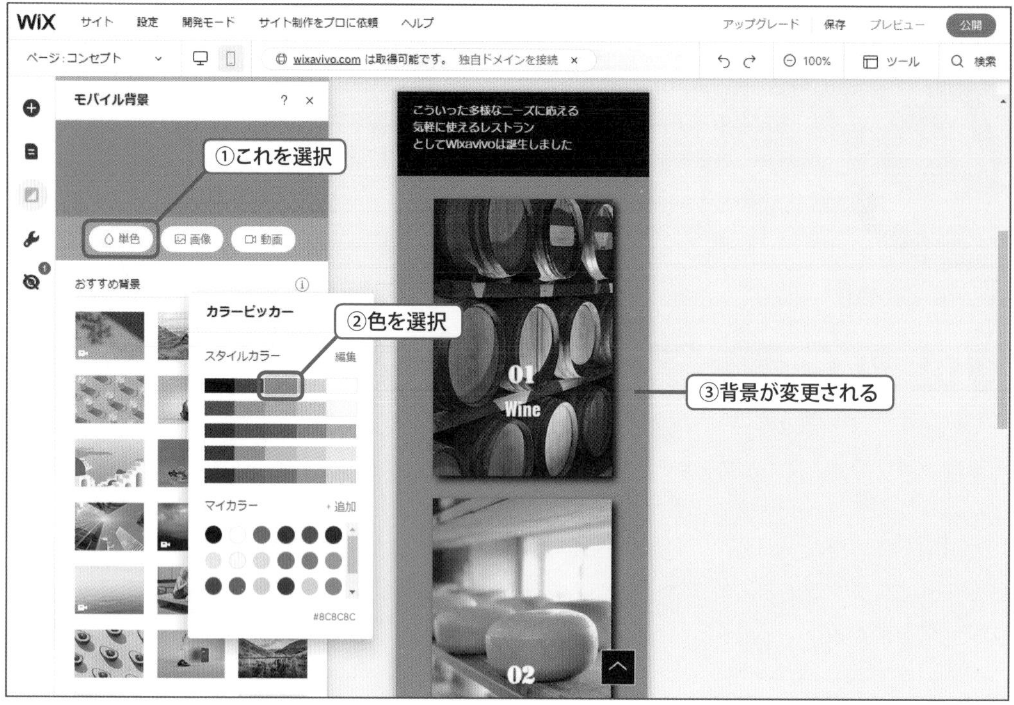

モバイルサイトの場合も、背景は**ページ単位で指定**する仕組みになっています。他のページにも同じ背景を指定するときは、[**その他のページに適用**]ボタンをクリックし、同じ背景にするページのチェックボックスをONにします。

モバイルアクションバー

モバイルサイトならではのパーツを配置する機能も用意されています。これらを上手に活用すると、モバイルサイトの操作性を向上させることができます。まずは、モバイルアクションバーの使い方を解説します。

1 モバイルアクションバーの追加

モバイルアクションバーを利用すると、モバイルサイトの最下部に電話、メール、SNSなどのアイコンを常に表示できるようになります。モバイルアクションバーを設置するときは、以下のように操作します。

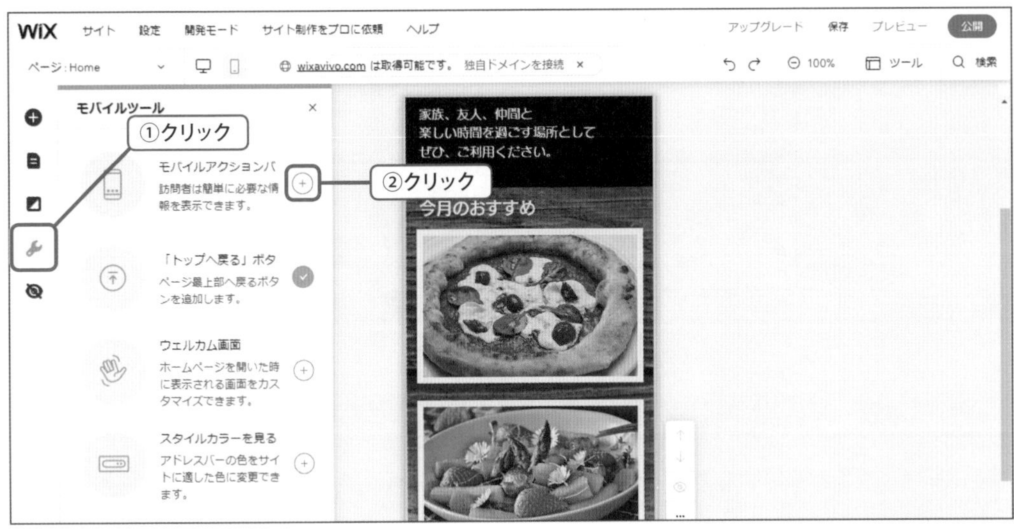

2 表示するアイコンの指定

モバイルアクションバーを設置できたら［**モバイルアクションを設定**］**ボタン**をクリックし、表示するアイコンを指定します。アイコンを追加するときは［**その他**］**ボタン**をクリックし、アイコンの種類を選択します。

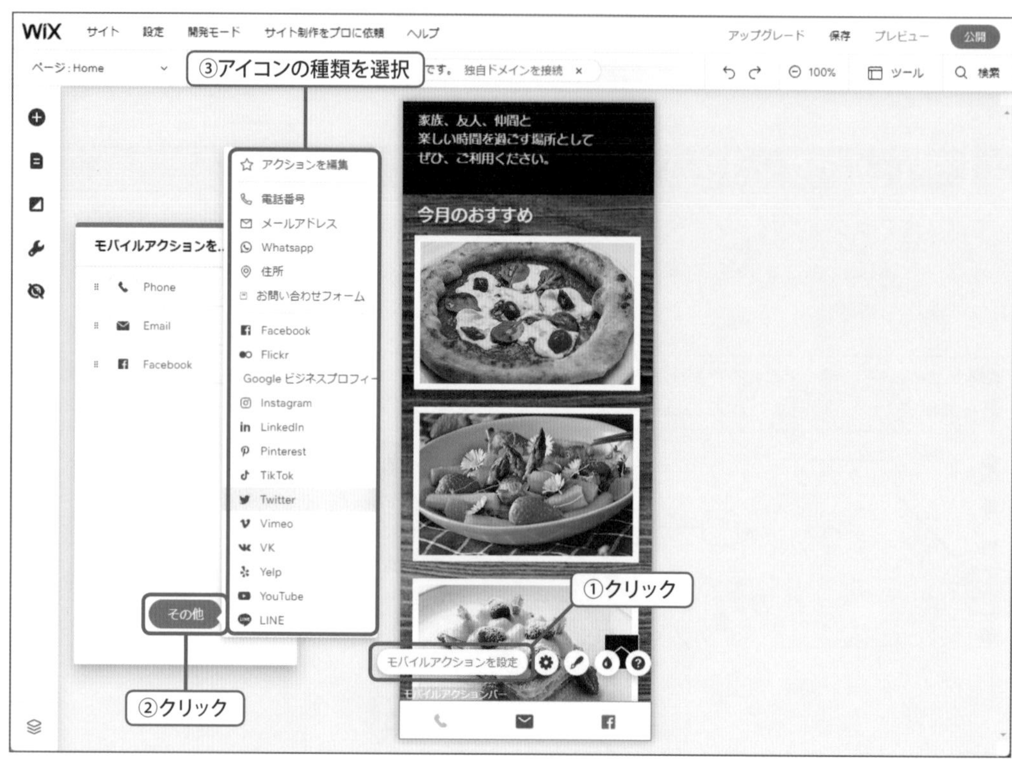

逆に、アイコンを削除するときは、各アイコンの右端にある … をクリックし、「**削除**」を選択します。

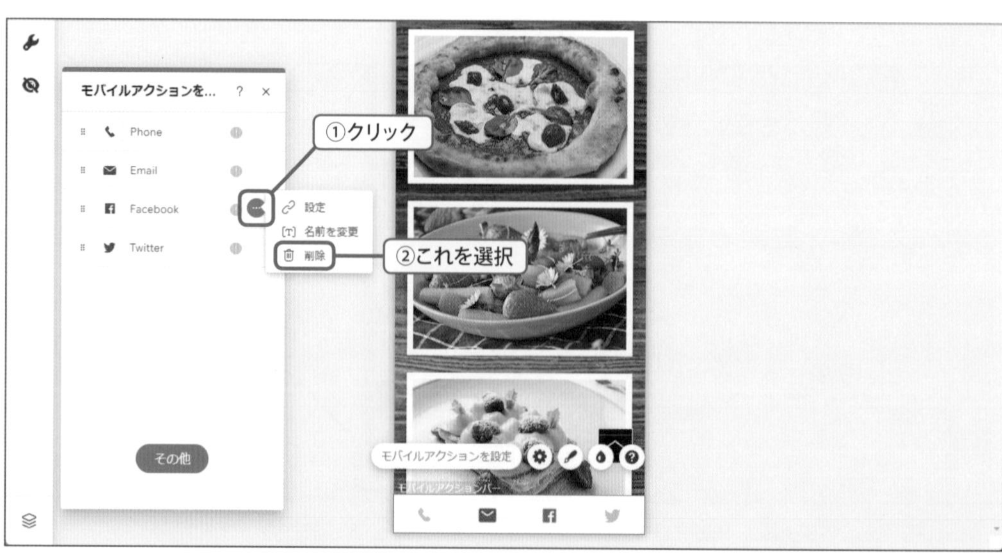

3 各アイコンの設定

モバイルアクションバーに配置したアイコンを正しく機能させるには、各アイコンの設定を済ませておく必要があります。この作業は、⋯から「**設定**」を選択すると実行できます。

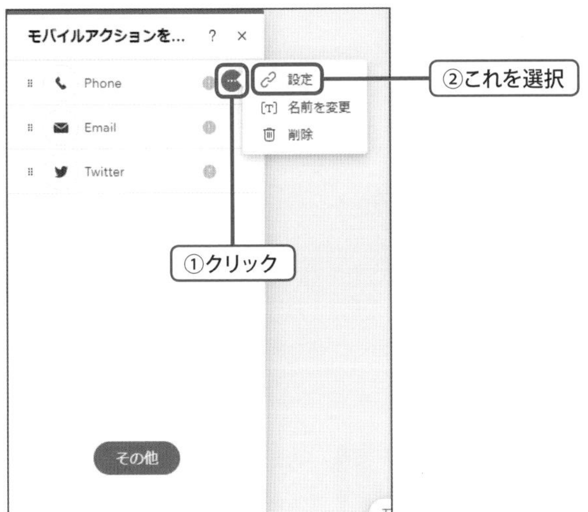

「**Phone**」のアイコンには、発信先の電話番号（自分の電話番号）を登録しておく必要があります。同様に「**Email**」のアイコンには、宛先のメールアドレス（自分のメールアドレス）を登録します。「**SNS**」のアイコンには、リンク先のURL（自分のSNSのURL）を登録します。

■「Phone」の設定

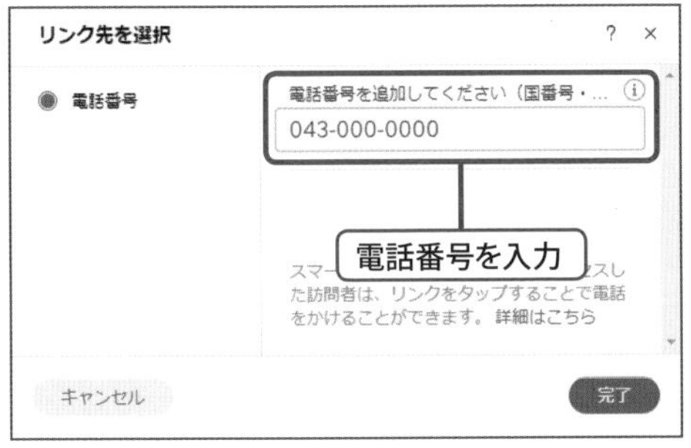

■「Email」の設定

■「SNS」の設定

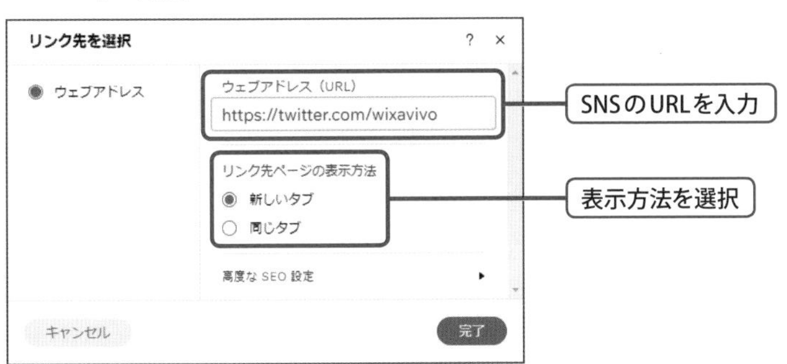

4 モバイルアクションバーのデザイン

モバイルアクションバーのデザインをカスタマイズすることも可能です。この場合は、以下の3つのアイコンをクリックして、それぞれの設定を変更します。

［設定］のアイコンをクリックすると、ラベルの表示/非表示を指定できます。

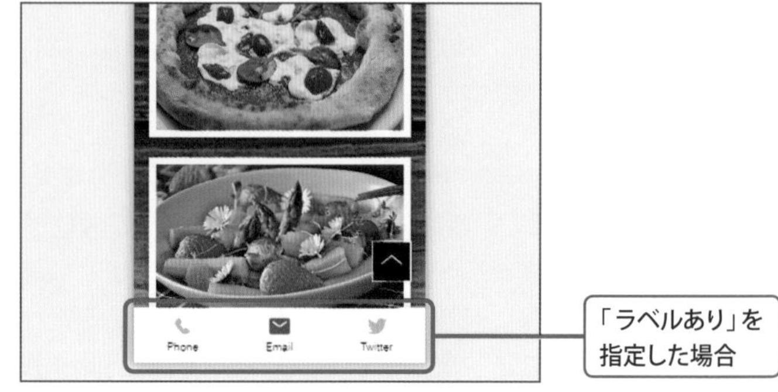

［デザインを変更］のアイコンをクリックすると以下のようなダイアログが表示され、アイコンの配置方法を変更できるようになります。

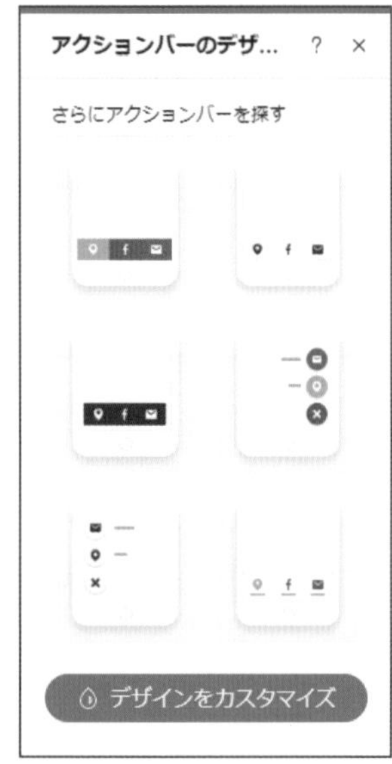

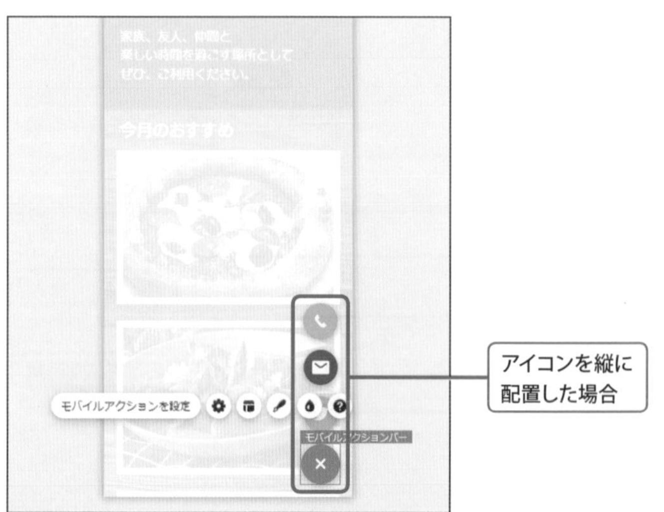

［カスタマイズ］のアイコンは、モバイルアクションバーの色や枠線の書式などを変更するときに利用します。

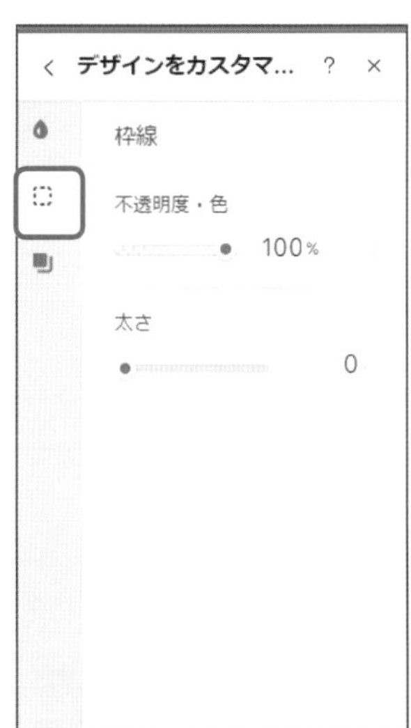

ポイント

設置したモバイルアクションバーを削除するときは、「モバイルアクションバー」のパーツを選択し、［Delete］キーを押します。

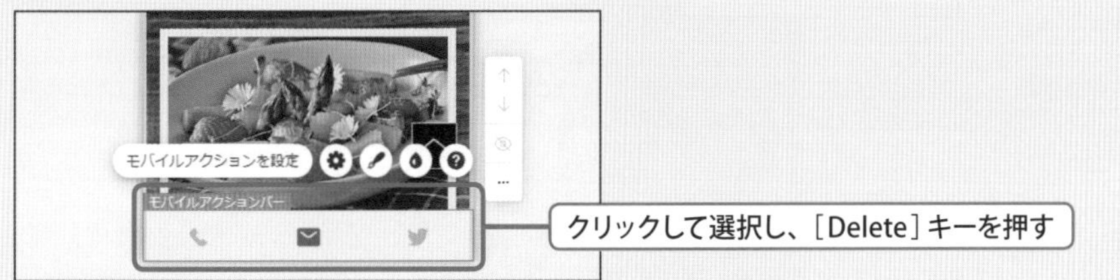

［トップに戻る］ボタン

モバイルサイトには、各ページの最上部へ移動する［トップに戻る］ボタンが配置されています。このボタンの表示／非表示を指定したり、ボタンのデザインを変更したりすることも可能です。

1 ［トップに戻る］ボタンの表示／非表示

モバイルサイトの右下には、各ページの最上部へ移動する［**トップに戻る**］**ボタン**が配置されています。このボタンの表示／非表示を指定することも可能です。［トップに戻る］ボタンを非表示にするときは、［トップに戻る］ボタンをクリックして選択し、［**Delete**］**キー**を押します。

なお、［トップに戻る］ボタンを再び表示するときは、［**モバイルツール**］のアイコンをクリックし、「**トップへ戻る**」**ボタン**の⊕をクリックします。

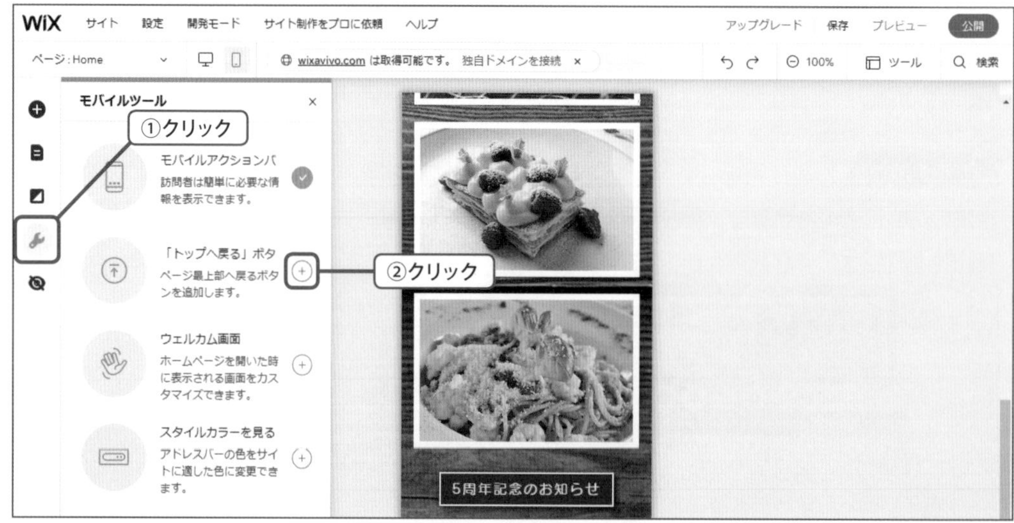

2 ボタンのカスタマイズ

［トップに戻る］ボタンに表示する**アイコン**を変更したり、ボタンの**配置**や**色**を変更したりすることも可能です。

■ アイコンを変更

■ デザインを変更

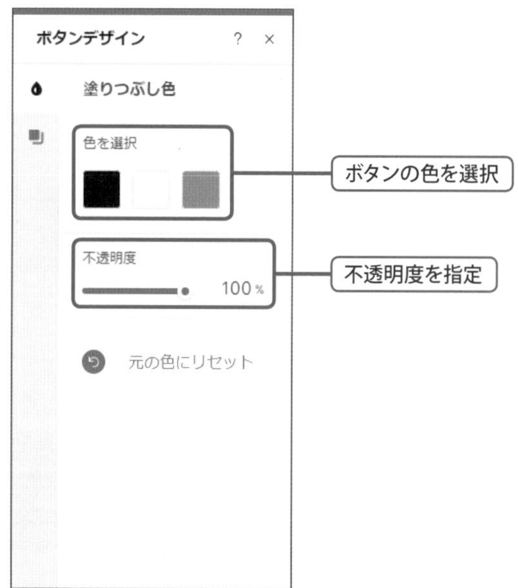

■ レイアウト

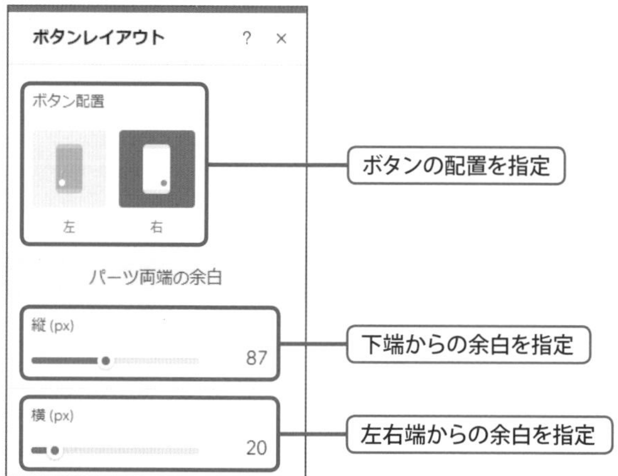

ウェルカム画面とアドレスバーの色

モバイルサイトを開いたときに表示する「ウエルカム画面」を作成したり、Webブラウザ「Chrome」のアドレスバーの色を指定したりする機能も用意されています。続いては、これらの機能の使い方を解説します。

1 ウェルカム画面

モバイルサイトを表示する前（データを読み込んでいるとき）に、**ウェルカム画面**を表示することも可能です。ウェルカム画面は、以下のように操作すると設置できます。

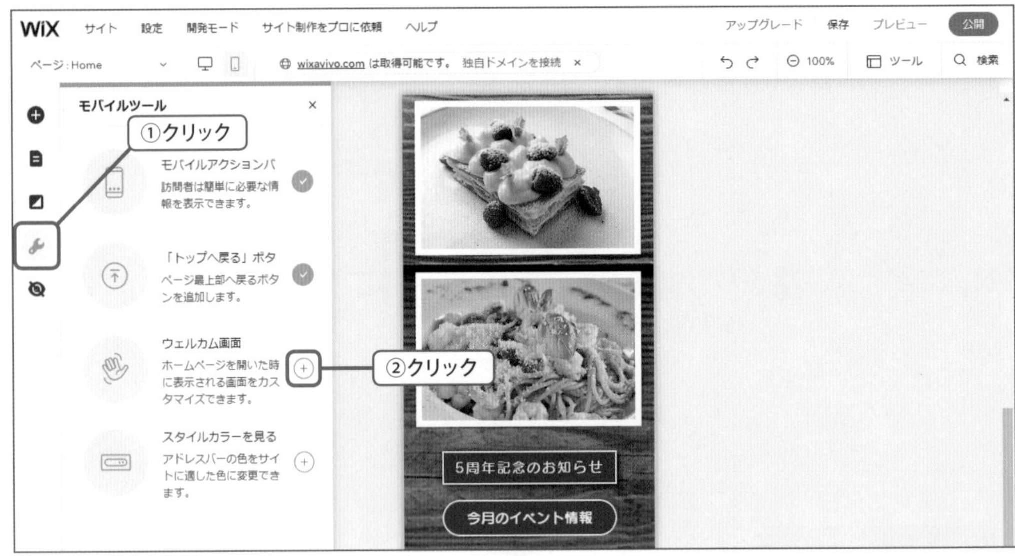

［画像］ボタンをクリックすると、Wixサーバーにアップロードされている画像ファイルが一覧表示されます。ここでウェルカム画面に表示する画像を選択します。

続いて、アニメーションを選択し、背景色を指定すると、モバイルサイトにウェルカム画面を設置できます。

なお、設置した**ウェルカム画面を削除する**ときは、［**モバイルツール**］のアイコンをクリックし、「**ウェルカム画面**」の⊖から「**削除**」を選択します。

2 Chromeのアドレスバーの色

［**モバイルツール**］のアイコンをクリックし、「**スタイルカラーを見る**」の⊕をクリックすると、以下のような設定画面が表示されます。ここでは、AndroidスマートフォンでWebブラウザに「Chrome」を利用しているときのテーマカラー（アドレスバーの色）を指定できます。

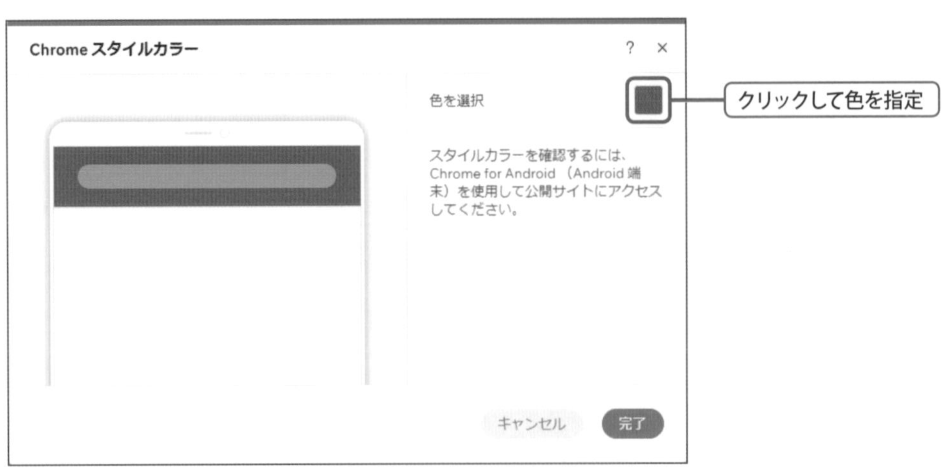

第5章

Webサイトの管理

最後に、作成したWebサイトをインターネットに公開する、ビジネス情報を登録する、アカウント情報を変更する、Wixにアップロードした画像を整理する、などの「Webサイトの管理」に関連する操作について解説しておきます。

Webサイトの公開

作成したWebサイトを誰でも閲覧できるようにするには、インターネットに公開しておく必要があります。また、テスト用に一時的に公開したWebサイトを未公開の状態に戻すときの操作手順も紹介しておきます。

1 Webサイトの公開手順

Webサイトをひととおり作成できたら、以下のように操作してWebサイトをインターネットに公開します。

(1) 編集画面の右上にある［**公開**］**ボタン**をクリックします。

(2) 少し待つと、以下のような画面が表示されます。以上で、Webサイトを公開する作業は完了です。［**サイトを見る**］**ボタン**をクリックします。

（3）新しいタブに「自身のWebサイト」が表示されるので、リンクなどをクリックして各ページの表示や動作を確認します。念のため、「自身のWebサイト」のURLも確認しておいてください。

PCサイトの表示を確認できたらWebサイトの編集画面に戻り、今度はスマートフォンで**モバイルサイト**の表示を確認します。このとき、スマートフォンにURLを入力するのが面倒な場合は、以下のように操作して**QRコード**を表示しても構いません。このQRコードをスマートフォンで読み取ると、「自身のWebサイト」を簡単に表示できます。

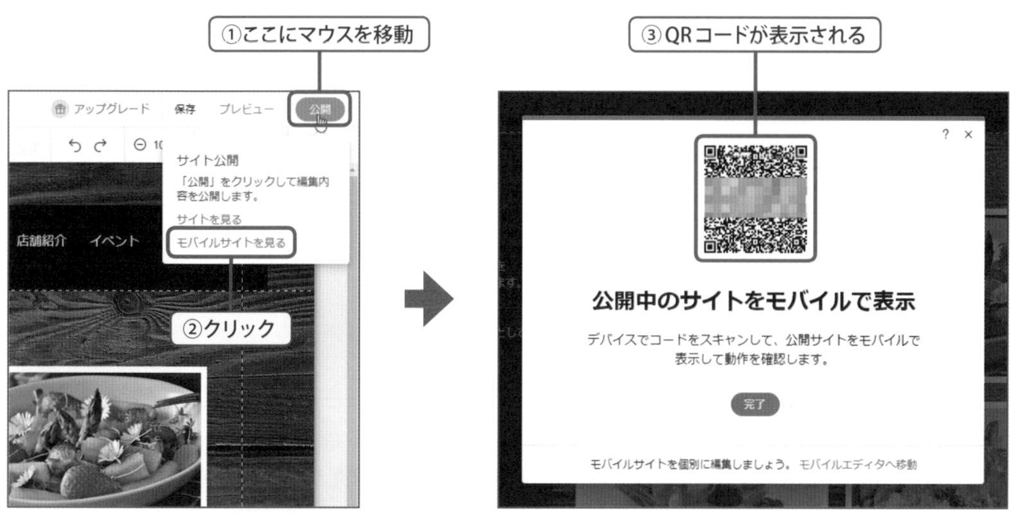

Webサイトの表示を確認した結果、何らかの不具合が見つかった場合は、それを修正する編集作業を行います。ただし、**編集画面で修正した内容が即座にWebサイトに反映される訳ではありません。**修正した内容をWebサイトに反映させるには、もういちど［**公開**］**ボタン**をクリックする必要があります。忘れないように注意してください。

2 Webサイトを未公開に戻す

テストのために一時的に公開したWebサイトを**未公開**の状態に戻したい場合もあるでしょう。このような場合は、以下のように操作してWebサイトの設定を変更します。

（1）Webサイトの**ダッシュボード**を開き、左側のメニューにある「**設定**」をクリックします。

（2）「設定ホーム」が表示されるので、「**サイトの設定**」をクリックします。

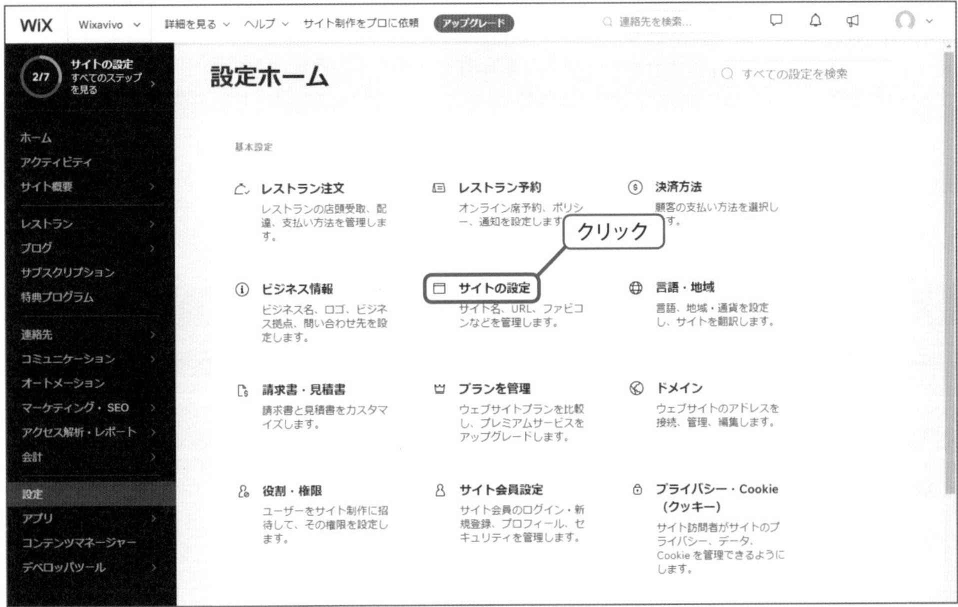

（3）画面の右上にある「**未公開に戻す**」の文字をクリックします。

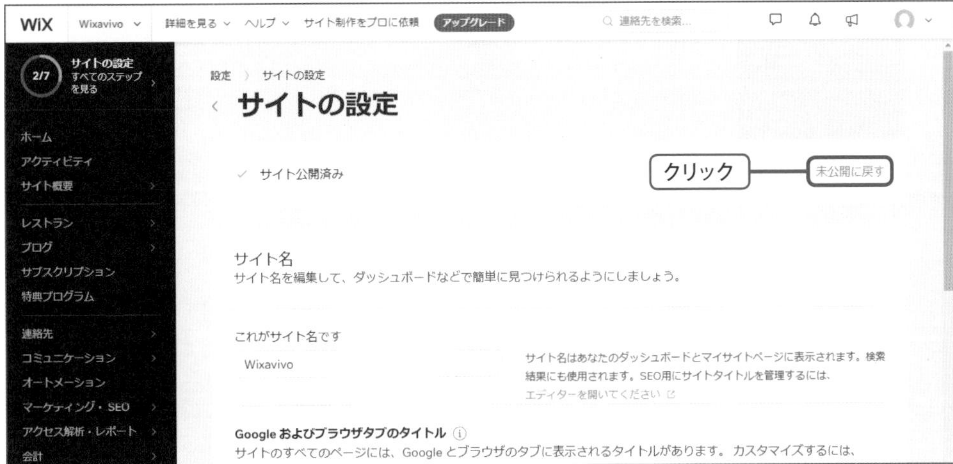

（4）このような確認画面が表示されるので、［**未公開に戻す**］**ボタン**をクリックします。

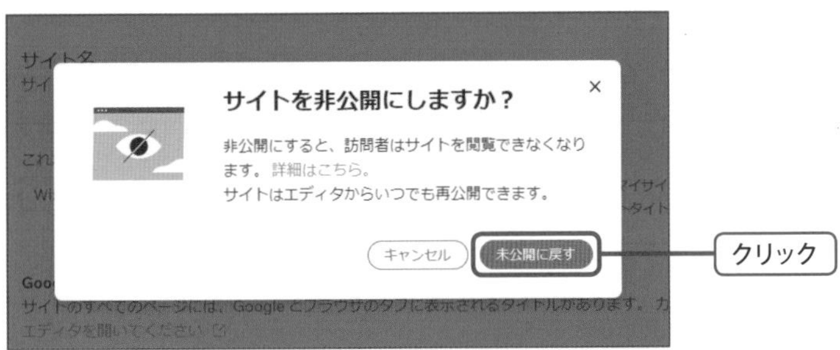

ビジネス情報の入力

Wixにメールアドレスや電話番号、住所などの情報を登録しておくことも可能です。個人サイトではない、店舗や企業のWebサイトでは、これらのビジネス情報も必要に応じて登録しておいてください。

1 ビジネス情報の登録について

テンプレートを使ってWebサイトを作成した場合は、**メールアドレス**や**電話番号**、**住所**などのビジネス情報がダミーのままになっています。必要に応じて情報を正しく修正しておいてください。ただし、**個人サイトで住所や電話番号を公表したくない場合は、これらの情報を登録する必要はありません**。ビジネス情報を修正するときは、以下のように操作します。

（1）Webサイトのダッシュボードを開き、「**編集**」の文字をクリックします。

（2）ビジネス情報の編集画面が表示されます。**名前**や**カテゴリー**を確認し、**詳細**に簡単な説明文を入力します。ロゴ画像をアップロードすることも可能です。

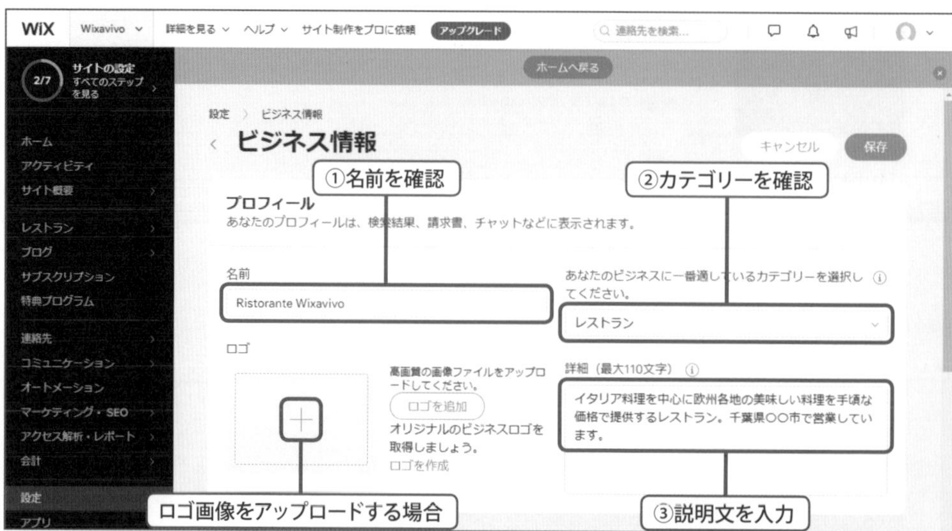

(3) 画面を下へスクロールし、**住所**、**メールアドレス**、**電話番号**、**FAX番号**を入力します。続いて、営業時間の項目にある「**編集**」をクリックします。

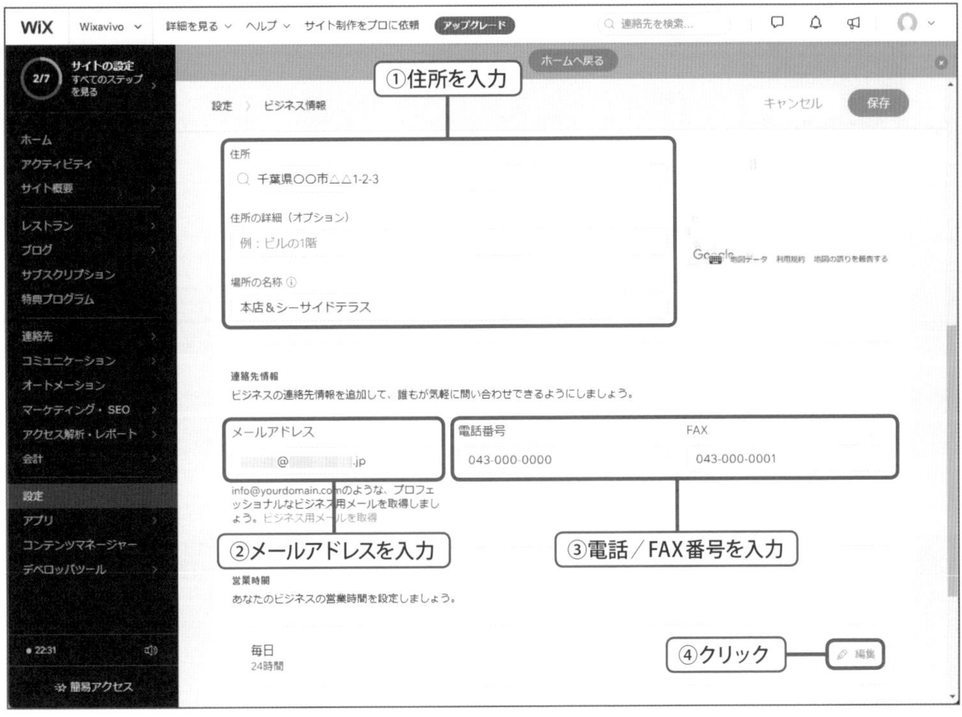

(4) 店舗やオフィスの**営業時間**を登録します。「24時間」のチェックを外し、営業している曜日だけをONにして、開始時刻と終了時刻を指定します。なお、曜日ごとに営業時間が異なる場合は、[+]をクリックすると入力欄を増やすことができます。営業時間を指定できたら[**適用**]**ボタン**をクリックします。

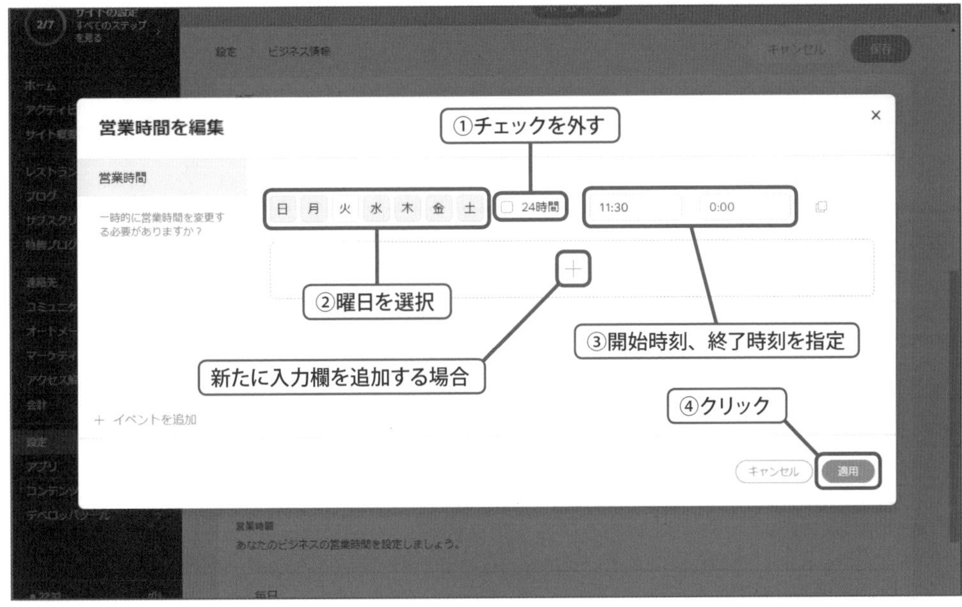

30 ビジネス情報の入力

(5) ビジネス情報の編集画面に戻るので、[**保存**] **ボタン**をクリックして情報の修正を確定します。

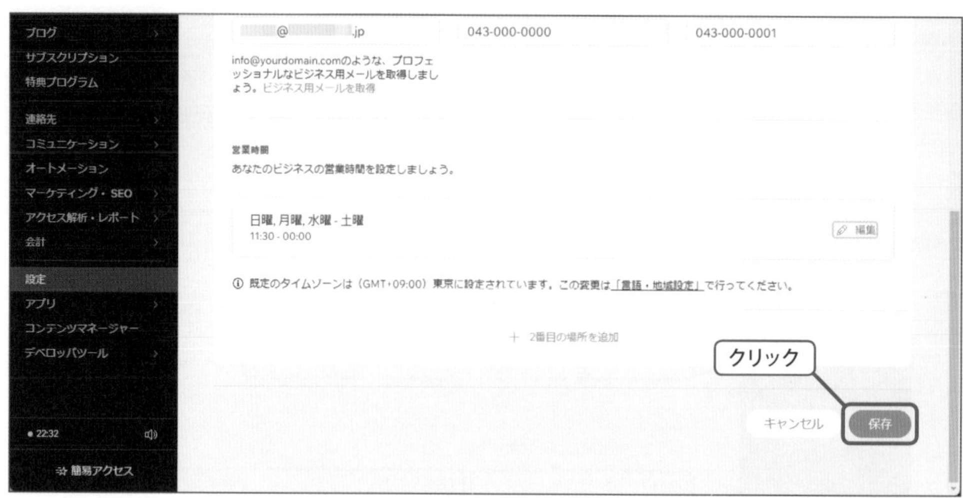

2 サイトの設定について

ダッシュボードの「**サイトの設定**」には、「作業済みの項目」と「まだ作業していない項目」が一覧表示されています。これらの項目をすべて「作業済み」にするには、ネット注文に対応したり、独自ドメインを取得したりする必要があります(Wixの有料プランを契約する必要があります)。

とはいえ、店舗や企業によっては、まだネット注文に対応できないケースもあるでしょう。「サイトの設定」をすべて「作業済み」にしなくても特に問題は生じないので、この項目は参考程度に捉えておいてください。

複数サイトの管理

Wixでは「複数のWebサイト」を作成、管理することが可能です。続いては、テスト用に作成したWebサイトを削除するなど、それぞれのWebサイトを管理するときの操作手順を解説します。

1 マイサイトの表示

第1章でも紹介したようにWixを使って**複数のWebサイト**を作成し、運営していくことも可能です。この場合は、**Wixのロゴ**をクリックすると、Webサイトの管理画面（**マイサイト**）を表示できます。

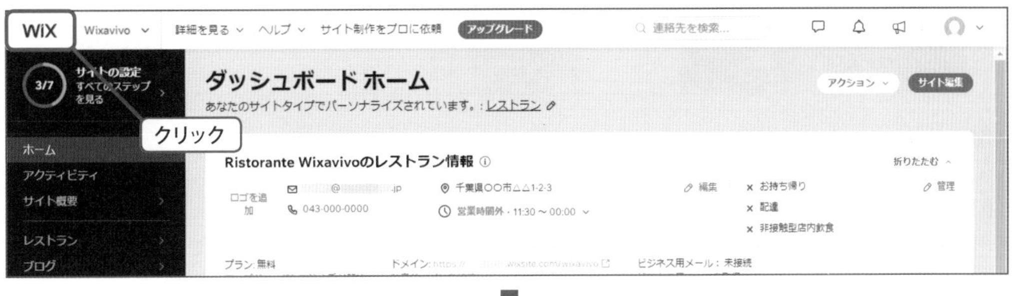

2 Webサイトの作成と削除

新しいWebサイトを作成するときは、マイサイトの右上にある［新しいサイトを作成］ボタンをクリックします。以降の操作手順は、本書の第1章で解説したとおりです。

練習用に作成したテストサイトなど、不要なWebサイトを削除するときは、各サイトの上へマウスを移動し、管理メニューから「ゴミ箱に移動」を選択します。続いて表示される確認画面で［ゴミ箱に移動］ボタンをクリックすると、そのWebサイトをゴミ箱に移動できます。

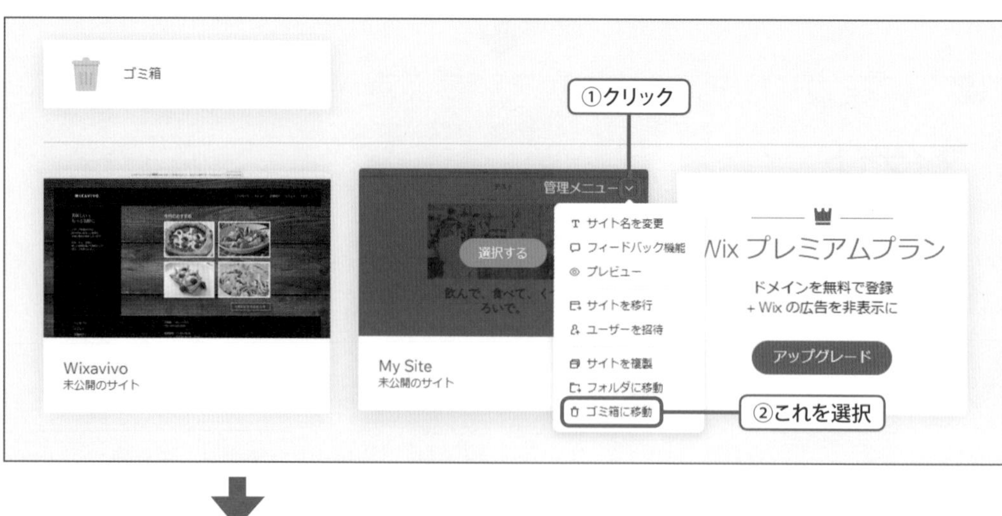

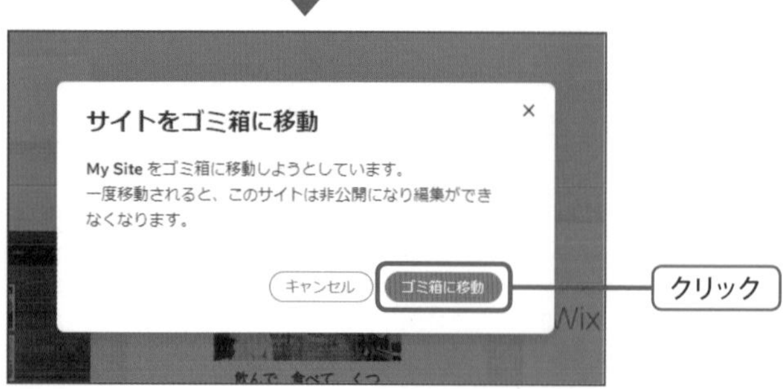

3 ゴミ箱に移動したWebサイトの操作

ゴミ箱に移動したWebサイトを確認するときは、Webサイトの管理画面にある「**ゴミ箱**」をクリックします。

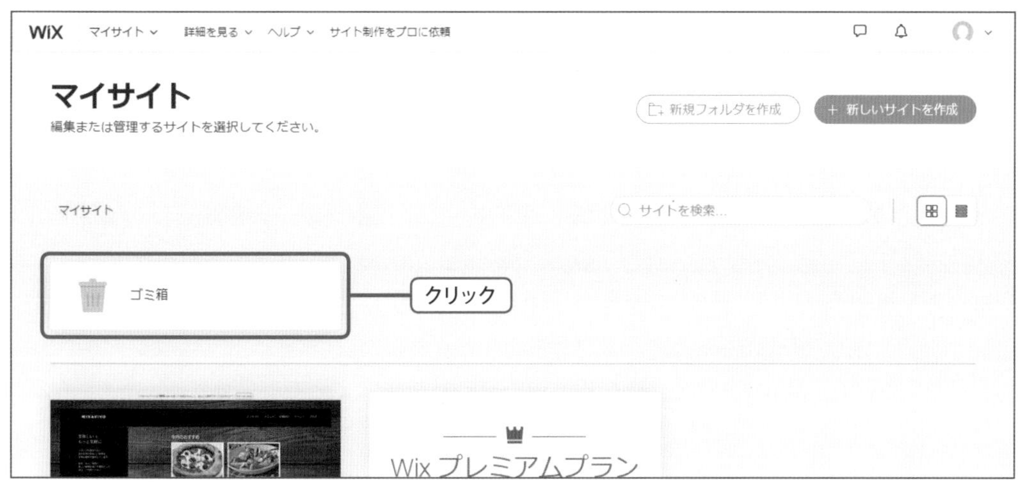

すると、ゴミ箱に保管されているWebサイトが一覧表示されます。これらのWebサイトを**復元**または**完全に削除**するときは、以下のように操作します。

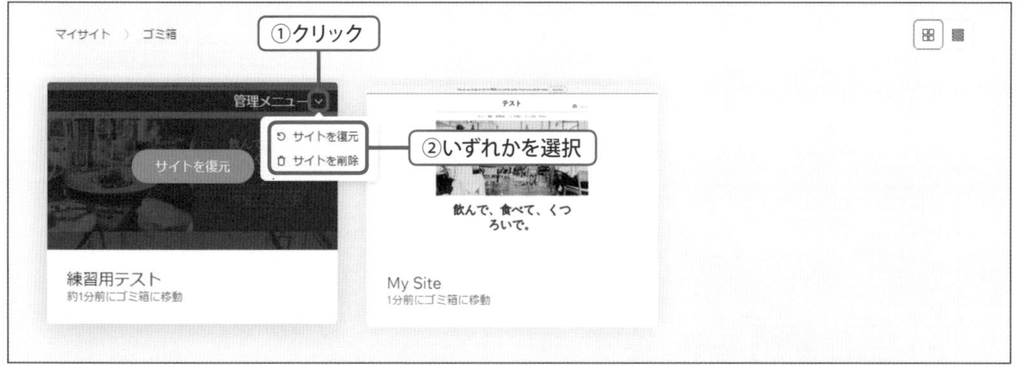

「**サイトを復元**」を選択すると、そのWebサイトを「ゴミ箱」から取り出して編集可能な状態に戻すことができます。「**サイトを削除**」を選択すると、そのWebサイトを完全に削除できます。いずれの場合も、作業を実行する前に以下のような確認画面が表示されます。

サイトを復元するときの確認画面

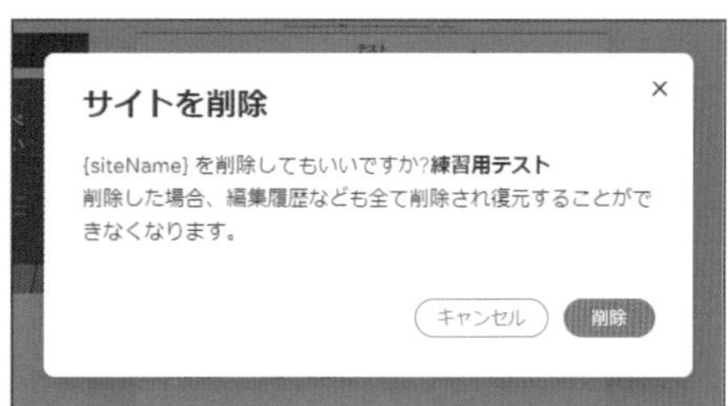

サイトを削除するときの確認画面

アップロードしたファイルの整理

Webサイトの更新を続けていくと、各ページに掲載する画像ファイルなどが次第に増えていきます。続いては、Wixにアップロードした画像ファイルなどを整理する方法を解説します。

1 サイトファイルの表示

Webサイトに画像を掲載するには、あらかじめ画像ファイルをWixに**アップロード**しておく必要があります。ただし、次々と画像をアップロードしていくと、それだけファイルの数も増えていくため、目的の画像を探し出すのに苦労するかもしれません。このままでは使い勝手が悪くなってしまうので、適当なタイミングでファイルを整理しておくことをお勧めします。

Wixにアップロードした画像や動画などのファイルは、「**サイトファイル**」に保管されています。まずは、「サイトファイル」を表示するときの操作手順を解説します。

（1）Webサイトの編集画面を開き、[**メディア**]のアイコンをクリックします。続いて、「サイトファイル」の[**もっと見る**]**ボタン**をクリックします。

(2)「**サイトファイル**」が表示され、Wixにアップロードした画像や動画などのファイルが一覧表示されます。

2 フォルダの作成

「サイトファイル」の中に**フォルダ**を作成し、ファイルを分類して管理することも可能です。フォルダを作成するときは［**新規フォルダを作成**］のアイコンをクリックし、**フォルダー名を入力**して［Enter］キーを押します。

3 ファイルの移動

必要な数だけフォルダを作成できたら、その中に**ファイルを移動**して「サイトファイル」を整理していきます。この操作は、**ファイルをフォルダの上へドラッグ&ドロップ**すると実行できます。

「ファイル」と「フォルダ」の位置が離れているため、ドラッグ&ドロップするのが難しい場合は、メニューコマンドを使ってファイルを移動しても構いません。この場合は、以下のように操作します。

（1）移動する**ファイルを選択**します。続いて、●をクリックし、「**移動**」を選択します。

（2）フォルダが一覧表示されるので、**移動先のフォルダ**を選択します

（3）移動先フォルダが変更されるので、これを確認してから［**ここに移動**］**ボタン**をクリックします。

なお、各フォルダへ移動したファイルは、フォルダを**ダブルクリック**して開くと確認できます。

ポイント

フォルダの中にフォルダを作成して、階層的なフォルダ構成にすることも可能です。目的のファイルをすぐに見つけられるように、各自でフォルダ分類の仕方を工夫してください。

4 マイボードの活用

フォルダとは別に、**ボード**という機能を使ってファイルを整理する方法も用意されています。左側のメニューで「**マイボード**」を選択すると、「**お気に入り**」というボードが表示されるのを確認できると思います。

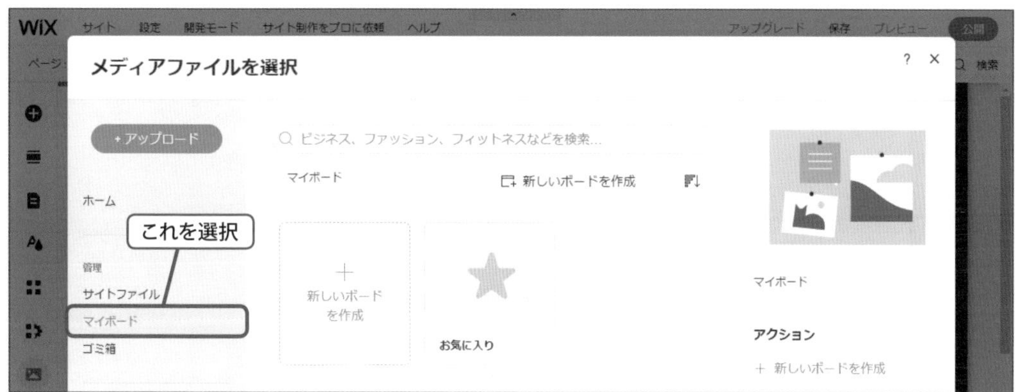

ここに**新しいボードを作成**して、好きなファイルだけを収集しておくことも可能です。新しいボードを作成するときは、以下のように操作します。

(1) [**新しいボードを作成**] をクリックします。

(2) **ボード名**を入力し、必要に応じて**内容**に簡単な説明文を入力します。入力できたら [**作成**] ボタンをクリックします。

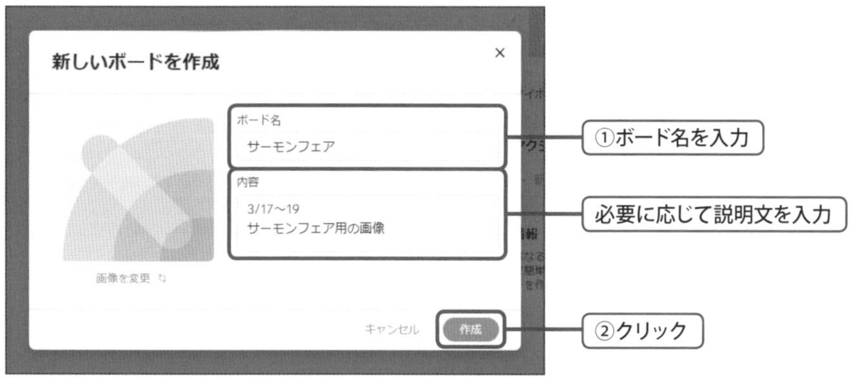

(3) ボードが作成されるので、この上にマウスを移動して［**開く**］**ボタン**をクリックします。もしくは、作成したボードを**ダブルクリック**しても構いません。

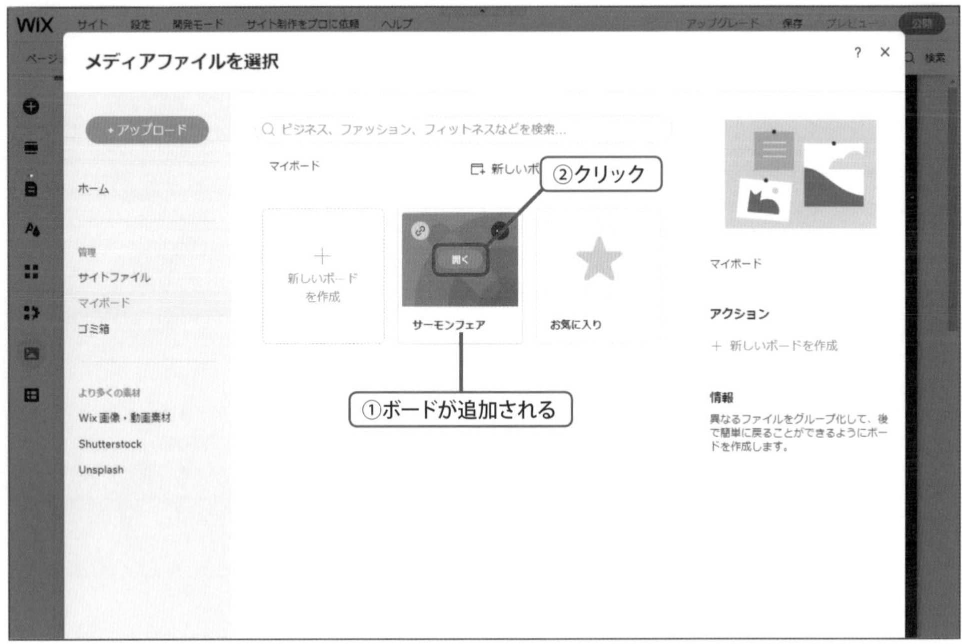

(4) ボードに登録されているファイルが一覧表示されます。最初は1つもファイルが登録されていないので、以下のような画面が表示されます。「**このボードにファイルを追加する**」をクリックします。

(5)「サイトファイル」にあるフォルダやファイルが一覧表示されます。登録するファイルがフォルダ内に保管されている場合は、フォルダを**ダブルクリック**して開きます。

(6) ボードに登録する**ファイルを選択**します。[**Shift**]**キー**や[**Ctrl**]**キー**を押しながらファイルをクリックして、複数のファイルを同時に選択することも可能です。ファイルを選択できたら[**Add**]**ボタン**をクリックします。

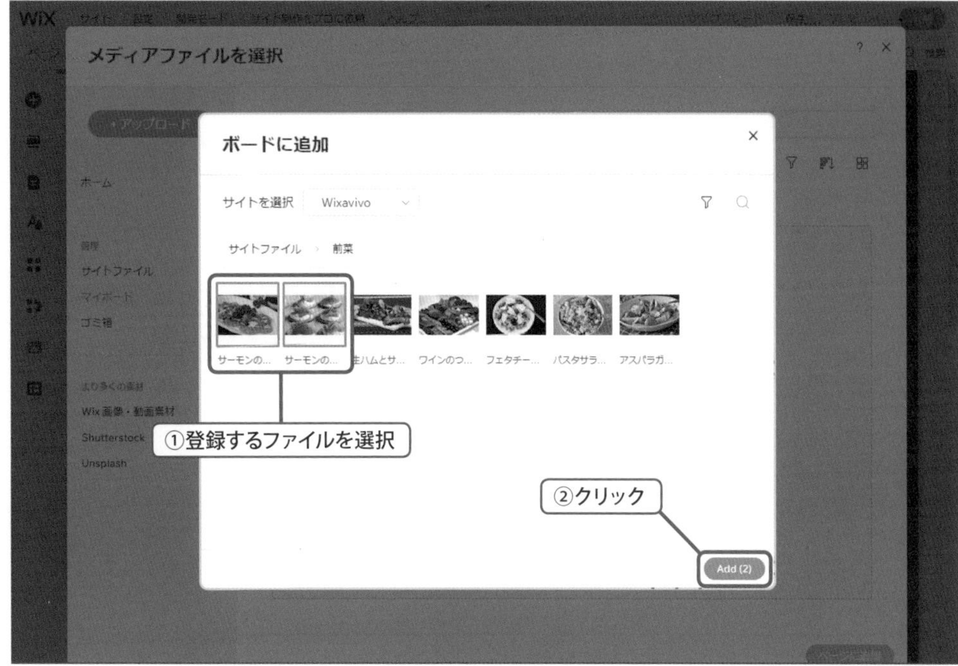

(7) 選択したファイルがボードに追加されます。さらに、「**ボードにファイルを追加する**」をクリックして、別のフォルダにあるファイルを追加登録することも可能です。

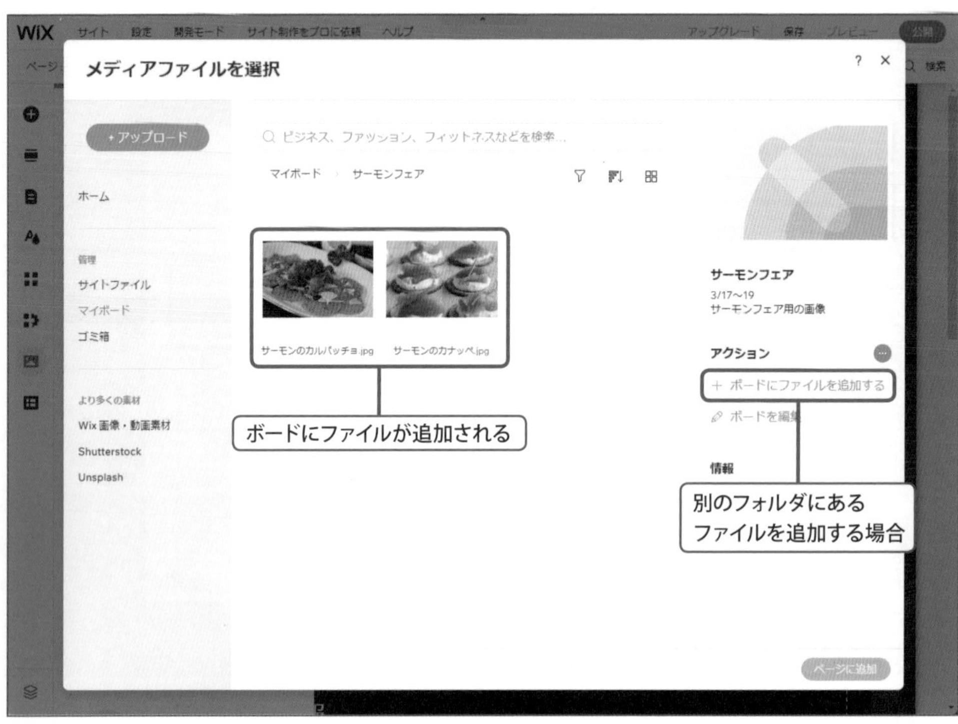

そのほか、「サイトファイル」からボードにファイルを追加登録する方法もあります。この場合は、をクリックして**追加先のボード**を指定します。

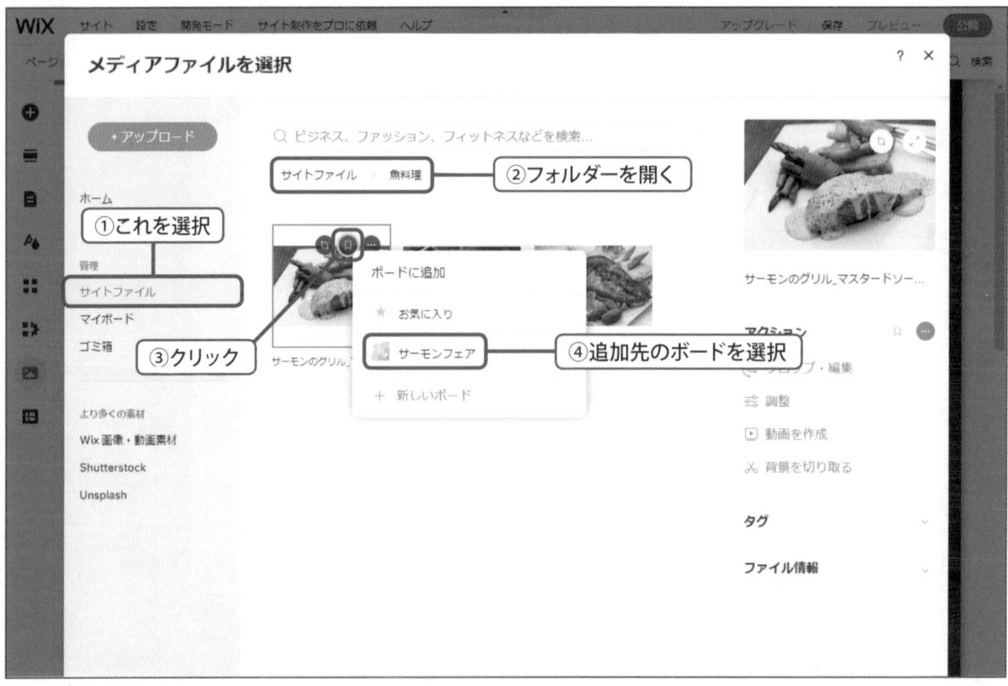

第5章 Webサイトの管理

念のため、フォルダとボードの違いについて補足しておきます。両者の違いをよく理解できない方は、以下の説明も参考にしてください。

フォルダは「ファイルをどこに保管するか？」を指定するもので、パソコンでファイルを管理するときと同じような考え方になります。ファイル本体の保管場所なので、各ファイルが所属するフォルダは1つだけです。

一方、**ボード**は、別々のフォルダに保管されているファイルを**用途に合わせて収集したリスト**と考えることができます。ボードの中にファイルが保管されている訳ではありません。それぞれのファイルに**タグを付けて分類する機能**と考えてもよいでしょう。このため、1つのファイルを複数のボードに所属させることも可能です。

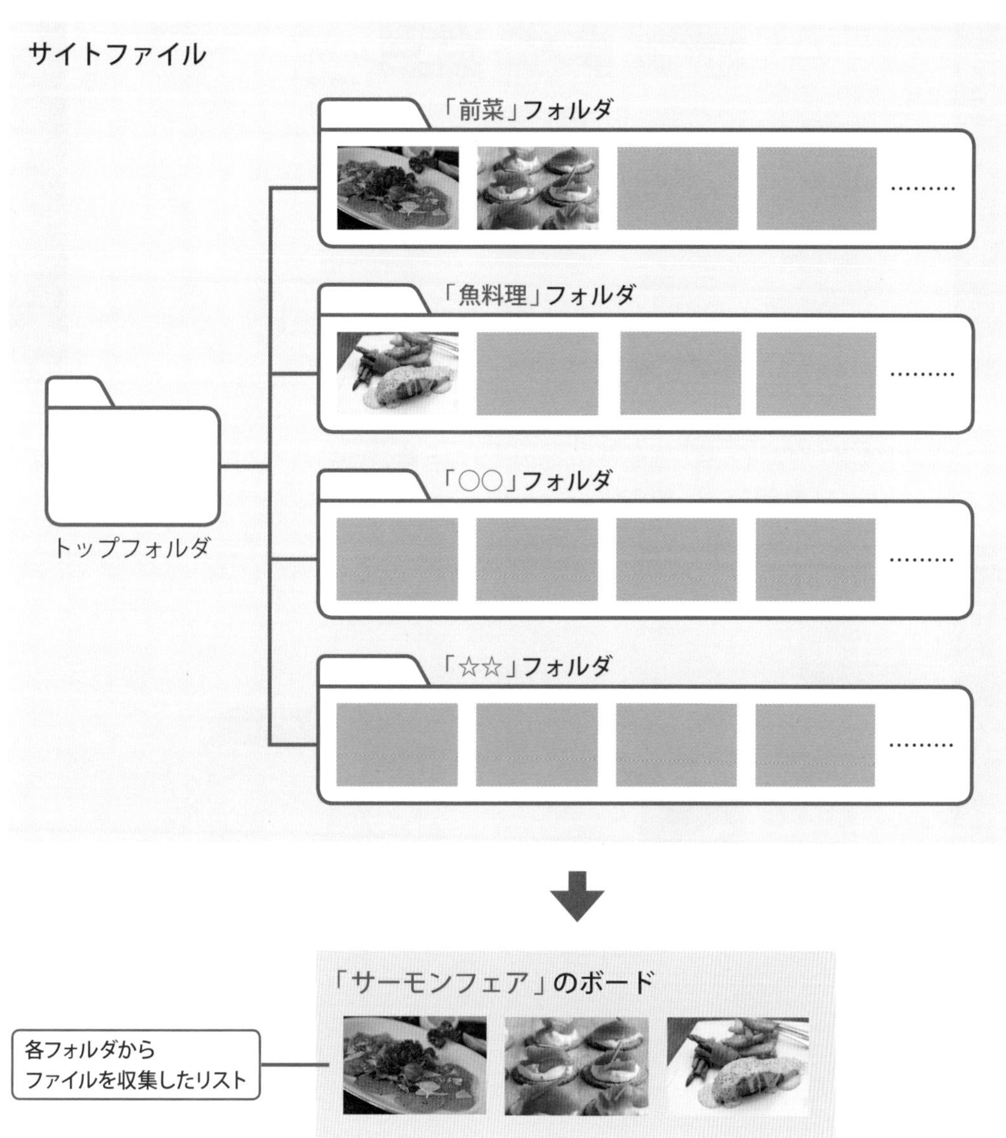

5 不要なファイルの削除

最後に、Wixにアップロードしたファイルを削除する方法を紹介しておきます。サーバー容量の空きが少なくなったときの対処法として覚えておいてください。不要になったファイルを「サイトファイル」から削除するときは、⋯をクリックし、「**ゴミ箱に移動**」を選択します。

ゴミ箱に移動したファイルは、左側のメニューで「**ゴミ箱**」を選択すると確認できます。ここで⋯をクリックして「**完全に削除**」を選択すると、そのファイルを完全に削除できます。

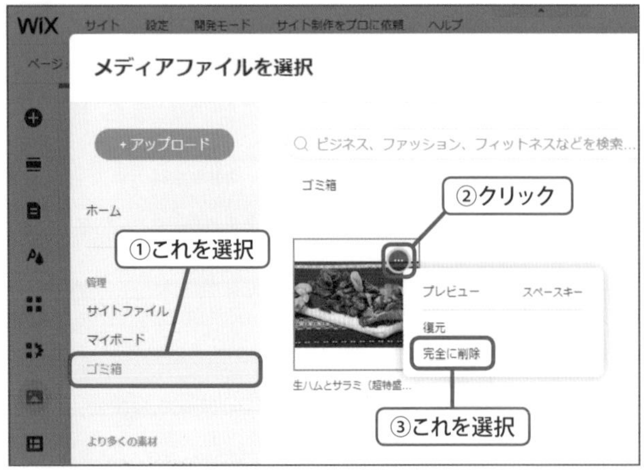

ポイント

「復元」を選択すると、そのファイルをゴミ箱から取り出すことができます。ただし、元のフォルダに戻るのではなく、「サイトファイル」のトップフォルダにファイルが復元されます。

注意

Webサイトに掲載している画像や動画のファイルを「サイトファイル」から削除すると、その画像や動画がWebサイトに表示されなくなります。間違って削除しないように注意してください。
※Wixサーバーからファイルが完全に削除されるまでに数日かかる場合もあります。

アカウント設定の変更

ユーザー登録時に入力したメールアドレスやパスワードを変更したり、アカウント名を変更したりすることも可能です。これらの情報は「アカウント設定」で変更します。

1 アカウント設定の変更手順

各自のユーザー情報を変更したいときは、画面右上にある［**ユーザー**］のアイコンをクリックし、「**アカウント設定**」を選択します。

すると、自分の**氏名**や**メールアドレス**、**パスワード**などを変更できるようになります。また、ここで**アカウント名**を変更すると、それに合わせてURLも変更できます（P17参照）。

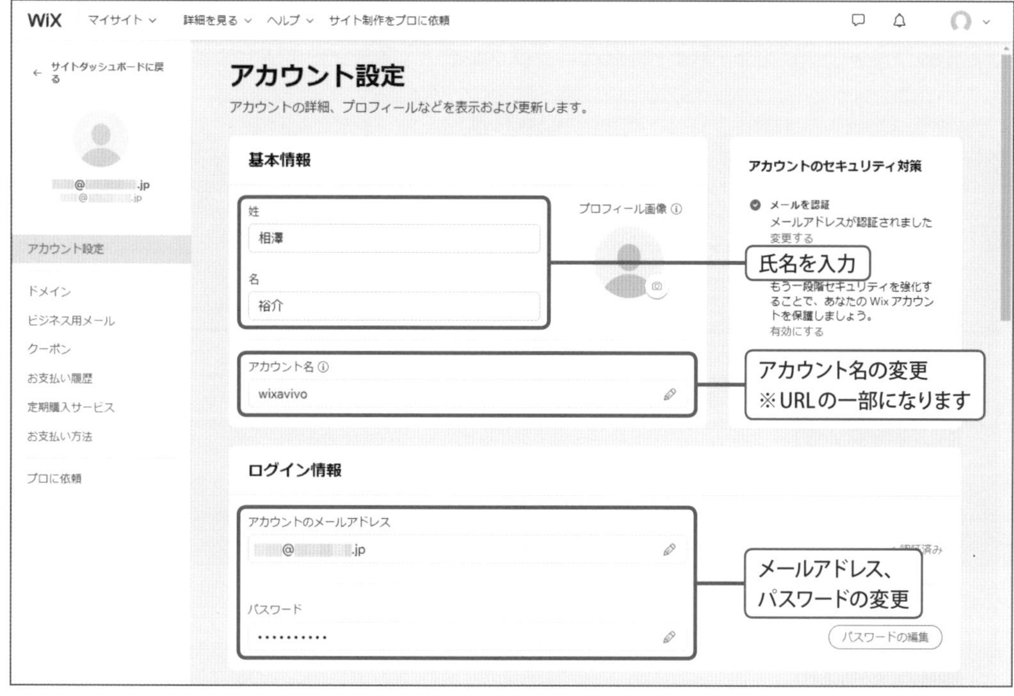

Wixのアップグレード

最後に、Wixをプレミアムプラン（有料プラン）にアップグレードするときの操作手順を紹介しておきます。Webサイトをもっと充実させたい方は、プレミアムプランの契約も検討してみてください。

1 プレミアムプランへのアップグレード手順

Wixは**無料プラン**のままでも十分に使えるWebサイトの作成ツールです。本書でこれまでに解説してきた内容も、基本的に「無料プラン」のままで使える機能となります。Wixをアップグレードして**プレミアムプラン**（有料プラン）を契約すると、さらに以下のような特典を受けられるようになります。

- Webサイトに**Wixの広告**が表示されなくなる（※）
- **独自ドメイン**のURLを利用できる
- **帯域幅**が増えるため、多くの同時接続に対応できる（※）
- サーバーの**データ容量**が増える（※）
- **24時間対応のサポート**を優先的に受けられる

※「ドメイン接続」プランの場合は適用されません。

プレミアムプランにアップグレードするときは、以下のように操作します。

（1）Webサイトのダッシュボードにある［**アップグレード**］**ボタン**をクリックします。

（2）各プランを比較した一覧表が表示されます。この中から最適なプランの［**選択する**］**ボタン**をクリックします。

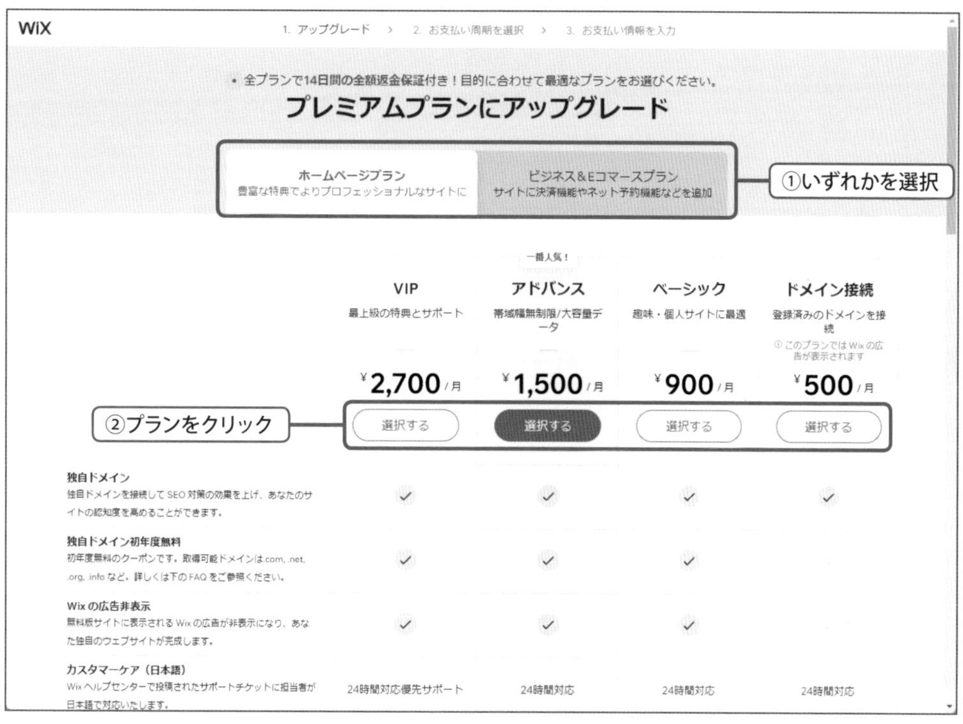

（3）**支払い周期**（2年／1年／毎月）を選択し、［**お支払いへ進む**］**ボタン**をクリックします。支払い周期が長くなるほど、1カ月あたりの料金は安くなります。

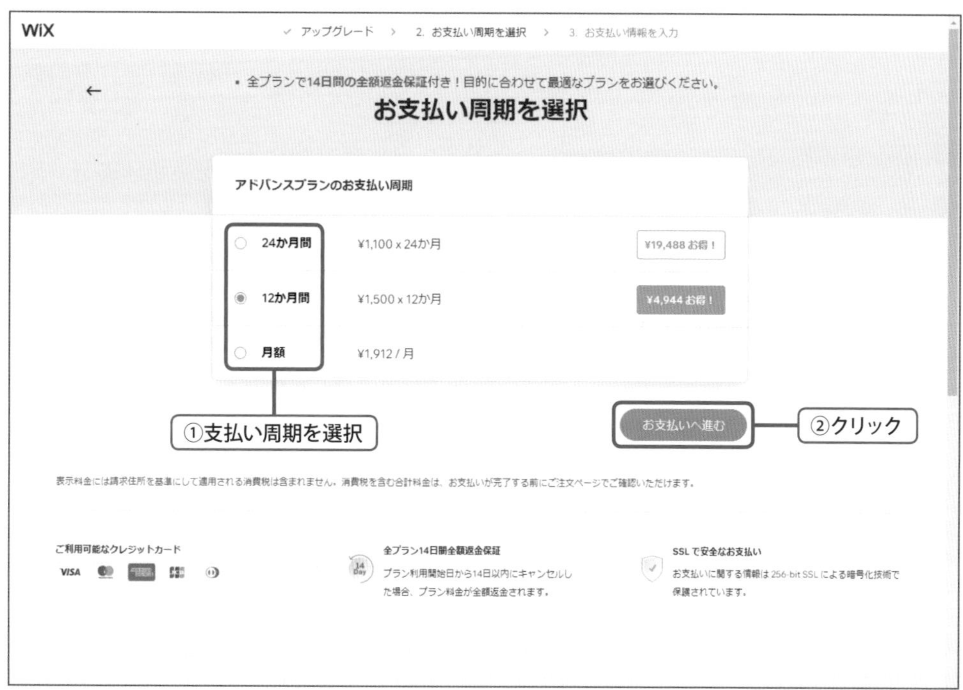

（4）**クレジットカード情報**と**請求先情報**を入力し、［**購入する**］**ボタン**をクリックすると、プランのアップグレードが完了します。

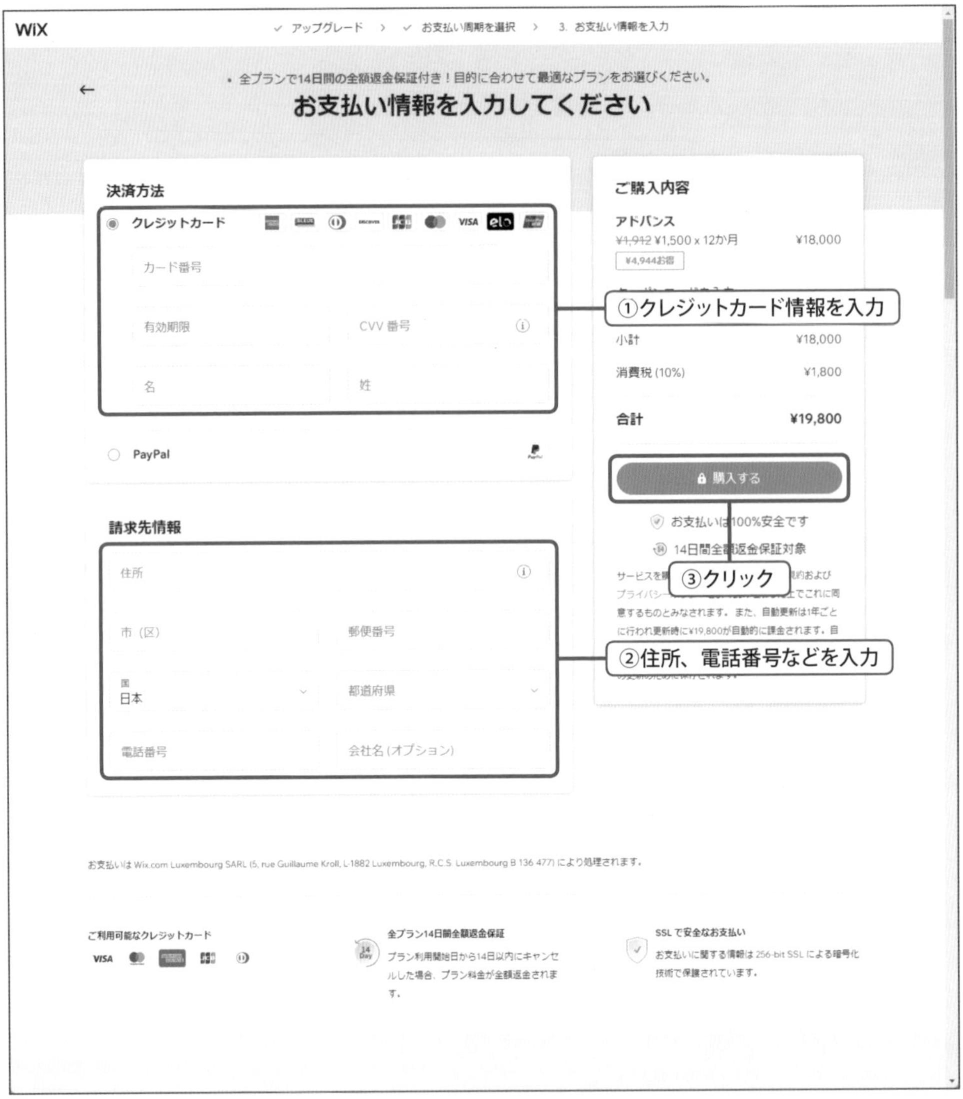

WiX　✓ アップグレード　>　✓ お支払い周期を選択　>　3. お支払い情報を入力

・全プランで14日間の全額返金保証付き！目的に合わせて最適なプランをお選びください。

お支払い情報を入力してください

決済方法

クレジットカード

カード番号

有効期限　CVV 番号

名　姓

PayPal

請求先情報

住所

市（区）　郵便番号

国 日本　都道府県

電話番号　会社名（オプション）

ご購入内容

アドバンス

¥1,912 ¥1,500 x 12か月　¥18,000

¥4,944お得

小計　¥18,000

消費税 (10%)　¥1,800

合計　¥19,800

購入する

お支払いは100%安全です

14日間全額返金保証対象

①クレジットカード情報を入力

②住所、電話番号などを入力

③クリック

お支払いは Wix.com Luxembourg SARL (5, rue Guillaume Kroll, L-1882 Luxembourg, R.C.S. Luxembourg B 136 477) により処理されます。

ご利用可能なクレジットカード

全プラン14日間全額返金保証

プラン利用開始日から14日以内にキャンセルした場合、プラン料金が全額返金されます。

SSL で安全なお支払い

お支払いに関する情報は 256-bit SSL による暗号化技術で保護されています。

プレミアムプランの契約は「Webサイト単位」となります。複数のWebサイトを運営している場合は、それぞれのWebサイトでプレミアムプランの契約が必要になります。
※各Webサイトで契約したプランの合計金額が実際に支払う金額になります。

索　引

ご質問がある場合は・・・

本書の内容についてご質問がある場合は、本書の書名ならびに掲載箇所のページ番号を明記の上、FAX・郵送・Eメールなどの書面にてお送りください（宛先は下記を参照）。電話でのご質問はお断りいたします。また、本書の内容を超えるご質問に関しては、回答を控えさせていただく場合があります。

Wixで はじめてのホームページ制作 2023年版

2023年1月31日　初版第1刷発行

著　者　相澤 裕介
発行人　石塚 勝敏
発　行　株式会社 カットシステム
〒169-0073 東京都新宿区百人町4-9-7　新宿ユーエストビル8F
TEL　(03) 5348-3850　FAX　(03) 5348-3851
URL　https://www.cutt.co.jp/
振替　00130-6-17174
印　刷　シナノ書籍印刷 株式会社

本書に関するご意見、ご質問は小社出版部宛まで文書か、sales@cutt.co.jp宛にe-mailでお送りください。電話によるお問い合わせはご遠慮ください。また、本書の内容を超えるご質問にはお答えできませんので、あらかじめご了承ください。

Cover design *Y. Yamaguchi*

Printed in Japan　ISBN 978-4-87783-527-9